21世纪高等学校规划教材

复变函数与积分变换

闫焱 阎少宏 张永利 赵慧娟 编著

清华大学出版社
北 京

内 容 简 介

本书遵循教育部高等院校非数学类专业数学基础教学指导分委会修订的“工科类本科数学基础课程教学基本要求”，依据工科数学“复变函数与积分变换教学大纲”，结合该学科的发展趋势，在积累多年教学实践的基础上编写而成的。本书旨在培养学生的数学素质，提高其应用数学知识解决实际问题的能力，强调理论的应用性。本书共分8章，包括复数与复变函数、解析函数、复变函数的积分、级数、留数、共形映射、傅里叶变换、拉普拉斯变换。每章均配习题及相关数学实验，书末附有习题参考答案。

本书适合高等院校工科各专业，尤其是自动控制、通信、电子信息、测控、机械工程、材料成型等专业作为教材，也可供科技、工程技术人员阅读参考。

图书在版编目(CIP)数据

复变函数与积分变换/闫淼等编著. --北京：清华大学出版社，2013 (2023.10 重印)
21世纪高等学校规划教材
ISBN 978-7-302-33157-5

Ⅰ. ①复… Ⅱ. ①闫… Ⅲ. ①复变函数 ②积分变换 Ⅳ. ①O174.5 ②O177.6

中国版本图书馆 CIP 数据核字(2013)第 159610 号

责任编辑：魏江江
封面设计：常雪影
责任校对：焦丽丽
责任印制：沈 露

出版发行：清华大学出版社
网 址：http://www.tup.com.cn，http://www.wqbook.com
地 址：北京清华大学学研大厦A座 邮 编：100084
社 总 机：010-83470000 邮 购：010-62786544
投稿与读者服务：010-62776969，c-service@tup.tsinghua.edu.cn
质量反馈：010-62772015，zhiliang@tup.tsinghua.edu.cn
课件下载：http://www.tup.com.cn，010-83470236
印 装 者：三河市龙大印装有限公司
经 销：全国新华书店
开 本：185mm×260mm 印 张：12.25 字 数：300千字
版 次：2013年6月第1版 印 次：2023年10月第8次印刷
印 数：11301～12300
定 价：39.00元

产品编号：054754-02

前言

FOREWORD

复变函数与积分变换是高等院校工科专业一门专业基础课,更是自然科学与工程技术中常用的数学工具。复变函数与积分变换是高等数学的理论推广,覆盖的知识面广,已经被广泛地应用于自然科学的众多领域,如理论物理学、电磁学、空气动力学、流体力学、弹性力学和自动控制学等领域。因此,复变函数与积分变换的基本理论与方法,对于高等院校工科学生、工程技术人员是必不可少的数学基础知识,有着重要的学习意义和应用价值。

本书遵循教育部高等学校"工科类本科数学基础课程教学基本要求",立足普通高等院校人才培养的需要,并结合近年来教改实践经验和工科部分专业课程内容改革的要求编写而成。

本书共8章,内容主要包括复数与复变函数、解析函数、复变函数的积分、级数、留数、共形映射、傅里叶变换、拉普拉斯变换,并对各章精心设计了Matlab数学软件在复变函数与积分变换中的应用,适度嵌入了相关的数学实验课题。

本书结构严谨,逻辑清晰,对繁琐的理论推导进行了适度的约简。把握"科学、简约、实用"的原则,将现代数学的观点、思想、应用渗透其中,兼顾数学方法的物理意义与工程应用背景,通俗易懂,易教易学,体系安排与高等数学基本一致,注重与实变量函数的比较和分析,做到"实、复变函数打通",强调二者的联系与变化,并利用数学软件和数学实验大大拓宽了复变函数与积分变换的应用范围。

我们希望通过学习本书,读者能初步掌握使用复变函数的方法和进行积分变换的技巧,能处理一些专业课程中的理论知识和实际问题。在编写过程中,我们注意到了与高等数学的衔接,在内容上力求概念形式和叙述的连续、延伸,同时更注意其中的创新和发展,这样使读者既感到内容的深化和拓展,又不会感到陌生而易于学习。另外,读者会体会到富有工科专业特色的内容安排。总之,本书便于读者课内外学习,易于培养读者的数学思维和感受数学的应用价值。

本书主要由闫焱、阎少宏、张永利组织编写,参与本书编写的还有赵慧娟、赵文静、曲博超。特别是河北联合大学的刘保相、金殿川和徐秀娟三位教授为本书的编写提出了很好的意见和建议,在此一并表示衷心感谢!

本书得以出版,要诚挚感谢河北联合大学教材指导委员会的支持,清华大学出版社的协作。由于水平有限,书中难免有疏漏之处,恳请广大读者批评指正,不胜感激。电子邮箱:yansxjm@126.com。

编著者

2013年3月

CONTENTS

目录

第1章

复数与复变函数

复变函数研究的对象是复数变量之间的函数关系.关于复数,在中学代数中已有论述,但为了今后讨论问题方便,这里我们先介绍复数的概念、性质及其四则运算,然后再进一步介绍复变函数及其极限和连续的概念.

1.1 复数的概念与运算

1.1.1 复数的概念

由于解代数方程的需要,在16世纪中叶,意大利数学家Cardan把复数引进了数学.18世纪时,数学家欧拉(Euler)首先引入记号i,随后复数研究有了迅速的发展,数学研究从实数领域扩展到复数领域.

二次方程$x^2+1=0$在实数范围内显然无根,规定一个新数i满足方程$x^2+1=0$,这个数i称为虚数单位,并有$\mathrm{i}^2=-1$.这样,方程$x^2+1=0$就有两个根i和$-\mathrm{i}$.

定义1.1 形如$z=x+\mathrm{i}y$或$z=x+y\mathrm{i}$的数称为复数,其中x和y为两个实数,分别称为复数z的实部和虚部,并记为$x=\mathrm{Re}(z)$,$y=\mathrm{Im}(z)$.

定义1.2 当虚部$y=0$时,复数z就是实数;当实部$x=0$且虚部$y\neq0$时,复数$z=\mathrm{i}y$称为纯虚数;两个复数$z_1=x_1+\mathrm{i}y_1$与$z_2=x_2+\mathrm{i}y_2$相等,当且仅当z_1和z_2的实部与虚部分别对应相等,即$x_1=x_2$,$y_1=y_2$.

【注】 两个实数可以比较大小,而两个复数不能比较大小,因而复数是无序的.

1.1.2 复数的代数运算及运算性质

设两个复数$z_1=x_1+\mathrm{i}y_1$,$z_2=x_2+\mathrm{i}y_2$,则两个复数的四则运算规定如下:

$$z_1\pm z_2=(x_1\pm x_2)+\mathrm{i}(y_1\pm y_2)$$

$$z_1z_2=(x_1x_2-y_1y_2)+\mathrm{i}(x_1y_2+x_2y_1)$$

$$\frac{z_1}{z_2}=\frac{x_1+\mathrm{i}y_1}{x_2+\mathrm{i}y_2}=\frac{x_1x_2+y_1y_2}{{x_2}^2+{y_2}^2}+\mathrm{i}\,\frac{x_2y_1-x_1y_2}{{x_2}^2+{y_2}^2},\quad \text{其中 } z_2\neq0$$

称实部相同而虚部互为相反数的两个复数为一对共轭复数,记为$\bar{z}$.显然,共轭复数的概念是相互的,即$\overline{(\bar{z})}=z$.若$z=x+\mathrm{i}y$,则$\bar{z}=x-\mathrm{i}y$.利用共轭复数可以得到:

$$x=\mathrm{Re}(z)=\frac{z+\bar{z}}{2},\quad y=\mathrm{Im}(z)=\frac{z-\bar{z}}{2\mathrm{i}}$$

由复数代数运算的定义,不难验证以下复数的运算性质:

(1) 封闭性,即复数的四则运算的结果仍然是一个复数.

(2) 加法交换律

$$z_1 + z_2 = z_2 + z_1$$

(3) 加法结合律

$$(z_1 + z_2) + z_3 = z_1 + (z_2 + z_3)$$

(4) 乘法对加法的分配律

$$z_1(z_2 + z_3) = z_1 z_2 + z_1 z_3$$

(5) 乘法交换律与结合律

$$z_1 z_2 = z_2 z_1 \quad 及 \quad (z_1 z_2) z_3 = z_1 (z_2 z_3)$$

(6) 共轭运算的性质

$$\overline{z_1 \pm z_2} = \overline{z_1} \pm \overline{z_2}$$

$$\overline{z_1 z_2} = \overline{z_1}\,\overline{z_2}$$

$$\overline{\left(\frac{z_1}{z_2}\right)} = \frac{\overline{z_1}}{\overline{z_2}}, \quad 其中\ z_2 \neq 0$$

$$z\bar{z} = [\mathrm{Re}(z)]^2 + [\mathrm{Im}(z)]^2$$

【例 1.1】 实数 m 取何值时,复数 $z=(m^2-3m-4)+(m^2-5m-6)\mathrm{i}$ 是:(1)实数;(2)纯虚数.

【解】 令 $x=m^2-3m-4, y=m^2-5m-6$.

(1) 如果复数是实数,则 $y=0$. 由 $y=m^2-5m-6=0$ 得:$m=6$ 或 $m=-1$.

(2) 如果复数是纯虚数,则 $x=0, y\neq 0$. 由 $x=m^2-3m-4=0$ 得:$m=4$ 或 $m=-1$. 但由 $y\neq 0$ 知,$m=-1$ 应舍去,即只有 $m=4$.

【例 1.2】 设 $z=\frac{1-2\mathrm{i}}{3+4\mathrm{i}}$,求 $\bar{z}$ 及 $z\bar{z}$.

【解】 因为 $z=\frac{(1-2\mathrm{i})(3-4\mathrm{i})}{(3+4\mathrm{i})(3-4\mathrm{i})}=\frac{-5-10\mathrm{i}}{25}=-\frac{1}{5}-\frac{2}{5}\mathrm{i}$,所以

$$\bar{z}=-\frac{1}{5}+\frac{2}{5}\mathrm{i}, \quad z\bar{z}=\left(-\frac{1}{5}\right)^2+\left(-\frac{2}{5}\right)^2=\frac{1}{5}$$

1.1.3 复数的几何表示

在平面解析几何中,取定一直角坐标系 xoy 后,可用一有序实数对(x,y)表示平面中任何一点 P,并称(x,y)为 P 点的坐标,其中 x 为横坐标,y 为纵坐标. 而当我们考察一复数 $z=x+y\mathrm{i}$ 时,可以看出它与坐标平面上的点 $P(x,y)$在表示上是一致的,都可以用一有序实数对来表示.

定义 1.3 复数的全体和平面上的点的全体之间形成了一一对应的关系,我们称坐标平面为复数平面,简称复平面或 z 平面,x 轴为实轴,y 轴为虚轴.

复数还可以用平面向量来表示,如图 1.1 所示. 任一复数 $z=x+y\mathrm{i}(z\neq 0)$可以看做以 x 为水平分量,以 y 为垂直分量的平面向量$\overrightarrow{OP}$,同样,复数 $z=x+y\mathrm{i}(z\neq 0)$的实部 x 和虚部 y 也可以看做平面向量$\overrightarrow{OP}$在两坐标轴上的投影.

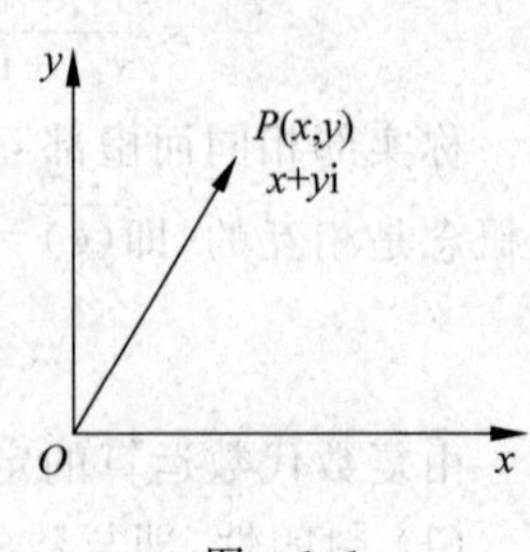

图 1.1

定义 1.4　向量$\overrightarrow{OP}$的长度称为复数 $z=x+y\mathrm{i}$ 的模或绝对值，记作 $|z|=r=\sqrt{x^2+y^2}$.

显然，下列各式成立：

$$|x|\leqslant|z|,\quad |y|\leqslant|z|,\quad |z|\leqslant|x|+|y|,$$

$$z\bar{z}=|z|^2=|z^2|=[\mathrm{Re}(z)]^2+[\mathrm{Im}(z)]^2$$

复数的加减法与向量的加减法是完全一致的，也可以用平行四边形法则求出. 从图 1.2 中不难得到，$|z_1+z_2|\leqslant|z_1|+|z_2|$. 从图 1.3 中不难得到，$|z_1-z_2|\geqslant||z_1|-|z_2||$.

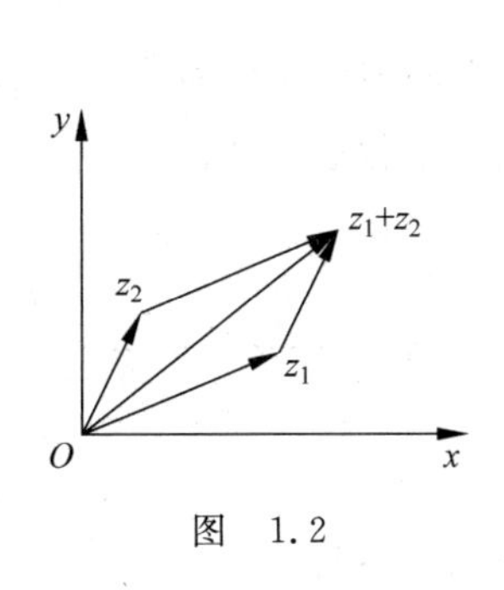

图 1.2

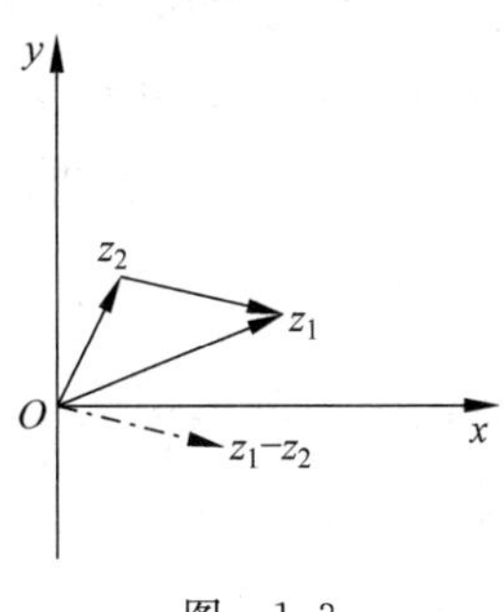

图 1.3

定义 1.5　当 $z\neq0$ 时，以正实轴为始边，以向量$\overrightarrow{OP}$为终边的角的弧度数 θ 称为 z 的辐角，记作 $\mathrm{Arg}z=\theta$. 在 $z(\neq0)$ 的辐角中，我们把满足 $-\pi<\theta_0\leqslant\pi$ 的 θ_0 称为 $\mathrm{Arg}z$ 的主值，记作 $\theta_0=\arg z$. 如图 1.4 所示.

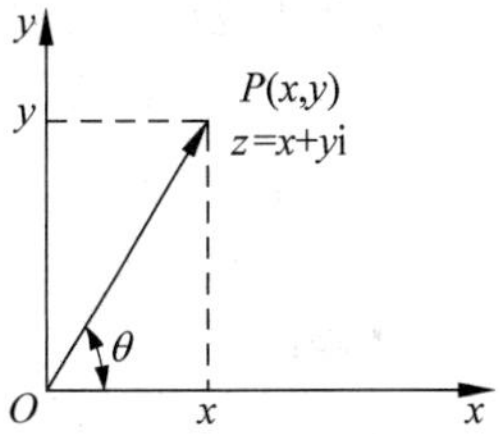

图 1.4

【注】

(1) $\tan(\mathrm{Arg}z)=\dfrac{y}{x}$；

(2) $\mathrm{Arg}z$ 可取无穷多个值，彼此相差 $2k\pi(k=0,\pm1,\pm2,\cdots)$. 如果 θ 是辐角中的一个，则有

$$\mathrm{Arg}z=\theta+2k\pi,\quad k=0,\pm1,\pm2,\cdots$$

特别地，$\mathrm{Arg}z=\arg z+2k\pi,k=0,\pm1,\pm2,\cdots$. 这时，任意复数 $z=x+y\mathrm{i}$ 可以表示为

$$|z|=\sqrt{x^2+y^2},\quad \mathrm{Arg}z=\theta+2k\pi,\quad k=0,\pm1,\pm2,\cdots$$

(3) 若有两个复数 z_1 和 z_2，且 $z_1,z_2\neq0$，则 $z_1=z_2$ 的充要条件是 $|z_1|=|z_2|$，$\mathrm{Arg}z_1=\mathrm{Arg}z_2$

(4) 复数 0 可以看做零向量，其辐角不确定. 以后凡涉及复数的辐角都是就非零复数而言的.

当复数位于不同象限或坐标轴上时，可以由反正切 $\arctan\dfrac{y}{x}$的值求出辐角主值：

$$\arg z=\begin{cases}\arctan\dfrac{y}{x}, & x>0\\ \dfrac{\pi}{2}, & x=0,y>0\\ \arctan\dfrac{y}{x}+\pi, & x<0,y\geqslant0\\ \arctan\dfrac{y}{x}-\pi, & x<0,y<0\\ -\dfrac{\pi}{2}, & x=0,y<0\end{cases}$$

其中 $z\neq 0$，$-\frac{\pi}{2}<\arctan\frac{y}{x}<\frac{\pi}{2}$.

利用直角坐标与极坐标的关系：$x=r\cos\theta, y=r\sin\theta$，可以把 z 表示成

$$z=r(\cos\theta+\mathrm{i}\sin\theta)$$

我们称这种形式为复数的三角表示式.

再利用欧拉公式 $\mathrm{e}^{\mathrm{i}\theta}=\cos\theta+\mathrm{i}\sin\theta$，还可以把 z 表示成

$$z=r\mathrm{e}^{\mathrm{i}\theta}$$

我们称这种形式为复数的指数表示式.

复数的各种表示法可以相互转换，以适应讨论不同问题时的需要.

【例 1.3】 将 $z=-\sqrt{12}-2\mathrm{i}$ 化为三角表示式和指数表示式.

【解】 $r=|z|=\sqrt{12+4}=4$. 由于 z 在第三象限，则

$$\arg z=\arctan\left(\frac{-2}{-\sqrt{12}}\right)-\pi=\arctan\frac{\sqrt{3}}{3}-\pi=-\frac{5}{6}\pi$$

因此，z 的三角表示式为：

$$z=4\left[\cos\left(-\frac{5}{6}\pi\right)+\mathrm{i}\sin\left(-\frac{5}{6}\pi\right)\right]$$

z 的指数表示式为 $z=4\mathrm{e}^{-\frac{5}{6}\pi\mathrm{i}}$.

【例 1.4】 求下列方程所表示的曲线：

(1) $|z+\mathrm{i}|=2$；

(2) $|z-2\mathrm{i}|=|z+2|$；

(3) $\mathrm{Im}(\mathrm{i}+\bar{z})=4$.

【解】

(1) 几何上，方程 $|z+\mathrm{i}|=2$ 表示所有与点 $-\mathrm{i}$ 距离为 2 的点的轨迹，即中心为 $-\mathrm{i}$，半径为 2 的圆，如图 1.5(a)所示，代数方程为：$x^2+(y+1)^2=4$.

(2) 几何上，方程 $|z-2\mathrm{i}|=|z+2|$ 表示到点 $2\mathrm{i}$ 和 -2 距离相等的点的轨迹，则方程表示的曲线就是连接点 $2\mathrm{i}$ 和 -2 的线段的垂直平分线，如图 1.5(b)所示，代数方程为：$y=-x$.

(3) 设 $z=x+\mathrm{i}y$，那么 $\mathrm{i}+\bar{z}=x+(1-y)\mathrm{i}$，所以 $\mathrm{Im}(\mathrm{i}+\bar{z})=1-y=4$，从而所求曲线方程为：$y=-3$. 这是一条平行于 x 轴的直线，如图 1.5(c)所示.

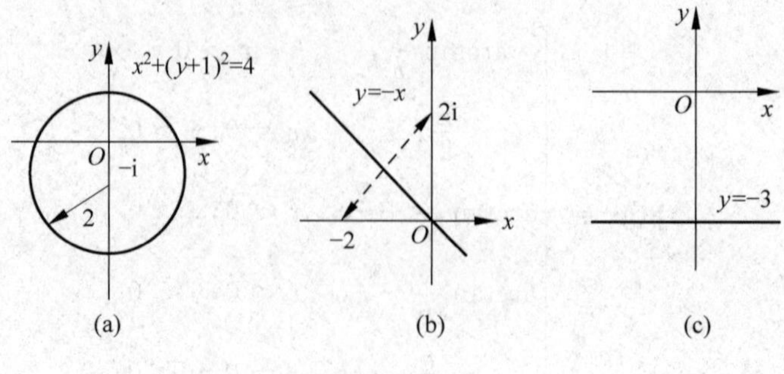

图 1.5

1.1.4　复球面

在实数域中，曾经引进了无穷大的概念，记为∞. 同样在复数域内，为了讨论一些问题，也需要引入复数中的无穷大. 前面我们建立了复数与复平面上的点之间的一一对应关系. 那么无穷大在复平面的几何表示是什么呢？下面我们引入复球面的概念.

取一个与复平面切于原点 O 的球面，过切点(原点)O 作复平面的垂线与球面交于 N 点. 在复平面上任取一点 z，作连接 z 与 N 的直线，该连线与球面交于一点 z'，如图 1.6 所示. 反之，若 z'为球面上任一点，只要它不是 N，则直线 Nz' 交复平面上唯一的点 z. 这样复平面上所有的点和球面上除了 N 以外所有点就建立了一一对应关系，但对于 N，还没有复平面上的点与之对应，但我们看到，当 z 无限地远离原点 O 时，或者说，当 z 的模 $|z|$ 无限地变大时，点 z'就无限地接近 N. 为了使复平面与球面上所有的点都能一一对应，我们规定复平面上有唯一的“无穷远点”，它与球面上的点 N 对应. 这样，我们又规定：复数中有一个唯一的“无穷大”与复平面上的无穷远点相对应，并记之为∞. 因而球面上的 N 点(又称北极点)就是复数∞的几何表示. 这样一来，球面上的每一个点，都有唯一的复数与之对应，这样的球面称为复球面. 而把包含无穷远点在内的复平面称为扩充复平面. 不包括无穷远点在内的复平面称为有限复平面，或者就称复平面，以后如无特殊声明，复平面均指有限复平面.

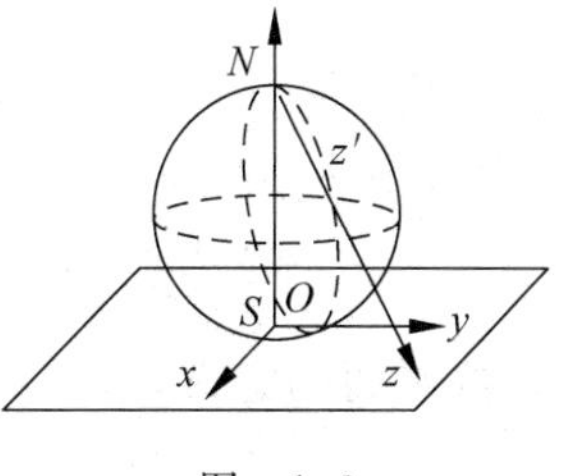

图　1.6

对于复数∞来说，实部、虚部和辐角均无意义，规定它的模为$+\infty$. 对于其他有限复数 z，则有 $|z|<+\infty$. 复数∞与有限复数 α 之间的运算有如下规定：

$$\alpha \pm \infty = \infty \pm \alpha = \infty$$

$$\alpha \cdot \infty = \infty \cdot \alpha = \infty (\alpha \neq 0)$$

$$\frac{\alpha}{\infty} = 0, \quad \frac{\infty}{\alpha} = \infty$$

但是 $0 \cdot \infty$，$\frac{\infty}{\infty}$，$\infty \pm \infty$，$\frac{0}{0}$仍然没有确定意义.

1.1.5　复数的乘幂与方根

1. 复数的乘积与商

设复数 $z_1 = r_1(\cos\theta_1 + \mathrm{i}\sin\theta_1)$，$z_2 = r_2(\cos\theta_2 + \mathrm{i}\sin\theta_2)$，那么，根据乘法法则有

$$\begin{aligned} z_1 z_2 &= r_1 r_2 (\cos\theta_1 + \mathrm{i}\sin\theta_1)(\cos\theta_2 + \mathrm{i}\sin\theta_2) \\ &= r_1 r_2 [(\cos\theta_1\cos\theta_2 - \sin\theta_1\sin\theta_2) + \mathrm{i}(\sin\theta_1\cos\theta_2 + \cos\theta_1\sin\theta_2)] \\ &= r_1 r_2 [\cos(\theta_1 + \theta_2) + \mathrm{i}\sin(\theta_1 + \theta_2)] \end{aligned}$$

于是，$|z_1 z_2| = |z_1||z_2|$，$\mathrm{Arg}(z_1 z_2) = \mathrm{Arg}z_1 + \mathrm{Arg}z_2$.

从而有下面的定理.

定理 1.1　两个复数乘积的模等于它们模的乘积，两个复数乘积的辐角等于它们辐角的和.

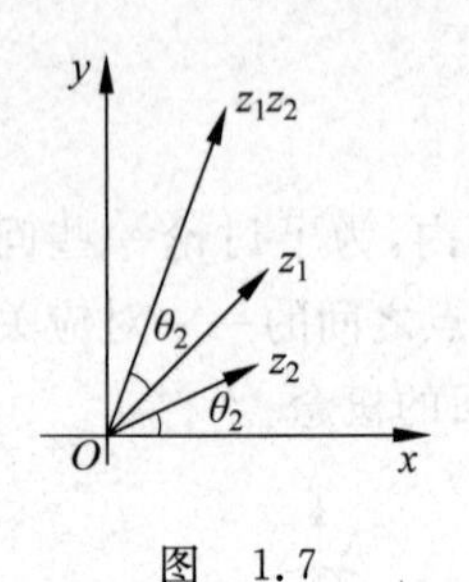

图 1.7

定理 1.1 的几何意义是：表示乘积 z_1z_2 的向量是通过将表示 z_1 的向量先旋转角度 $\mathrm{Arg}z_2$，再伸缩 $|z_2|$ 倍而得到的，如图 1.7 所示.

如果用指数形式表示复数，即 $z_1=r_1\mathrm{e}^{\mathrm{i}\theta_1}$，$z_2=r_2\mathrm{e}^{\mathrm{i}\theta_2}$，则定理 1.1 可以简明地表示为 $z_1z_2=r_1r_2\mathrm{e}^{\mathrm{i}(\theta_1+\theta_2)}$.

由此逐步可证，如果 $z_k=r_k\mathrm{e}^{\mathrm{i}\theta_k}=r_k(\cos\theta_k+\mathrm{i}\sin\theta_k)(k=1,2,\cdots,n)$，则

$$
\begin{aligned}
z_1z_2\cdots z_n &= r_1r_2\cdots r_n\mathrm{e}^{\mathrm{i}(\theta_1+\theta_2+\cdots+\theta_n)} \\
&= r_1r_2\cdots r_n[\cos(\theta_1+\theta_2+\cdots+\theta_n)+\mathrm{i}\sin(\theta_1+\theta_2+\cdots+\theta_n)]
\end{aligned}
$$

按照商的定义，当 $z_1\neq 0$ 时，有 $z_2=\dfrac{z_2}{z_1}z_1$，根据定理 1.1，有

$$
|z_2|=\left|\frac{z_2}{z_1}\right||z_1|,\quad \mathrm{Arg}z_2=\mathrm{Arg}\left(\frac{z_2}{z_1}\right)+\mathrm{Arg}z_1
$$

于是有 $\left|\dfrac{z_2}{z_1}\right|=\dfrac{|z_2|}{|z_1|}$，$\mathrm{Arg}\left(\dfrac{z_2}{z_1}\right)=\mathrm{Arg}z_2-\mathrm{Arg}z_1$. 由此我们得到下面的定理.

定理 1.2 两个复数商的模等于它们模的商，两个复数商的辐角等于被除数与除数的辐角之差.

如果用指数形式表示复数，即 $z_1=r_1\mathrm{e}^{\mathrm{i}\theta_1}$，$z_2=r_2\mathrm{e}^{\mathrm{i}\theta_2}$，则定理 1.2 可以简明地表示为

$$
\frac{z_2}{z_1}=\frac{r_2}{r_1}\mathrm{e}^{\mathrm{i}(\theta_2-\theta_1)}\quad (z_1\neq 0)
$$

2. 复数的乘幂与方根

n 个相同复数 z 的乘积，称为 z 的 n 次幂，记为 z^n. 若 $z=r(\cos\theta+\mathrm{i}\sin\theta)$，根据定理1.1 可得，$z^n=r^n(\cos n\theta+\mathrm{i}\sin n\theta)$. 特别地，当 $r=1$ 时，得到棣莫佛(De Moiver)公式：

$$
(\cos\theta+\mathrm{i}\sin\theta)^n=\cos n\theta+\mathrm{i}\sin n\theta
$$

复数的开方作为求幂的逆运算，如果有 $z=w^n$，则称 w 为 z 的 n 次方根，记为$w=\sqrt[n]{z}$. 设 $z=r(\cos\theta+\mathrm{i}\sin\theta)$，$w=\rho(\cos\varphi+\mathrm{i}\sin\varphi)$，则

$$
\rho^n=r,\quad \cos n\varphi=\cos\theta,\quad \sin n\varphi=\sin\theta
$$

$\Rightarrow n\varphi=2k\pi+\theta$，$\rho=\sqrt[n]{r}\Rightarrow\varphi=\dfrac{2k\pi+\theta}{n}$，$\rho=\sqrt[n]{r}$. 即

$$
w=\sqrt[n]{z}=\sqrt[n]{r}\left[\cos\left(\frac{2k\pi+\theta}{n}\right)+\mathrm{i}\sin\left(\frac{2k\pi+\theta}{n}\right)\right]=\sqrt[n]{r}\,\mathrm{e}^{\frac{2k\pi+\theta}{n}\mathrm{i}}\quad (k=0,\pm1,\pm2,\cdots)
$$

这里，当 $k=0,1,2,\cdots,n-1$ 时，得到 n 个不同的根 $\omega_0,\omega_1,\cdots,\omega_{n-1}$. 当 k 取其他整数时，将会重复出现这 n 个不同的值. 从几何意义上来说，这 n 个值是以原点为中心，$\sqrt[n]{r}$ 为半径的圆的内接正 n 边形的顶点.

【例 1.5】 计算：(1) $z=(1+\sqrt{3}\mathrm{i})^{-3}$；(2) $z=\sqrt[4]{-2}$.

【解】

(1) $z=(1+\sqrt{3}\mathrm{i})^{-3}=\left[2\left(\cos\dfrac{\pi}{3}+\mathrm{i}\sin\dfrac{\pi}{3}\right)\right]^{-3}=\dfrac{1}{8}[\cos(-\pi)+\mathrm{i}\sin(-\pi)]=-\dfrac{1}{8}$；

(2) $z=\sqrt[4]{-2}=[2(\cos\pi+\mathrm{i}\sin\pi)]^{\frac{1}{4}}$

$=\sqrt[4]{2}\left(\cos\dfrac{\pi+2k\pi}{4}+\mathrm{i}\sin\dfrac{\pi+2k\pi}{4}\right)$

$=\sqrt[4]{2}\,\mathrm{e}^{\frac{\pi+2k\pi}{4}\mathrm{i}}(k=0,1,2,3).$

习题 1.1

1. 求下列复数的实部、虚部、共轭复数、辐角的主值与模.

(1) $\dfrac{3}{1-2\mathrm{i}}$；　(2) $(1+2\mathrm{i})(2+\sqrt{3}\mathrm{i})$；　(3) $\mathrm{i}^8-4\mathrm{i}^{21}+\mathrm{i}$.

2. 当 x,y 等于什么实数时，等式$\dfrac{x+1+\mathrm{i}(y-3)}{5+3\mathrm{i}}=1+\mathrm{i}$ 成立？

3. 将下列复数 z 写成三角表示式和指数表示式.

(1) $-2\mathrm{i}$；(2) $-\dfrac{3}{5}$；(3) $1+\mathrm{i}$；(4) $-2\sqrt{3}+2\mathrm{i}$；(5) $1-\cos\theta+\mathrm{i}\sin\theta(0\leqslant\theta\leqslant\pi)$.

4. 对任何 z，$z^2=|z|^2$ 是否成立？如果成立，就给出证明，如果不成立，对哪些 z 值才成立？

5. 证明：$|z_1+z_2|^2+|z_1-z_2|^2=2(|z_1|^2+|z_2|^2)$，并说明其几何意义.

6. 判断下列命题的正确性.

(1) 若 a 为实常数，则 $\bar{a}=a$；

(2) 若 z 为纯虚数，则 $\bar{z}\neq z$；

(3) $\mathrm{i}<2\mathrm{i}$；

(4) 复数 0 的辐角为 0；

(5) 仅存在一个复数，使$\dfrac{1}{z}=-z$；

(6) $|z_1+z_2|=|z_1|+|z_2|$；

(7) $\dfrac{1}{\mathrm{i}}\bar{z}=\overline{\mathrm{i}z}$.

7. 如果 $z=\mathrm{e}^{\mathrm{i}\theta}$，证明：(1) $z^n+\dfrac{1}{z^n}=2\cos n\theta$；(2) $z^n-\dfrac{1}{z^n}=2\mathrm{i}\sin n\theta$.

8. 指出下列各题中点 z 的轨迹或所在的范围.

(1) $|z-5|=6$；　(2) $|2\mathrm{i}+z|\geqslant1$；

(3) $\mathrm{Re}(z+2)=-1$；　(4) $\mathrm{Re}(\mathrm{i}\bar{z})=3$；

(5) $|z-\mathrm{i}|=|z+\mathrm{i}|$；　(6) $|z+3|+|z+1|=4$；

(7) $\mathrm{Im}(z)\leqslant2$；　(8) $\left|\dfrac{z-3}{z-2}\right|\geqslant1$；

(9) $0<\arg z<\pi$；　(10) $\arg(z-\mathrm{i})=\dfrac{\pi}{4}$.

1.2　复变函数

本节研究复变数的问题. 同实变数一样，每一个复变数都有自己的变化范围. 在今后的讨论中,所遇到的变化范围主要就是区域.

1.2.1 预备知识

1. 区域

定义 1.6 平面上以 z_0 为中心,δ(任意的正数)为半径的圆:

$$|z-z_0|<\delta$$

内部的点的集合称为 z_0 的邻域;由不等式 $0<|z-z_0|<\delta$ 所确定的点集称为 z_0 的去心邻域.

定义 1.7 设 D 是一平面点集,z_0 为 D 中任意一点,如果存在 z_0 的一个邻域,使得该邻域内的所有点都属于 D,则称 z_0 为 D 的一个内点. 如果 D 中每一个点都是内点,则平面点集 D 称为开集.

定义 1.8 平面点集 D 称为一个区域,如果它满足下列两个条件:

(1) D 是一个开集;

(2) D 是连通的,即 D 中的任何两点都可以用完全含在 D 内的一条折线连接起来.

定义 1.9 对于给定的点 z,若 z 的任意邻域内总包含属于 D 的点,同时又包含不属于 D 的点,则称 z 为 D 的边界点. D 的所有边界点组成 D 的边界.

区域的边界可以由一条或几条曲线和一些孤立的点组成. 例如,区域 $0<|z-z_0|<\delta$,它的边界由圆周 $|z-z_0|=\delta$ 与点 z_0 组成.

定义 1.10 区域 D 与它的边界一起构成的点集称为闭区域,简称闭域,记为 $\overline{D}$.

定义 1.11 如果区域 D 可以包含在一个以原点为中心,以有限值为半径的圆内,则称 D 是有界区域;否则,称为无界区域.

【例 1.6】 下列集合是区域的是(　　).

(A) $0<|z|\leqslant 1$　　(B) $1<\mathrm{Re}z<3$　　(C) $0\leqslant \mathrm{Im}z<3$　　(D) $\frac{1}{2}\leqslant|z|<1$

【解】 选 B.

【例 1.7】 判断下列区域是否有界?

(1) 圆环域:$r_1<|z-z_0|<r_2$;

(2) 上半平面:$\mathrm{Im}z>0$;

(3) 角形域:$\alpha<\arg z<\beta$;

(4) 带形域:$a<\mathrm{Im}(z)<b$.

【解】 (1)有界,(2)、(3)、(4)无界.

2. 平面曲线与连通域

定义 1.12 如果 $x(t)$ 与 $y(t)$ 是两个连续的实变函数,则方程组

$$\begin{cases}x=x(t)\\ y=y(t)\end{cases}\quad(a\leqslant t\leqslant b)$$

表示一条平面曲线,我们称它是连续曲线.

如果令 $z(t)=x(t)+\mathrm{i}y(t)$,则曲线可以用方程 $z=z(t)(a\leqslant t\leqslant b)$ 表示,这就是平面曲线的复数表示式. 若连续曲线 L 的方程为 $F(x,y)=0$,其中 x,y 为实变量,令 $z=x+\mathrm{i}y$,

则 $x=\frac{z+\bar{z}}{2}$，$y=\frac{z-\bar{z}}{2\mathrm{i}}$. 这里曲线 L 的方程用复数形式可以表示为 $F\left(\frac{z+\bar{z}}{2},\frac{z-\bar{z}}{2\mathrm{i}}\right)=0$. 例如，直线 $2x+3y=1$ 可以化为 $(2-3\mathrm{i})z+(2+3\mathrm{i})\bar{z}=2$.

定义 1.13　若在区间 $[a,b]$ 上，$x'(t)$ 和 $y'(t)$ 都连续，且对 $\forall t\in[a,b]$，有

$$[x'(t)]^2+[y'(t)]^2\neq 0$$

则称曲线是光滑的. 由几段光滑曲线依次连接所组成的曲线称为逐段光滑的.

定义 1.14　设一条曲线 L：$z=z(t)(a\leqslant t\leqslant b)$ 是连续的，若 $z(a)=z(b)$，即曲线起点与终点重合，则曲线称为连续闭曲线. 若对 t 的任意两个不同的数值（a,b 除外），总对应曲线上两个不同的点，则称曲线是没有重点的，也称为简单曲线或约当(Jardan)曲线. 起点与终点重合的简单曲线称为简单闭曲线（如图 1.8 所示）.

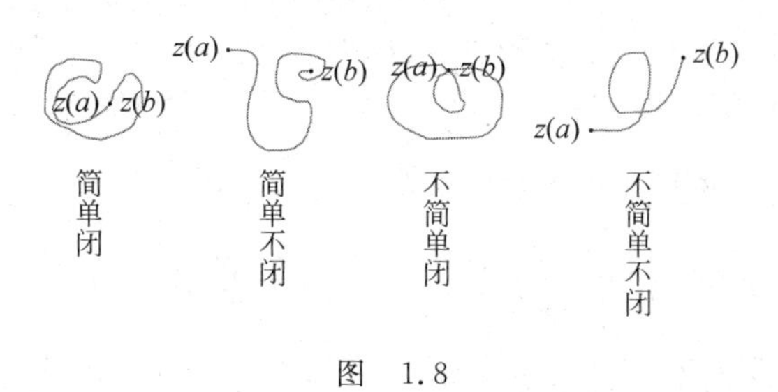

图　1.8

任意一条简单闭曲线 C 把整个复平面唯一地分成三个互不相交的点集，其中除去 C 以外，一个是有界区域，称为 C 的内部，另一个是无界区域，称为 C 的外部，C 为它们的公共边界. 简单闭曲线的这一性质，其几何直观意义是很清楚的.

定义 1.15　对于复平面上的一个区域 D，如果在其中任作一条简单闭曲线，闭曲线的内部总属于 D，则称 D 为单连通域. 一个区域如果不是单连通域，就称其为多连通域.

单连通域是一个内部没有空洞（包括“点洞”）和缝隙的区域，因此单连通域具有这样的特征：在单连通域 D 中任一条简单闭曲线可以在 D 内经过连续变形而缩成一点.

【例 1.8】　满足下列条件的点 z 在复平面上构成怎样的点集？如果是区域，是单连通域还是多连通域？

(1) $|z|<2,\mathrm{Im}(z)>1$；

(2) $0<|z+\mathrm{i}|<2$；

(3) $0<\arg(z-1)<\frac{\pi}{4},\mathrm{Re}(z)\geqslant 2$.

【解】

(1) 满足条件的点 z 构成的点集以原点为中心，2 为半径的圆域和以直线 $\mathrm{Im}(z)=1$ 为边界，并在此直线上方部分，且为有界单连通域.

(2) 满足条件的点 z 构成的点集是以 $-\mathrm{i}$ 为中心，2 为半径去掉圆心的圆域，是有界的多连通域.

(3) 满足条件的点 z 构成的点集是以射线 $\arg(z-1)=\frac{\pi}{4}$ 和 $\arg(z-1)=0$ 以及直线 $\mathrm{Re}(z)=2$ 为边界，且在直线 $\mathrm{Re}(z)=2$ 的右侧（包括其直线）的部分. 该点集不是区域.

1.2.2 复变函数

复变函数是实变函数基本概念的推广，因此我们所叙述的复变函数的概念、极限概念、函数连续与可微等概念与高等数学中的概念叙述相似.

定义 1.16 设 D 是一个复数 $z=x+\mathrm{i}y$ 的集合，若对每一个 $z\in D$，按照一定的法则，总有一个或几个复数 $w=u+\mathrm{i}v$ 与之对应，则称复变数 w 为复变数 z 的函数，简称复变函数，记为 $w=f(z)$. D 称为 $f(z)$ 的定义域，函数值的全体所组成的集合称为函数 f 的值域，记为 $f(D)=\{w\,|\,w=f(z),z\in D\}$，并把 z 称为函数的自变量，w 为因变量. 如果一个 z 值，有两个或两个以上的 w 值与之对应，则称 $f(z)$ 是多值的.

以后，如无特殊声明，我们所讨论的函数都是单值的.

设 $w=f(z)$，若令 $z=x+\mathrm{i}y$，$w=u+\mathrm{i}v$，则 $u+\mathrm{i}v=f(x+\mathrm{i}y)=u(x,y)+\mathrm{i}v(x,y)$，于是，得到了两个实变函数 $u(x,y)$，$v(x,y)$.

例如，$w=\dfrac{1}{z}$，令 $z=x+\mathrm{i}y$，$w=u+\mathrm{i}v$，则

$$w=u+\mathrm{i}v=\frac{1}{x+\mathrm{i}y}=\frac{x}{x^2+y^2}-\mathrm{i}\frac{y}{x^2+y^2},\quad x^2+y^2\neq 0$$

因而函数 $w=\dfrac{1}{z}$ 对应于两个二元实变函数：$u=\dfrac{x}{x^2+y^2}$，$v=-\dfrac{y}{x^2+y^2}$.

由于复变函数反映了两组变量 u,v 和 x,y 之间的对应关系，因而情形比较复杂，为了直观地理解和研究函数，我们利用两个不同的复平面上的点集之间的对应关系来说明.

定义 1.17 若将定义域 D 看成 z 平面上的点集，而将值域 $f(D)$ 看成 w 平面上的点集，在几何上函数 $w=f(z)$ 可以看成是 z 平面上的点集 D 到 w 平面上的点集 $G=f(D)$ 的映射(或称变换)，这个映射通常简称为由函数 $w=f(z)$ 所构成的映射. 在 $w=f(z)$ 的映射下，G 中的点 w 称为 D 中的点 z 的象(映象)，而 D 中的点 z 则称为 G 中的点 w 的原象.

例如，$w=\dfrac{1}{z}=\dfrac{1}{x+\mathrm{i}y}$ 把 z 平面上的圆周 $x^2+y^2=4$ 映射成 w 平面上的圆周 $|w|=\dfrac{1}{2}$；把 z 平面上的直线 $x=1$ 映射成 w 平面上的圆周 $\left|w-\dfrac{1}{2}\right|=\dfrac{1}{2}$.

有关实变函数的一些概念，只要不涉及函数值大小的比较，很多可以推广到复变函数上来，如反函数、奇函数、偶函数、周期函数等.

定义 1.18 设函数 $w=f(z)$ 的定义域为 D(z 平面上的集合)，值域为 G(w 平面上的集合)，则 G 中每一个 w 必将对应着 D 中的一个或几个 z. 按照函数的定义，在 G 上确定了一个函数 $z=\varphi(w)$，它称为函数 $w=f(z)$ 的反函数，记为 $z=f^{-1}(w)$，也称为映射 $w=f(z)$ 的逆映射.

例如 $z=\dfrac{1}{w}$ 为 $w=\dfrac{1}{z}$ 的反函数；$z=w-(2+\mathrm{i})$ 为 $w=z+2+\mathrm{i}$ 的反函数.

习题 1.2

1. 指出下列不等式所确定的区域或闭区域，并指明它是有界的还是无界的，是单连

通的还是多连通的：

(1) $\text{Re}(z)>1$；　　(2) $|z+2\text{i}|\geqslant 1$；

(3) $2<\arg z<2+\pi$；　　(4) $0<\text{Im}(\text{i}z)<2$；

(5) $|z-1|<|z+3|$；　　(6) $2\leqslant|z|\leqslant 3$；

(7) $|z-2|-|z+2|>1$；　　(8) $|z-2|+|z+2|\leqslant 6$.

2. 把下面的曲线写成复变量形式：$z=z(t)$，t 为参数.

(1) $x^2+(y-1)^2=4$；(2) $y=2x$；(3) $y=5$；(4) $x=3$.

3. 已知映射 $w=z^3$，求

(1) 点 $z_1=\text{i}$，$z_2=1+\text{i}$，$z_3=\sqrt{3}+\text{i}$ 在 w 平面上的象；

(2) 区域 $0<\arg z<\pi/3$ 在 w 平面上的象.

4. 在映射 $w=\dfrac{1}{z}$ 下，曲线 $x^2+y^2=4$ 和 $x=1$ 映射为 w 平面上什么曲线?

1.3　复变函数的极限与连续性

1.3.1　复变函数的极限

定义 1.19　设函数 $w=f(z)$ 在 z_0 的某一去心邻域 $0<|z-z_0|<\rho$ 内有定义，若对于任给的 $\varepsilon>0$，相应地存在 $\delta>0$，使得当 $0<|z-z_0|<\delta\ (0<\delta\leqslant\rho)$ 时，有 $|f(z)-A|<\varepsilon$，则称 A（确定的常数）为 $f(z)$ 当 z 趋向于 z_0 时的极限，记为 $\lim\limits_{z\to z_0}f(z)=A$，或当 $z\to z_0$ 时，$f(z)\to A$.

上述定义与一元实函数的极限定义从形式上是类似的，只不过用圆形邻域代替了原来的点邻域，但要特别注意的是，当 $z=x+\text{i}y$ 趋向 $z_0=x_0+\text{i}y_0$，相当于 $x\to x_0$，$y\to y_0$，这比一元实函数极限中 $x\to x_0$ 具有更大的任意性. 定义中 $z\to z_0$ 的方式是任意的，即不论 z 从什么方向，以何种形式趋向 z_0，$f(z)$ 都要趋近同一个常数 A.

【例 1.9】　证明：$\lim\limits_{z\to 0}\dfrac{\text{Im}(z)}{z}$不存在.

【证明】　令 $z=x+\text{i}y$，则有$\dfrac{\text{Im}(z)}{z}=\dfrac{y}{x+\text{i}y}$，显然，当 z 沿直线 $y=kx$（k 是常数）趋于零时，极限$\lim\limits_{\substack{z\to 0\\ y=kx}}\dfrac{\text{Im}(z)}{z}=\lim\limits_{\substack{z\to 0\\ y=kx}}\dfrac{y}{x+\text{i}y}=\lim\limits_{x\to 0}\dfrac{kx}{x+\text{i}kx}=\dfrac{k}{1+\text{i}k}$，注意到 k 可以取不同的值，极限 $\lim\limits_{z\to 0}\dfrac{\text{Im}(z)}{z}$也不同，因而所求的极限不存在.

极限定义的几何意义可解释为：无论点 A 的 ε-邻域取得怎样小，总可以找到 z_0 的一个去心 δ-邻域，一旦动点 z 进入 z_0 的去心 δ-邻域，它的象点 $f(z)$ 就落入 A 的 ε-邻域内（如图 1.9 所示）.

下面的定理指出了复变函数的极限与该函数的实部、虚部极限的依存关系.

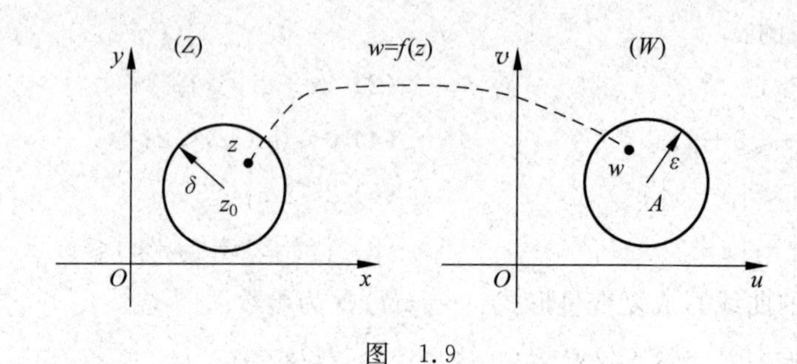

图 1.9

定理 1.3 设 $f(z)=u(x,y)+\mathrm{i}v(x,y)$，$A=u_0+\mathrm{i}v_0$，$z_0=x_0+\mathrm{i}y_0$，则 $\lim\limits_{z\to z_0}f(z)=A$ 的充分必要条件为 $\lim\limits_{\substack{x\to x_0\\y\to y_0}}u(x,y)=u_0$，$\lim\limits_{\substack{x\to x_0\\y\to y_0}}v(x,y)=v_0$.

【证明】 充分性：由 $\lim\limits_{\substack{x\to x_0\\y\to y_0}}u(x,y)=u_0$，$\lim\limits_{\substack{x\to x_0\\y\to y_0}}v(x,y)=v_0$ 知，对 $\forall\,\varepsilon>0$，总存在 $\delta>0$，当 $0<\sqrt{(x-x_0)^2+(y-y_0)^2}<\delta$ 时，恒有 $|u-u_0|<\varepsilon/2$，$|v-v_0|<\varepsilon/2$. 而

$|f(z)-A|=|(u+\mathrm{i}v)-(u_0+\mathrm{i}v_0)|=|(u-u_0)+\mathrm{i}(v-v_0)|\leqslant|u-u_0|+|v-v_0|$

所以当 $0<|z-z_0|<\delta$ 时，有 $|f(z)-A|<\varepsilon/2+\varepsilon/2=\varepsilon$，即 $\lim\limits_{z\to z_0}f(z)=A$.

必要性：设 $\lim\limits_{z\to z_0}f(z)=A$，根据定义，对任意的 $\varepsilon>0$，存在 $\delta>0$，当 $0<|z-z_0|<\delta$ 时，有 $|f(z)-A|<\varepsilon$，即当 $0<\sqrt{(x-x_0)^2+(y-y_0)^2}<\delta$ 时，有 $|(u-u_0)+\mathrm{i}(v-v_0)|<\varepsilon$ 成立，从而 $|u-u_0|<\varepsilon$，$|v-v_0|<\varepsilon$，由极限定义：$\lim\limits_{\substack{x\to x_0\\y\to y_0}}u(x,y)=u_0$，$\lim\limits_{\substack{x\to x_0\\y\to y_0}}v(x,y)=v_0$.

【注】 这个定理说明，复变函数极限的存在性等价于其实部和虚部两个二元实函数极限的存在性. 这样就可以把复变函数极限的计算转化为两个二元实函数极限的计算.

根据定理 1.3，读者不难证明，下面的极限有理运算法则对复变函数也成立.

定理 1.4 如果 $\lim\limits_{z\to z_0}f(z)=A$，$\lim\limits_{z\to z_0}g(z)=B$，则

(1) $\lim\limits_{z\to z_0}[f(z)\pm g(z)]=A\pm B$；

(2) $\lim\limits_{z\to z_0}[f(z)g(z)]=AB$；

(3) $\lim\limits_{z\to z_0}\left[\dfrac{f(z)}{g(z)}\right]=\dfrac{A}{B}\,(B\neq 0)$.

1.3.2 复变函数的连续性

定义 1.20 如果 $\lim\limits_{z\to z_0}f(z)=f(z_0)$，则称 $f(z)$ 在 z_0 处连续. 如果 $f(z)$ 在区域 D 内每一个点处均连续，则称 $f(z)$ 在 D 内连续.

由定义 1.20 和定理 1.3 可以得到以下定理.

定理 1.5 函数 $f(z)=u(x,y)+\mathrm{i}v(x,y)$ 在点 $z_0=x_0+\mathrm{i}y_0$ 处连续的充分必要条件是：$u(x,y)$ 和 $v(x,y)$ 在点 (x_0,y_0) 处连续.

【例 1.10】 设 $f(z)=x^2+y^2+\mathrm{i}(x^2-y^2)$，证明：$f(z)$在 z 平面上处处连续.

【证明】 因为 $f(z)=x^2+y^2+\mathrm{i}(x^2-y^2)$，则 $u(x,y)=x^2+y^2$，$v(x,y)=x^2-y^2$，并且 $u(x,y)$和 $v(x,y)$在 z 平面上处处连续，则由定理 1.5 可知，$f(z)$在 z 平面上处处连续.

定理 1.6

(1) 若 $f(z)$和 $g(z)$在 z_0 连续，则它们的和、差、积、商(分母在 z_0 不为零)在 z_0 处仍然连续；

(2) 如果函数 $h=g(z)$在 z_0 连续，函数 $w=f(h)$在 $h_0=g(z_0)$连续，则复合函数 $w=f[g(z)]$在 z_0 处连续.

由以上定理可知，有理整函数(多项式)$w=P(z)=a_0+a_1z+\cdots+a_nz^n$ 在复平面上处处连续，而有理分式函数 $w=P(z)/Q(z)$($P(z)$，$Q(z)$都是多项式)在复平面上使分母不为零的点处连续.

【注】 函数 $f(z)$在曲线 C 上 z_0 处连续是指 z 沿 C 趋向 z_0 时，有 $\lim\limits_{z\to z_0}f(z)=f(z_0)$.

与实变量函数类似，在闭区域 $\overline{D}$ 上连续的函数 $f(z)$在 $\overline{D}$ 是有界的，即存在有限正数 M，使 $|f(z)|\leqslant M(z\in\overline{D})$. 这个结论对于闭曲线或连同端点在内的曲线段上的连续函数 $f(z)$也成立.

习题 1.3

1. 设 $f(z)=z^2-1$，证明：$f(z)$在 z 平面上处处连续.
2. 证明：如果 $f(z)$在 z_0 连续，则$\overline{f(z)}$和$|f(z)|$在 z_0 处也连续.
3. 设 $f(z)=\frac{1}{2\mathrm{i}}\left(\frac{z}{\bar{z}}-\frac{\bar{z}}{z}\right)(z\neq 0)$. 证明当 $z\to 0$ 时 $f(z)$的极限不存在.
4. 设函数 $f(z)$在 z_0 连续，且 $f(z_0)\neq 0$，证明：存在 z_0 的一个邻域，函数 $f(z)$在此邻域内取值不等于零.
5. 证明：$\arg z$ 在原点与负实轴上不连续.
6. 证明：如果极限$\lim\limits_{z\to z_0}f(z)$存在且有限，则 $f(z)$在 z_0 点的某一邻域内是有界的.

实验一　复数的表示与基本运算

一、实验目的

(1) 学习用 Matlab 命令构造复数.
(2) 学习用 Matlab 命令进行复数的基本数学运算.
(3) 学习用 Matlab 命令求解复数方程.

二、相关的 Matlab 命令(函数)

(1) i 或 j：代表复数虚部运算的字元.

(2) complex(a,b)：构造复数 $a+\mathrm{i}b$.

(3) subs(z,{a,b},{m,n})：把实数 m 和 n 赋值给复数 z 的实部 a 和虚部 b.

(4) real(z)：复数 z 的实部.

(5) imag(z)：复数 z 的虚部.

(6) conj(z)：复数 z 的共轭复数.

(7) abs(z)：复数 z 的模.

(8) sqrt(z)：复数 z 的平方根.

(9) exp(z)：复数 z 的以 e 为底的指数值.

(10) log(z)：复数 z 的以 e 为底的对数值.

(11) solve('原方程')：求解复数方程或实方程的复数根.

三、实验内容

1. 复数的一般表示

【例 1】 在 Matlab 中定义复数 $z=3+2\mathrm{i}$.

【解】 在 Matlab 命令窗口中输入：

```
>> z=3+2i
```

运行结果为：

```
ans=
    3.0000+2.0000i
```

【例 2】 在 Matlab 中用符号函数构造复数 $z=3+2\mathrm{i}$.

【解】 在 Matlab 命令窗口中输入：

```
>> syms a b
>> z=a+b*i;
>> subs(z,{a,b},{3,2})
```

运行结果为：

```
ans=
    3.0000+2.0000i
```

【例 3】 构造复数 $z=1+\mathrm{i}$，表示为复指数形式.

【解】 在 Matlab 命令窗口中输入：

```
>> syms abs c
>> z=abs*exp(c*i);
>> z=subs(z,{abs,c},{sqrt(2),pi/4})
```

运行结果为：

```
z=
  1.0000+1.0000i
```

【例 4】 使用函数命令 complex() 生成 $z=3+2\mathrm{i}$.

【解】 在 Matlab 命令窗口中输入：

```
>> z=complex(3,2)
```

运行结果为：

```
z=
   3.0000+2.0000i
```

2. 复数的基本运算

【例 5】 求复数 $z=3+2\mathrm{i}$ 的实部、虚部、模、辐角和共轭复数.

【解】 在 Matlab 命令窗口中输入：

```
>> z=3+2*i;
>> r=real(z)
```

输出：

```
r=
   3
```

输入语句：

```
>> im=imag(z)
```

输出：

```
im=
    2
```

输入语句：

```
>> m=abs(z)
```

输出：

```
m=
    3.6056
```

输入语句：

```
>> ang=angle(z)
```

输出：

```
ang=
    0.5880
```

输入语句：

```
>> zl=conj(z)
```

运行结果为：

```
z1=
    3.0000-2.0000i
```

【例 6】 已知复数 $z_1=3+2\mathrm{i}$, $z_2=1+\mathrm{i}$，计算 z_1+z_2, z_1-z_2, z_1*z_2, z_1/z_2.

【解】 在 Matlab 命令窗口中输入：

```
>> z1=3+2i;
>> z2=1+i;
>> z=z1+z2
```

输出：

```
z=
    4.0000+3.0000i
```

输入语句：

```
>> z=z1-z2
```

输出：

```
z=
    2.0000+1.0000i
```

输入语句：

```
>> z=z1*z2
```

输出：

```
z=
    1.0000+5.0000i
```

输入语句：

```
>> z=z1/z2
```

运行结果为：

```
z=
    2.5000-0.5000i
```

【例 7】 计算例 6 中 z_1 和 z_2 的平方根.

【解】 在 Matlab 命令窗口中输入：

```
>> sqrt(z1)
```

运行结果：

```
ans=
    1.8174+0.5503i
```

输入语句：

```
>> sqrt(z2)
```

运行结果：

```
ans=1.0987+0.4551i
```

【例 8】 计算例 6 中 z_1^2 和 z_2^3.

【解】 在 Matlab 命令窗口中输入：

```
>> z1^2
```

运行结果：

```
ans=
    5.0000+12.0000i
```

输入语句：

```
>> z2^3
```

运行结果：

```
ans=
    -2.0000+2.0000i
```

【例 9】 计算 e^{z_1}，e^{iz_2}，$\ln z_1$.

【解】 在 Matlab 命令窗口中输入：

```
>> exp(z1)
```

运行结果：

```
ans=
    -8.3585+18.2637i
```

输入语句：

```
>> exp(i*z2)
```

运行结果：

```
ans=
    0.1988+0.3096i
```

输入语句：

```
>> log(z1)
```

运行结果：

```
ans=
    1.2825+0.5880i
```

3. 复数方程求根

【例 10】 求方程 $z^3+27=0$ 的所有根.

【解】 在 Matlab 命令窗口中输入：

```
>> solve('z^3+27=0')
```

运行结果：

```
ans=
      -3
      3/2+3/2*i*3^(1/2)
      3/2-3/2*i*3^(1/2)
```

【例 11】 求解方程 $x^2+4x+10=0$.

【解】 在 Matlab 命令窗口中输入：

```
>> solve('x^2+4*x+10=0')
```

运行结果：

```
ans=
      -2+i*6^(1/2)
      -2- i*6^(1/2)
```

四、实验内容

1. 求下列复数的实部与虚部、共轭复数、模与辐角：

(1) $\frac{1}{3+2i}$；(2) $\frac{1}{i}-\frac{3i}{1-i}$；(3) $\frac{(3+4i)(2-5i)}{2i}$；(4) $i^8-4i^{21}+i$.

2. 求下列各式的值：

(1) $\ln(-10)$；(2) $\log(-3+4i)$；(3) $\sqrt[6]{-1}$.

3. 求方程 $z^3+8=0$ 所有的根.

4. 解方程组：$\begin{cases} z_1+2z_2=1+i \\ 3z_1+iz_2=2-3i \end{cases}$

第2章

解 析 函 数

复变函数研究的主要对象是解析函数.本章将给出解析函数的基本概念、判定条件以及一些初等解析函数.在讨论解析函数时,我们会发现其中有些概念是由实变函数中的概念推广得到的,注意到这一点,将有利于读者今后的学习.

2.1 解析函数的概念及判定

2.1.1 复变函数的导数与微分

1. 导数的定义

复变函数的导数概念是解析函数概念的基础,是实变函数中导数概念的推广.

定义 2.1 设函数 $w=f(z)$在区域 D 内有定义,z_0 是 D 内一点,点 $z_0+\Delta z\in D$,如果极限$\lim\limits_{\Delta z\to 0}\dfrac{f(z_0+\Delta z)-f(z_0)}{\Delta z}$存在,则称函数 $f(z)$在 z_0 点处可导.此极限值为函数 $f(z)$在 z_0 点的导数,记为

$$f'(z_0)=\frac{\mathrm{d}w}{\mathrm{d}z}\Big|_{z=z_0}=\lim_{\Delta z\to 0}\frac{f(z_0+\Delta z)-f(z_0)}{\Delta z}=\lim_{z\to z_0}\frac{f(z)-f(z_0)}{z-z_0}$$

如果函数 $f(z)$在区域 D 内每一点都可导,则称 $f(z)$在区域 D 内可导,$f'(z)$称为 $f(z)$在区域 D 内的导函数,简称导数.

定义 2.1 也可以用"$\varepsilon-\delta$"语言来叙述:对于$\forall\varepsilon>0$,总$\exists\delta>0$,使得$0<|\Delta z|<\delta$时,有$\left|\dfrac{f(z_0+\Delta z)-f(z_0)}{\Delta z}-A\right|<\varepsilon$($A$ 为复常数),则称 A 为函数 $f(z)$在 z_0 点的导数,即$A=f'(z_0)$.

【注】 导数定义中的 $z_0+\Delta z\to z_0$(即 $\Delta z\to 0$)的方式是任意的,这一点要比实一元函数导数定义中的 $\Delta x\to 0$ 要求严格得多,因而复变函数的导函数具有许多特有的性质.

【例 2.1】 求 $f(z)=z^2$ 的导数.

【解】 因为 $f(z+\Delta z)-f(z)=(z+\Delta z)^2-z^2=2z\Delta z+(\Delta z)^2$,

$$\lim_{\Delta z\to 0}\frac{f(z+\Delta z)-f(z)}{\Delta z}=\lim_{\Delta z\to 0}\frac{2z\Delta z+(\Delta z)^2}{\Delta z}=\lim_{\Delta z\to 0}(2z+\Delta z)=2z$$

所以,$f'(z)=2z$.

【例 2.2】 讨论 $f(z)=\bar{z}$ 在复平面上的可导性.

【解】 因为 $f(z+\Delta z)-f(z)=\overline{z+\Delta z}-\bar{z}=\bar{z}+\overline{\Delta z}-\bar{z}=\overline{\Delta z}$,

$$\frac{f(z+\Delta z)-f(z)}{\Delta z}=\frac{\overline{\Delta z}}{\Delta z}=\frac{\Delta x-\mathrm{i}\Delta y}{\Delta x+\mathrm{i}\Delta y}$$

设 Δz 沿平行于 x 轴的方向趋于零,则有$\lim\limits_{\Delta z\to 0}\frac{f(z+\Delta z)-f(z)}{\Delta z}=\lim\limits_{\Delta x\to 0}\frac{\Delta x}{\Delta x}=1$.

设 Δz 沿平行于 y 轴的方向趋于零,则有$\lim\limits_{\Delta z\to 0}\frac{f(z+\Delta z)-f(z)}{\Delta z}=\lim\limits_{\Delta x\to 0}\frac{-\mathrm{i}\Delta y}{\mathrm{i}\Delta y}=-1$.

所以当 $\Delta z\to 0$ 时,$\lim\limits_{\Delta z\to 0}\frac{f(z+\Delta z)-f(z)}{\Delta z}$不存在,因此函数 $f(z)=\bar{z}$ 在复平面上处处不可导.

2. 可导与连续的关系

设函数 $w=f(z)$在 z_0 点处可导,于是$\lim\limits_{\Delta z\to 0}\frac{\Delta w}{\Delta z}$存在,所以

$$\lim_{\Delta z\to 0}\Delta w=\lim_{\Delta z\to 0}\left[\Delta z\,\frac{\Delta w}{\Delta z}\right]=\lim_{\Delta z\to 0}\Delta z\cdot\lim_{\Delta z\to 0}\frac{\Delta w}{\Delta z}=0$$

进而可得

$$\lim_{\Delta z\to 0}[f(z_0+\Delta z)-f(z_0)]=0$$

即$\lim\limits_{\Delta z\to 0}f(z_0+\Delta z)=f(z_0)$. 由此可见,$f(z)$在 z_0 处连续.

在例 2.2 中,$f(z)=\bar{z}$ 显然在复平面上处处连续,但又处处不可导. 因此可以得到与高等数学中可导与连续类似的关系,即若函数 $f(z)$在点 z_0 处可导,则在 z_0 点必然连续;若函数 $f(z)$在点 z_0 处连续,则在 z_0 点不一定可导.

3. 求导法则

由于复变函数中导数的定义与实变函数中导数的定义在形式上完全一样,而且复变函数中的极限运算法则也和实变函数中的一样,因而复变函数有与高等数学中完全相同的求导法则,且证法完全相同. 现将几个求导公式与法则罗列如下:

(1) $(C)'=0$,其中 C 为复常数.

(2) $(z^n)'=nz^{n-1}$,其中 n 为正整数.

(3) $[f(z)\pm g(z)]'=f'(z)\pm g'(z)$.

(4) $[f(z)g(z)]'=f'(z)g(z)+f(z)g'(z)$.

(5) $\left[\frac{f(z)}{g(z)}\right]'=\frac{f'(z)g(z)-f(z)g'(z)}{g^2(z)}$,$g(z)\neq 0$.

(6) $\{f[g(z)]\}'=f'(w)g'(z)$,其中 $w=g(z)$.

(7) $f'(z)=\frac{1}{\varphi'(w)}$,其中 $w=f(z)$与 $z=\varphi(w)$是两个互为反函数的单值函数,且$\varphi'(w)\neq 0$.

4. 微分的定义

复变函数的微分在形式上也与高等数学中一元实变函数的微分完全相同.

定义 2.2 设函数 $w=f(z)$定义在区域 D 上,z_0 为 D 内一点,若 $f(z)$在 z_0 可导,

$\Delta w=f(z_0+\Delta z)-f(z_0)=A\Delta z+\rho(\Delta z)\Delta z$,其中$\lim\limits_{\Delta z\to 0}\rho(\Delta z)=0$,$A$为复常数,则称$A\Delta z$为函数$f(z)$在点$z_0$的微分,记为$\mathrm{d}w=A\Delta z$.如果$f(z)$在点$z_0$的微分存在,则称$f(z)$在$z_0$可微.若$f(z)$在区域$D$内处处可微,则称$f(z)$在区域$D$内可微.

与高等数学中一样,可导与可微是等价的,且$A=f'(z_0)$,$\Delta z=\mathrm{d}z$,所以$\mathrm{d}w=f'(z_0)\mathrm{d}z$,则$\Delta w=f'(z_0)\Delta z+\rho(\Delta z)\Delta z$,其中微分$\mathrm{d}w=f'(z_0)\Delta z$是函数增量$\Delta w$的线性主部,$\rho(\Delta z)\Delta z$是$\Delta z$的高阶无穷小量.

2.1.2　解析函数的概念

定义 2.3　如果函数$f(z)$在z_0的邻域内处处可导,则称$f(z)$在z_0解析.若$f(z)$在区域D内每一点解析,那么称$f(z)$为D上的一个解析函数,或称$f(z)$在D内解析.如果$f(z)$在z_0不解析,则称z_0为$f(z)$的一个奇点.

设$w=f(z)$定义在区域D内,$z_0\in D$,则复变函数连续、可导(可微)与解析之间的关系如图2.1所示.

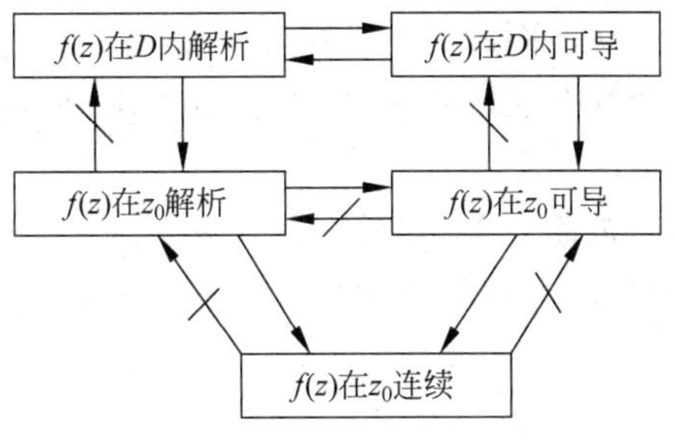

图　2.1

【注】　函数在一点处解析与在一点处可导是不等价的,解析要满足两个条件:首先在这点要可导,其次要在该点的一个邻域内可导.所以解析比可导条件要强,但是由定义可知,函数在区域内解析与在该区域可导是等价的.

【例 2.3】　讨论函数$f(z)=|z|^2$的解析性.

【解】　由于

$$\frac{f(z_0+\Delta z)-f(z_0)}{\Delta z}=\frac{|z_0+\Delta z|^2-|z_0|^2}{\Delta z}$$

$$=\frac{(z_0+\Delta z)(\overline{z_0}+\overline{\Delta z})-z_0\,\overline{z_0}}{\Delta z}=\overline{z_0}+\overline{\Delta z}+z_0\frac{\overline{\Delta z}}{\Delta z}$$

显然,如果$z_0=0$,则当$\Delta z\to 0$时,上式的极限是零.如果$z_0\neq 0$,令$z_0+\Delta z$沿直线$y-y_0=k(x-x_0)$趋于z_0,由于k的任意性,

$$\frac{\overline{\Delta z}}{\Delta z}=\frac{\Delta x-\Delta y\mathrm{i}}{\Delta x+\Delta y\mathrm{i}}=\frac{1-\frac{\Delta y}{\Delta x}\mathrm{i}}{1+\frac{\Delta y}{\Delta x}\mathrm{i}}=\frac{1-k\mathrm{i}}{1+k\mathrm{i}}$$

不趋于一个确定的值.所以,当$\Delta z\to 0$时,比值$\dfrac{f(z_0+\Delta z)-f(z_0)}{\Delta z}$的极限不存在.

因此,$f(z)=|z|^2$仅在$z=0$处可导,而在其他点都不可导,由定义,它在复平面上处处不解析.

【例 2.4】　研究函数$w=\dfrac{1}{z}$的解析性.

【解】　因为w在复平面内除点$z=0$外处处可导,且$\dfrac{\mathrm{d}w}{\mathrm{d}z}=-\dfrac{1}{z^2}$,所以在除$z=0$外的

复平面内，函数 $w=\dfrac{1}{z}$ 处处解析，而 $z=0$ 是它的奇点.

对于解析函数，利用求导法则不难证明下面的定理.

定理 2.1 设 $f(z)$ 和 $g(z)$ 为区域 D 内的两个解析函数，则 $f(z)\pm g(z)$，$f(z)g(z)$，$f(z)/g(z)(g(z)\neq 0)$ 仍为 D 内的解析函数.

定理 2.2 设函数 $h=g(z)$ 为 z 平面上的区域 D 内解析函数，函数 $w=f(h)$ 为 h 平面上的区域 G 内的解析函数，如果对每一个 $z\in D$，对应的 $h=g(z)\in G$，则复合函数 $f[g(z)]$ 在 D 内解析.

从上面的定理可以推知，所有多项式函数在复平面内是处处解析的，任何一个有理分式函数 $\dfrac{P(z)}{Q(z)}$ 在不含分母为零的点的区域内是解析函数，使分母为零的点是它的奇点.

2.1.3 函数解析的充要条件

从前面的例子可知，并不是每一个复变函数都是解析函数；如果仅用定义来判定一个函数在区域 D 是否解析，也是比较困难的. 下面给出判定函数在某一区域内解析的判定方法.

定理 2.3 函数 $f(z)=u(x,y)+\mathrm{i}v(x,y)$ 在其定义域 D 内解析的充要条件是：$u(x,y)$ 与 $v(x,y)$ 在 D 内任一点 $z=x+\mathrm{i}y$ 可微，并且满足柯西—黎曼方程(C-R 方程)：

$$\frac{\partial u}{\partial x}=\frac{\partial v}{\partial y},\quad \frac{\partial u}{\partial y}=-\frac{\partial v}{\partial x}$$

【证】 必要性：设 $f(z)$ 在 D 内解析，则在 D 内任一点 $z=x+\mathrm{i}y$ 处可导，且

$$f'(z)=\lim_{\Delta z\to 0}\frac{f(z+\Delta z)-f(z)}{\Delta z}=\lim_{\Delta z\to 0}\frac{\Delta w}{\Delta z}$$

令 $\Delta w=\Delta u+\mathrm{i}\Delta v$，$f'(z)=a+\mathrm{i}b$，$\rho(\Delta z)=\rho_1+\mathrm{i}\rho_2$，则由 $\Delta w=f'(z)\Delta z+\rho(\Delta z)\Delta z$ 可以得到

$$\begin{aligned}\Delta u+\mathrm{i}\Delta v&=(a+\mathrm{i}b)(\Delta x+\mathrm{i}\Delta y)+(\rho_1+\mathrm{i}\rho_2)(\Delta x+\mathrm{i}\Delta y)\\&=(a\Delta x-b\Delta y+\rho_1\Delta x-\rho_2\Delta y)+\mathrm{i}(b\Delta x+a\Delta y+\rho_2\Delta x+\rho_1\Delta y)\end{aligned}$$

即 $\Delta u=a\Delta x-b\Delta y+\rho_1\Delta x-\rho_2\Delta y$，$\Delta v=b\Delta x+a\Delta y+\rho_2\Delta x+\rho_1\Delta y$.

因为 $\lim\limits_{\Delta z\to 0}\rho(\Delta z)=0$，所以 $\lim\limits_{\substack{\Delta x\to 0\\ \Delta y\to 0}}\rho_1=0$，$\lim\limits_{\substack{\Delta x\to 0\\ \Delta y\to 0}}\rho_2=0$. 因此，$u(x,y)$ 与 $v(x,y)$ 在点 (x,y) 可微，且有 $\dfrac{\partial u}{\partial x}=a=\dfrac{\partial v}{\partial y}$，$\dfrac{\partial u}{\partial y}=-b=-\dfrac{\partial v}{\partial x}$.

充分性：由于 $u(x,y)$ 与 $v(x,y)$ 在点 (x,y) 可微，则在点 $z=x+\mathrm{i}y$ 有

$$\Delta u=\frac{\partial u}{\partial x}\Delta x+\frac{\partial u}{\partial y}\Delta y+\varepsilon_1\Delta x+\varepsilon_2\Delta y,$$

$$\Delta v=\frac{\partial v}{\partial x}\Delta x+\frac{\partial v}{\partial y}\Delta y+\varepsilon_3\Delta x+\varepsilon_4\Delta y$$

其中 $\lim\limits_{\substack{\Delta x\to 0\\ \Delta y\to 0}}\varepsilon_i=0(i=1,2,3,4)$. 所以

$$\Delta w=f(z+\Delta z)-f(z)=\Delta u+\mathrm{i}\Delta v$$

$$= \left(\frac{\partial u}{\partial x}\Delta x + \frac{\partial u}{\partial y}\Delta y + \varepsilon_1 \Delta x + \varepsilon_2 \Delta y\right) + \mathrm{i}\left(\frac{\partial v}{\partial x}\Delta x + \frac{\partial v}{\partial y}\Delta y + \varepsilon_3 \Delta x + \varepsilon_4 \Delta y\right)$$

$$= \left(\frac{\partial u}{\partial x} + \mathrm{i}\,\frac{\partial v}{\partial x}\right)\Delta x + \left(\frac{\partial u}{\partial y} + \mathrm{i}\,\frac{\partial v}{\partial y}\right)\Delta y + (\varepsilon_1 + \mathrm{i}\varepsilon_3)\Delta x + (\varepsilon_2 + \mathrm{i}\varepsilon_4)\Delta y$$

根据柯西—黎曼方程，

$$\frac{\partial u}{\partial x} = \frac{\partial v}{\partial y}, \quad \frac{\partial u}{\partial y} = -\frac{\partial v}{\partial x} = \mathrm{i}^2\,\frac{\partial v}{\partial x}$$

$$\Delta w = \left(\frac{\partial u}{\partial x} + \mathrm{i}\,\frac{\partial v}{\partial x}\right)\Delta x + \left(\mathrm{i}^2\,\frac{\partial v}{\partial x} + \mathrm{i}\,\frac{\partial u}{\partial x}\right)\Delta y + (\varepsilon_1 + \mathrm{i}\varepsilon_3)\Delta x + (\varepsilon_2 + \mathrm{i}\varepsilon_4)\Delta y$$

$$= \left(\frac{\partial u}{\partial x} + \mathrm{i}\,\frac{\partial v}{\partial x}\right)(\Delta x + \mathrm{i}\Delta y) + (\varepsilon_1 + \mathrm{i}\varepsilon_3)\Delta x + (\varepsilon_2 + \mathrm{i}\varepsilon_4)\Delta y$$

则$\dfrac{\Delta w}{\Delta z} = \dfrac{\partial u}{\partial x} + \mathrm{i}\,\dfrac{\partial v}{\partial x} + (\varepsilon_1 + \mathrm{i}\varepsilon_3)\dfrac{\Delta x}{\Delta z} + (\varepsilon_2 + \mathrm{i}\varepsilon_4)\dfrac{\Delta y}{\Delta z}$，因为$\left|\dfrac{\Delta x}{\Delta z}\right| \leqslant 1$，$\left|\dfrac{\Delta y}{\Delta z}\right| \leqslant 1$，故当$\Delta z \to 0$时，上式后两项都$\to 0$，故$f'(z) = \dfrac{\partial u}{\partial x} + \mathrm{i}\,\dfrac{\partial v}{\partial x}$，所以函数$f(z) = u(x,y) + \mathrm{i}v(x,y)$在区域$D$内处处可导，即函数$f(z)$在$D$内解析.

利用柯西—黎曼方程，还可以得到解析函数的导数公式：

$$f'(z) = \frac{\partial u}{\partial x} + \mathrm{i}\,\frac{\partial v}{\partial x} = \frac{\partial v}{\partial y} - \mathrm{i}\,\frac{\partial u}{\partial y} = \frac{\partial u}{\partial x} - \mathrm{i}\,\frac{\partial u}{\partial y} = \frac{\partial v}{\partial y} + \mathrm{i}\,\frac{\partial v}{\partial x}$$

这个公式给出了一个简洁的导数计算方法.

【注】

(1) 对于函数解析性的判定，一般并不直接采用定理2.3的形式，其原因在于二元函数可微性的证明不太容易，但是，我们可以借助另外一个条件来说明二元函数的可微性，即如果二元函数的一阶导数都存在且连续，则该二元函数可微.

(2) 如果将定理中的“D内任一点”改为“D内某一点”，则定理变为函数$f(z)$在某点可导的充要条件，证明步骤完全一样，因而定理也可以用来判断函数在某点是否可导.

函数可导与解析的判定方法如下：

(1) 如果能用求导公式与求导法则证实复变函数$f(z)$的导数在区域D内处处存在，则可以根据解析(可导)的定义来判定$f(z)$在D内是解析(可导)的.

(2) 如果复变函数$f(z) = u + \mathrm{i}v$中，u，v在区域D内各一阶偏导数都存在且连续(u，v可微)并满足C-R方程，则$f(z)$在D内是解析(可导)的.

【例2.5】 判定下列函数是否解析：

(1) $f(z) = \mathrm{e}^x(\cos y + \mathrm{i}\sin y)$；

(2) $f(z) = x^2 + \mathrm{i}y^2$；

(3) $f(z) = z\mathrm{Re}(z)$.

【解】

(1) $u(x,y) = \mathrm{e}^x\cos y$，$v(x,y) = \mathrm{e}^x\sin y$

$$\frac{\partial u}{\partial x} = \mathrm{e}^x\cos y, \quad \frac{\partial u}{\partial y} = -\mathrm{e}^x\sin y, \quad \frac{\partial v}{\partial x} = \mathrm{e}^x\sin y, \quad \frac{\partial v}{\partial y} = \mathrm{e}^x\cos y$$

在复平面内这四个偏导数处处连续，则$u(x,y)$，$v(x,y)$在复平面内可微且满足C-R方程

$\frac{\partial u}{\partial x}=\frac{\partial v}{\partial y},\frac{\partial u}{\partial y}=-\frac{\partial v}{\partial x}$,所以 $f(z)$在复平面内处处解析.

(2) $u(x,y)=x^2,v(x,y)=y^2,\frac{\partial u}{\partial x}=2x,\frac{\partial u}{\partial y}=0,\frac{\partial v}{\partial x}=0,\frac{\partial v}{\partial y}=2y$,这四个偏导数在复平面内处处连续,且$\frac{\partial u}{\partial y}=-\frac{\partial v}{\partial x}$,仅当 $y=x$ 时才有$\frac{\partial u}{\partial x}=\frac{\partial v}{\partial y}$,所以 $f(z)$仅在直线 $y=x$ 上可导,从而在复平面上处处不解析.

(3) 由 $f(z)=z\mathrm{Re}(z)=(x+\mathrm{i}y)x=x^2+\mathrm{i}xy$,得 $u(x,y)=x^2,v(x,y)=xy,\frac{\partial u}{\partial x}=2x$,$\frac{\partial u}{\partial y}=0,\frac{\partial v}{\partial x}=y,\frac{\partial v}{\partial y}=x$,这四个偏导数在复平面内处处连续,但是仅当 $x=0,y=0$ 时,才有$\frac{\partial u}{\partial x}=\frac{\partial v}{\partial y},\frac{\partial u}{\partial y}=-\frac{\partial v}{\partial x}$,所以 $f(z)=z\mathrm{Re}(z)$仅在 $z=0$ 点可导,故 $f(z)$在复平面上处处不解析.

【例 2.6】 设函数 $f(z)=x^2+axy+by^2+\mathrm{i}(cx^2+dxy+y^2)$,问常数 a,b,c,d 取何值时,$f(z)$在复平面内处处解析.

【解】 $u(x,y)=x^2+axy+by^2,v(x,y)=cx^2+dxy+y^2$

$$\frac{\partial u}{\partial x}=2x+ay,\quad \frac{\partial u}{\partial y}=ax+2by,\quad \frac{\partial v}{\partial x}=2cx+dy,\quad \frac{\partial v}{\partial y}=dx+2y$$

从而要使 $f(z)$在复平面内处处解析,必须有$\frac{\partial u}{\partial x}=\frac{\partial v}{\partial y},\frac{\partial u}{\partial y}=-\frac{\partial v}{\partial x}$,即

$$\begin{cases}2x+ay=dx+2y\\ax+2by=-2cx-dy\end{cases}$$

则 $a=2,b=-1,c=-1,d=2$.

【例 2.7】 设 $f(z)=u+\mathrm{i}v$ 在 D 内解析,证明:若满足下列条件之一,即

(1) $f'(z)=0$; (2) $u=$常数; (3) $\overline{f(z)}$在 D 内解析; (4) $v=u^2$.

则 $f(z)$在 D 内必为常数.

【证明】

(1) 若 $f'(z)=\frac{\partial u}{\partial x}+\mathrm{i}\frac{\partial v}{\partial x}=\frac{\partial v}{\partial y}-\mathrm{i}\frac{\partial u}{\partial y}=0$,则$\frac{\partial u}{\partial x}=\frac{\partial u}{\partial y}=\frac{\partial v}{\partial x}=\frac{\partial v}{\partial y}=0$,所以 u,v 为常数,即 $f(z)=u+\mathrm{i}v$ 为常数.

(2) 若 $\mathrm{Re}f(z)=$常数,即 $u=$常数,所以$\frac{\partial u}{\partial x}=\frac{\partial u}{\partial y}=0$,由 C-R 条件$\frac{\partial v}{\partial x}=\frac{\partial v}{\partial y}=0$,即 u,v 为常数,即 $f(z)=u+\mathrm{i}v$ 为常数.

(3) 因为 $f(z)=u+\mathrm{i}v$ 在 D 内解析,于是有$\frac{\partial u}{\partial x}=\frac{\partial v}{\partial y},\frac{\partial u}{\partial y}=-\frac{\partial v}{\partial x}$成立.

又因为$\overline{f(z)}=u-\mathrm{i}v$ 在 D 内解析,于是有$\frac{\partial u}{\partial x}=-\frac{\partial v}{\partial y},\frac{\partial u}{\partial y}=\frac{\partial v}{\partial x}$成立.

综上述两式,得

$$\frac{\partial u}{\partial x}=\frac{\partial u}{\partial y}=\frac{\partial v}{\partial x}=\frac{\partial v}{\partial y}=0$$

即 u,v 为常数,即 $f(z)=u+\mathrm{i}v$ 为常数.

(4) 若 $v=u^2$,且 $\frac{\partial u}{\partial x}=\frac{\partial v}{\partial y}=2u\frac{\partial u}{\partial y}, \frac{\partial u}{\partial y}=-\frac{\partial v}{\partial x}=-2u\frac{\partial u}{\partial x}$,将后者代入前者,得 $\frac{\partial u}{\partial x}(4u^2+1)=0$,从而有 $\frac{\partial u}{\partial x}=0$ 或者 $(4u^2+1)=0$,所以 $u=C$(常数),即 $f(z)=C+\mathrm{i}C^2$ 为常数.

习题 2.1

1. 判断下列函数在哪些点可导,并求其导数.

(1) $f(z)=(z-1)^4$;

(2) $f(z)=1/(z^2+1)$;

(3) $f(z)=2-z-2z^2$;

(4) $f(z)=(az+b)/(cz+d)(c\neq 0)$.

2. 命题"若函数 $f(z)=u(x,y)+\mathrm{i}v(x,y)$ 在点 $z=x+\mathrm{i}y$ 解析,则函数 $u(x,y)$ 和 $v(x,y)$ 在点 (x,y) 可微且满足 C-R 方程"的逆命题是否成立?为什么?

3. 判别函数 $f(z)=2\sin x+\mathrm{i}y^2$ 在哪些点可导,在哪些点解析?并且求其在可导点处的导数.

4. 求下列函数的导数,并指出其解析区域.

(1) $f(z)=(z^2+1)/(z+1)$;

(2) $f(z)=1-\mathrm{i}/(z^2+1)$;

(3) $f(z)=\mathrm{e}^z/z$.

5. 设函数 $f(z)=my^3+nx^2y+\mathrm{i}(x^3+lxy^2)$ 在复平面的某个区域内解析,试求 l,m,n 的值.

6. 设函数 $f(z)$ 在区域 D 内解析,试证若满足下列条件之一,则 $f(z)$ 在 D 内是常数:

(1) $|f(z)|$ 在 D 内是一个常数;

(2) $\arg f(z)$ 在 D 内是一个常数;

(3) $au+bv=c$,其中 a,b,c 为不全为零的实常数.

2.2 初等函数

本节将把实变函数中的一些常用的基本初等函数推广到复变量的情形,并研究它们的性质,特别是解析性.从中我们将会发现,复平面上的基本初等函数与实数轴上的基本初等函数既有相似之处,也有本质差异.

2.2.1 指数函数

定义 2.4 称复变函数 $f(z)=\mathrm{e}^x(\cos y+\mathrm{i}\sin y)$ 为复变量 $z=x+\mathrm{i}y$ 的指数函数,记为 e^z,即 $\mathrm{e}^z=\mathrm{e}^{x+\mathrm{i}y}=\mathrm{e}^x(\cos y+\mathrm{i}\sin y)$.

复指数函数具有下面的性质:

性质 2.1 $e^{z_1}e^{z_2}=e^{z_1+z_2}$，$e^{z_1}/e^{z_2}=e^{z_1-z_2}$.

【证明】 设 $z_1=x_1+iy_1$，$z_2=x_2+iy_2$，根据定义有

$$\begin{aligned} e^{z_1}e^{z_2} &= e^{x_1}(\cos y_1+i\sin y_1)\cdot e^{x_2}(\cos y_2+i\sin y_2) \\ &= e^{x_1+x_2}[(\cos y_1\cos y_2-\sin y_1\sin y_2)+i(\sin y_1\cos y_2+\cos y_1\sin y_2)] \\ &= e^{x_1+x_2}[\cos(y_1+y_2)+i\sin(y_1+y_2)] \\ &= e^{z_1+z_2} \end{aligned}$$

同理有 $e^{z_1}/e^{z_2}=e^{z_1-z_2}$.

性质 2.2 $e^{z+2k\pi i}=e^z$，$k=0,\pm1,\pm2,\cdots$

【证明】 由于 $e^{2k\pi i}=\cos 2k\pi+i\sin 2k\pi=1$，利用性质 1，得 $e^{z+2k\pi i}=e^z e^{2k\pi i}=e^z$.

性质 2.2 表明复变指数函数是周期函数，且周期为 $2k\pi i$，这个性质是实变指数函数 e^x 不具备的.

性质 2.3 $f(z)=e^z$ 在整个复平面上解析且 $(e^z)'=e^z$.

性质 2.4 $|e^z|=e^x$，$\mathrm{Arg}(e^z)=y+2k\pi$，$k\in\mathbf{Z}$.

性质 2.5 当 $x=0$ 时，$e^z=e^{iy}=\cos y+i\sin y$（注：这是欧拉公式）.

性质 2.6 当 $y=0$ 时，有 $e^z=e^x$，即当 z 为实数时，e^z 是实指数函数.

【例 2.8】 求 e^{3+4i} 的值及其模、辐角、辐角主值.

【解】 因为 $e^{3+4i}=e^3e^{4i}=e^3(\cos 4+i\sin 4)$，所以

$$|e^{3+4i}|=e^3$$

$$\mathrm{Arg}(e^{3+4i})=4+2k\pi,\quad k\in\mathbf{Z}$$

$$\arg(e^{3+4i})=4-2\pi$$

2.2.2 对数函数

和实变函数一样，对数函数定义为指数函数的反函数.

定义 2.5 若 $e^w=z\,(z\neq0)$，则 $w=f(z)$ 称为对数函数，记为 $w=\mathrm{Ln}z$.

下面我们来推导 $w=\mathrm{Ln}z$ 的具体表达式.

设 $w=u+iv$，$z=re^{i\theta}$，则有 $e^{u+iv}=re^{i\theta}$，所以 $u=\ln r$，$v=\theta+2k\pi\,(k=0,\pm1,\pm2,\cdots)$. 于是得到 $w=\mathrm{Ln}z=\ln|z|+i\arg z+2k\pi i\,(k=0,\pm1,\pm2,\cdots)$ 或 $w=\ln|z|+i\mathrm{Arg}z$.

由于 $\mathrm{Arg}z$ 为多值函数，所以对数函数 $w=f(z)$ 为多值函数. 若令 $k=0$，则上式中的多值函数便成为单值函数. 这个单值函数称为多值函数 $\mathrm{Ln}z$ 的主值，记作 $\ln z$，即

$$\ln z=\ln|z|+i\arg z$$

于是

$$\mathrm{Ln}z=\ln z+2k\pi i,\quad k=\pm1,\pm2,\cdots$$

对数函数 $\mathrm{Ln}z$ 具有如下性质：

性质 2.7 当 $z=x>0$ 时，$\ln z=\ln x$.

性质 2.8 当 $z=x<0$ 时，$\ln z=\ln|x|+i\pi$.

性质 2.9 $e^{\mathrm{Ln}z}=z$；$\mathrm{Ln}e^z=z+2k\pi i$，$k\in\mathbf{Z}$.

性质 2.10 $\mathrm{Ln}(z_1z_2)=\mathrm{Ln}z_1+\mathrm{Ln}z_2$；$\mathrm{Ln}\left(\frac{z_1}{z_2}\right)=\mathrm{Ln}z_1-\mathrm{Ln}z_2$.

性质 2.11 除去原点与负实轴外，$\mathrm{Ln}z$ 的主值及各个分支函数处处解析，且 $(\mathrm{Ln}z)'=\frac{1}{z}$.

【例 2.9】 求 Ln2，Ln(−1)以及与它们相应的主值.

【解】 因为 $\mathrm{Ln}2=\ln 2+2k\pi\mathrm{i}$，所以它的主值就是 ln2. 而 $\mathrm{Ln}(-1)=\ln 1+\mathrm{i}\mathrm{Arg}(-1)=(2k+1)\pi\mathrm{i}$（$k$ 为整数），所以它的主值是 $\ln(-1)=\pi\mathrm{i}$.

【注】 在实变函数中，负数无对数，但这个结论在复数范围内不再成立，而且正实数的对数也是无穷多值的. 因此，复对数函数是实对数函数的拓展.

【例 2.10】 设 $z_1=-2$，$z_2=-2\mathrm{i}$，试计算下列复数 z_1，z_2，$-z_2$，z_1z_2，$-z_1/z_2$ 的主值对数.

【解】

$$\ln z_1=\ln|-2|+\mathrm{i}\arg(-2)=\ln 2+\mathrm{i}\pi$$

$$\ln z_2=\ln|-2\mathrm{i}|+\mathrm{i}\arg(-2\mathrm{i})=\ln 2-\mathrm{i}\pi/2$$

$$\ln(-z_2)=\ln 2+\mathrm{i}\pi/2$$

$$\ln(z_1z_2)=\ln(4\mathrm{i})=\ln 4+\mathrm{i}\pi/2$$

$$\ln(-z_1/z_2)=\ln(\mathrm{i})=\frac{\pi}{2}\mathrm{i}$$

【注】 在例 2.10 中，我们不难发现 $\ln(z_1z_2)\neq\ln z_1+\ln z_2$，$\ln\left(\frac{z_1}{-z_2}\right)\neq\ln z_1-\ln(-z_2)$，这说明对数函数的性质：$\mathrm{Ln}(z_1z_2)=\mathrm{Ln}z_1+\mathrm{Ln}z_2$，$\mathrm{Ln}\left(\frac{z_1}{z_2}\right)=\mathrm{Ln}z_1-\mathrm{Ln}z_2$ 对于对数函数的主值函数并不成立.

2.2.3 幂函数

定义 2.6 设 α 为任意复常数，定义幂函数为

$$w=z^\alpha=\mathrm{e}^{\alpha\mathrm{Ln}z}\quad(z\neq 0)$$

由于 $\mathrm{Ln}z$ 是多值函数，所以 $w=z^\alpha=\mathrm{e}^{\alpha\mathrm{Ln}z}$ 也是多值函数. 如果 $\mathrm{Ln}z$ 用其主值 $\ln z$ 表示，则有 $w=z^\alpha=\mathrm{e}^{\alpha\mathrm{Ln}z}=\mathrm{e}^{\alpha\ln|z|+\mathrm{i}2\alpha k\pi}=\mathrm{e}^{\alpha\ln|z|}\mathrm{e}^{\mathrm{i}2\alpha k\pi}$（$k=0,\pm1,\pm2,\cdots$）. 由此可见，上式的多值性与含 k 的因式 $\mathrm{e}^{\mathrm{i}2\alpha k\pi}$ 有关.

(1) 当 α 为整数时，$\mathrm{e}^{\mathrm{i}2\alpha k\pi}=1$，则 $w=z^\alpha=\mathrm{e}^{\alpha\mathrm{Ln}z}$ 是与 k 无关的单值函数.

(2) 当 α 为有理数 $\frac{m}{n}$ $\left(\frac{m}{n}\text{是既约分数}, n>0\right)$ 时，

$$z^\alpha=z^{\frac{m}{n}}=\mathrm{e}^{\frac{m}{n}\mathrm{Ln}z}=\mathrm{e}^{\frac{m}{n}(\mathrm{Ln}z+\mathrm{i}2k\pi)}=\mathrm{e}^{\frac{m}{n}\mathrm{Ln}z}\mathrm{e}^{\mathrm{i}\frac{m}{n}2k\pi}=\mathrm{e}^{\frac{m}{n}\mathrm{Ln}z}\left(\mathrm{e}^{\mathrm{i}m2k\pi}\right)^{\frac{1}{n}}$$

由于 $\left(\mathrm{e}^{\mathrm{i}m2k\pi}\right)^{\frac{1}{n}}$ 只有 n 个不同的值，即当 k 取 $0,1,2,\cdots,n-1$ 时对应的值，因此，

$$w=z^{\frac{m}{n}}=\mathrm{e}^{\frac{m}{n}\mathrm{Ln}z}\left(\mathrm{e}^{\mathrm{i}m2k\pi}\right)^{\frac{1}{n}},\quad k=0,1,2,\cdots,n-1$$

(3) 当 α 为无理数或复数时，z^α 有无穷多个值.

下面是关于幂函数 z^α 的解析性讨论：

(1) 当 $\alpha=n$(n 是正整数)时,$(z^n)'=nz^{n-1}$,z^n 在复平面内单值解析.

(2) 当 $\alpha=-n$(n 是正整数)时,$(z^{-n})'=-nz^{-n-1}$,z^{-n}在除去原点的复平面内解析.

(3) 当 $\alpha=\dfrac{m}{n}$(m,n 是整数)时,由于对数函数 Lnz 的各个分支在除去原点和负实轴的复平面内解析,因而 $z^{\frac{m}{n}}$ 的各个分支在除去原点和负实轴的复平面内也是解析的,且

$$(z^{\frac{m}{n}})'=\frac{m}{n}z^{\frac{m}{n}-1}$$

【例 2.11】 求$(-1)^{\sqrt{2}}$,i^{i}.

【解】

$$\begin{aligned}(-1)^{\sqrt{2}}&=\mathrm{e}^{\sqrt{2}\,\mathrm{Ln}(-1)}=\mathrm{e}^{\sqrt{2}(2k+1)\pi\mathrm{i}}\\&=\cos\sqrt{2}(2k+1)\pi+\mathrm{i}\sin\sqrt{2}(2k+1)\pi,\quad k\in\mathbf{Z}\end{aligned}$$

$$\mathrm{i}^{\mathrm{i}}=\mathrm{e}^{\mathrm{i}\mathrm{Ln}\mathrm{i}}=\mathrm{e}^{\mathrm{i}(\ln 1+\mathrm{i}\frac{\pi}{2}+\mathrm{i}2k\pi)}=\mathrm{e}^{-\left(2k+\frac{1}{2}\right)\pi},\quad k\in\mathbf{Z}$$

2.2.4 三角函数

由欧拉公式知,$\mathrm{e}^{\mathrm{i}y}=\cos y+\mathrm{i}\sin y$,$\mathrm{e}^{-\mathrm{i}y}=\cos y-\mathrm{i}\sin y$.把这两式相加与相减,分别得到 $\cos y=\dfrac{\mathrm{e}^{\mathrm{i}y}+\mathrm{e}^{-\mathrm{i}y}}{2}$,$\sin y=\dfrac{\mathrm{e}^{\mathrm{i}y}-\mathrm{e}^{-\mathrm{i}y}}{2\mathrm{i}}$.现在把余弦和正弦函数的定义推广到复变数的情形.

定义 2.7 设 z 为任一复变量,称 $f(z)=\dfrac{\mathrm{e}^{\mathrm{i}z}-\mathrm{e}^{-\mathrm{i}z}}{2\mathrm{i}}$与 $g(z)=\dfrac{\mathrm{e}^{\mathrm{i}z}+\mathrm{e}^{-\mathrm{i}z}}{2}$分别为复变量 z 的正弦函数与余弦函数,分别记为 $\sin z$ 与 $\cos z$,即

$$\sin z=\frac{\mathrm{e}^{\mathrm{i}z}-\mathrm{e}^{-\mathrm{i}z}}{2\mathrm{i}},\quad \cos z=\frac{\mathrm{e}^{\mathrm{i}z}+\mathrm{e}^{-\mathrm{i}z}}{2}$$

正弦函数与余弦函数具有以下基本性质:

性质 2.12 $\sin z$ 与 $\cos z$ 都是以 2π 为周期的周期函数,即

$$\sin(z+2\pi)=\sin z,\cos(z+2\pi)=\cos z$$

性质 2.13 $\sin z$ 为奇函数,$\cos z$ 为偶函数,即对任意的 z 有

$$\sin(-z)=-\sin z,\quad \cos(-z)=\cos z$$

性质 2.14 实变函数中的三角恒等式,在复变函数中依然成立.

性质 2.15 $\sin z$ 与 $\cos z$ 在复平面上无界.

性质 2.16 $\sin z$ 与 $\cos z$ 在复平面内均为解析函数,且

$$(\sin z)'=\cos z,\quad (\cos z)'=-\sin z$$

其他 4 个三角函数,可利用 $\sin z$ 与 $\cos z$ 来定义:

$$\tan z=\frac{\sin z}{\cos z},\quad \cot z=\frac{\cos z}{\sin z},$$

$$\sec z=\frac{1}{\cos z},\quad \csc z=\frac{1}{\sin z}$$

关于这 4 个函数的性质,如 $\tan(z+\pi)=\tan z$ 等,读者可以仿照正弦函数、余弦函数性质进行探讨.

2.2.5 反三角函数

定义 2.8 如果 $z=\sin w, z=\cos w, z=\tan w$,则称 w 分别为 z 的反正弦、反余弦、反正切函数,分别记为

$$w=\operatorname{Arcsin} z, \quad w=\operatorname{Arccos} z, \quad w=\operatorname{Arctan} z$$

反三角函数与对数函数之间的关系为

(1) $\operatorname{Arcsin} z=-\mathrm{i}\operatorname{Ln}(\mathrm{i}z+\sqrt{1-z^2})$.

(2) $\operatorname{Arccos} z=-\mathrm{i}\operatorname{Ln}(z+\sqrt{z^2-1})$.

(3) $\operatorname{Arctan} z=-\frac{\mathrm{i}}{2}\operatorname{Ln}\frac{1+\mathrm{i}z}{1-\mathrm{i}z}$.

因此,这类反函数都可以通过对数函数来刻画.既然如此,根据对数函数的解析情况也就可以分析各个反三角函数的解析情况.特别地,在各自的解析区域上,它们的导数公式与相应的实变函数的导数公式一样,如

$$(\arcsin z)'=-(\arccos z)'=\frac{1}{\sqrt{1-z^2}}$$

$$(\arctan z)'=-(\operatorname{arccot} z)'=\frac{1}{1+z^2}$$

习题 2.2

1. 下列关系是否正确.

(1) $\overline{\mathrm{e}^z}=\mathrm{e}^{\bar{z}}$; (2) $\overline{\cos z}=\cos\bar{z}$; (3) $\overline{\sin z}=\sin\bar{z}$.

2. 求解下列方程.

(1) $\sin z=0$; (2) $\mathrm{e}^z-1-\sqrt{3}\mathrm{i}=0$;

(3) $1+\mathrm{e}^z=0$; (4) $\sin z+\cos z=0$.

3. 计算下列函数值.

(1) $\mathrm{e}^{\frac{1-\pi\mathrm{i}}{2}}$; (2) $\operatorname{Ln}(-\mathrm{i})$;

(3) $\ln(3-\sqrt{3}\mathrm{i})$; (4) $\sqrt[3]{-8}$;

(5) $(3+4\mathrm{i})^{(1+\mathrm{i})}$; (6) $\sin(1+2\mathrm{i})$.

4. 证明:

(1) $\cos(z_1+z_2)=\cos z_1\cos z_2-\sin z_1\sin z_2$;

$\sin(z_1+z_2)=\sin z_1\cos z_2+\cos z_1\sin z_2$;

(2) $\sin^2 z+\cos^2 z=1$;

(3) $\sin 2z=2\sin z\cos z$;

(4) $\tan 2z=\frac{2\tan z}{1-\tan^2 z}$;

(5) $\sin\left(\frac{\pi}{2}-z\right)=\cos z, \cos(z+\pi)=-\cos z$.

2.3 调和函数

2.3.1 调和函数的概念

定义 2.9 设二元实变函数 $f(x,y)$ 在区域 D 内具有连续二阶偏导数，并且满足拉普拉斯(Laplace)方程

$$f_{xx}(x,y)+f_{yy}(x,y)=0$$

则称函数 $f(x,y)$ 为 D 内的调和函数.

定理 2.4 设 $f(z)=u(x,y)+\mathrm{i}v(x,y)$ 是区域 D 内的解析函数，那么实部 $u(x,y)$ 和虚部 $v(x,y)$ 均为 D 内的调和函数.

【证明】 因为 $f(z)$ 在区域 D 内解析，所以满足柯西—黎曼方程

$$u_x=v_y,\quad u_y=-v_x$$

从而

$$u_{xx}=v_{yx},\quad u_{yy}=-v_{xy}$$

这里我们借用第 3 章的一个结论：在区域 D 内解析的函数具有任意阶的导数. 因而 $f(z)$ 的各阶导数在 D 内解析，故 u 和 v 在 D 内具有连续的二阶偏导数，所以

$$u_{xy}=u_{yx},\quad v_{xy}=v_{yx}$$

从而

$$u_{xx}+u_{yy}=0$$

同理

$$v_{xx}+v_{yy}=0$$

由此可见，解析函数的实部和虚部都是调和函数.

【注】 定理 2.4 的逆定理是不成立的，即对区域 D 内任意两个调和函数 $u(x,y)$ 和 $v(x,y)$，函数 $f(z)=u(x,y)+\mathrm{i}v(x,y)$ 不一定是解析函数(例如：$u=x^2-y^2$，$v=\frac{y}{x^2+y^2}$ 都是调和函数，但是 $f(z)=u+\mathrm{i}v$ 不是解析函数). 再例如，令 $u(x,y)=x^2-y^2$，$v(x,y)=2xy$，可以验证 $u(x,y)$ 和 $v(x,y)$ 均为调和函数，函数 $f(z)=u(x,y)+\mathrm{i}v(x,y)$ 是解析函数，但是 $g(z)=v(x,y)+\mathrm{i}u(x,y)$ 却不解析.

定义 2.10 设 $u(x,y)$ 和 $v(x,y)$ 都是 D 内的调和函数，且它们的一阶偏导数满足柯西—黎曼方程 $u_x=v_y$，$u_y=-v_x$，则称 $v(x,y)$ 为 $u(x,y)$ 的共轭调和函数.

定理 2.5 函数 $f(z)=u(x,y)+\mathrm{i}v(x,y)$ 在区域 D 内解析的充要条件是虚部 $v(x,y)$ 为实部 $u(x,y)$ 的共轭调和函数.

2.3.2 解析函数的表达式

从上面的讨论看到，解析函数的实部和虚部不是独立的，虚部是实部的共轭调和函数，那么，在已知解析函数实部(虚部)的情况下，能否找出它的虚部(实部)呢？答案是肯定的.

如果已知一个调和函数 u，那么就可以利用柯西—黎曼方程求得它的共轭调和函数 v，从而构成一个解析函数 $u+v\mathrm{i}$. 这种方法称为偏积分法.

【例 2.12】　证明 $u(x,y)=y^3-3x^2y$ 为调和函数,并求其共轭调和函数 $v(x,y)$ 和由它们构成的解析函数.

【解法 1】　(偏积分法)因为

$$\frac{\partial u}{\partial x}=-6xy,\quad \frac{\partial^2 u}{\partial x^2}=-6y$$

$$\frac{\partial u}{\partial y}=3y^2-3x^2,\quad \frac{\partial^2 u}{\partial y^2}=6y$$

于是$\frac{\partial^2 u}{\partial x^2}+\frac{\partial^2 u}{\partial y^2}=0$,故 $u(x,y)$ 为调和函数.

又因为$\frac{\partial v}{\partial y}=\frac{\partial u}{\partial x}=-6xy$,所以 $v=-6\int xy\,\mathrm{d}y=-3xy^2+g(x)$,有

$$\frac{\partial v}{\partial x}=-3y^2+g'(x)$$

又因为$\frac{\partial v}{\partial x}=-\frac{\partial u}{\partial y}=-3y^2+3x^2$,即$-3y^2+g'(x)=-3y^2+3x^2$,故

$$g(x)=\int 3x^2\,\mathrm{d}x=x^3+C$$

于是有

$$v(x,y)=x^3-3xy^2+C$$

所求的解析函数为

$$f(z)=u+\mathrm{i}v=y^3-3x^2y+\mathrm{i}(x^3-3xy^2+C)=\mathrm{i}(z^3+C)$$

【解法 2】　由 $f(z)$ 的求导公式得

$$f'(z)=u_x-\mathrm{i}u_y=3\mathrm{i}(x^2+2xy\mathrm{i}-y^2)=3\mathrm{i}z^2$$

所以

$$f(z)=\mathrm{i}z^3+C_1=\mathrm{i}(z^3+C)$$

习题 2.3

1. 设函数 $u(x,y)$ 为区域 D 内的调和函数,问 $f=\frac{\partial u}{\partial x}-\mathrm{i}\frac{\partial u}{\partial y}$是不是 D 内的解析函数?为什么?

2. 函数 $v(x,y)=x+y$ 是 $u(x,y)=x+y$ 的共轭调和函数吗? 为什么?

3. 设函数 $u(x,y)$ 和 $v(x,y)$ 都是调和函数,如果 $v(x,y)$ 是 $u(x,y)$ 的共轭调和函数,那么 $u(x,y)$ 也是 $v(x,y)$ 的共轭调和函数吗? 为什么?

4. 证明:$u=x^2-y^2$ 和 $v=\frac{y}{x^2+y^2}$都是调和函数,但是 $u+\mathrm{i}v$ 不是解析函数.

5. 如果 $f(z)=u+\mathrm{i}v$ 是解析函数,证明:(1)$\mathrm{i}\,\overline{\overline{f(z)}}$也是解析函数;(2)$-u$ 是 v 的共轭调和函数.

6. 如果 $\varphi(x,y)$ 和 $\psi(x,y)$ 都具有二阶连续偏导数,且适合拉普拉斯方程,而 $u(x,y)=\varphi_y-\psi_x$,$v(x,y)=\varphi_x+\psi_y$,证明:$f(z)=u+\mathrm{i}v$ 是解析函数.

7. 由下列各已知调和函数求解析函数 $f(z)=u+\mathrm{i}v$.

(1) $u(x,y)=2(x-1)y, f(2)=-\mathrm{i}$;

(2) $v(x,y)=\dfrac{y}{x^2+y^2}, f(2)=0$.

8. 设 $v(x,y)=\mathrm{e}^{px}\sin y$，求 p 的值，使得 $v(x,y)$ 为调和函数，并求出解析函数 $f(z)=u+\mathrm{i}v$.

实验二　复变函数的极限与导数

一、实验目的

(1) 学习用 Matlab 计算复变函数的极限.
(2) 学习用 Matlab 计算复变函数的导数.

二、相关的 Matlab 命令（函数）

(1) limit(f,z,a)或 limit(f,a)，求解$\lim\limits_{z\to a}f(z)$.

(2) diff(f)，求函数 $f(z)$的导数.
(3) diff(f,'z')或 diff(f,sym('z'))：对自变量 z 求符号表达式 f 的微分.
(4) diff(f,n)：求函数 $f(z)$的 n 阶导数.

三、实验内容

1. 极限计算

【例 1】 求极限 $\lim\limits_{z\to 1+\mathrm{i}}\dfrac{z}{1+z}$.

【解】 在 Matlab 命令窗口中输入：

```
>> syms z
>> f=z/(1+z);
>> limit(f,z,1+i)
```

运行结果为：

```
ans=
    3/5+1/5*i
```

【例 2】 求极限$\lim\limits_{z\to \mathrm{i}}\dfrac{\mathrm{i}z^3-1}{\mathrm{i}+z}$.

【解】 在 Matlab 命令窗口中输入：

```
>> syms z
>> f=(i*z^3-1)/(z+i);
>> imit(f,z,i)
```

运行结果为：

```
ans=
    0
```

2. 导数计算

【例 3】 计算$(2z^2+i)^5$在$z=\frac{i}{2}$处的导数和三阶导数.

【解】 在 Matlab 命令窗口中输入：

```
>> syms z
>> f=(2*z^2+i)^5;
>> df=diff(f,z)
```

输出：

```
df=
    20*(2*z^2+i)^4*z
```

输入语句：

```
>> jg=subs(df,z,i/2)
```

输出：

```
jg=
    -15.0000-4.3750i
```

输入语句：

```
>> df3=diff(f,3)
```

输出：

```
df3=
    3840*(2*z^2+i)^2*z^3+960*(2*z^2+i)^3*z
```

输入语句：

```
jg3=subs(df3,z,i/2)
```

运行结果为：

```
jg3=
    -3.6000e+002+1.0200e+003i
```

如果我们声明 i 为符号常量，则可以得到精确值.

输入命令：

```
>> syms z
>> f=(2*z^2+i)^5;
>> df=diff(f,)
>> syms i
jg=subs(df,z,i/2)
```

运行结果为：

```
jg=
    10*(1/2*i^2+i)^4*i
```

四、实验习题

1. 求极限 $\lim\limits_{z\to 1+\mathrm{i}}\dfrac{\bar{z}}{z}$.
2. 求极限 $\lim\limits_{z\to\mathrm{i}}(z^3+2\mathrm{i}z)$.
3. 计算极限 $\lim\limits_{z\to 1}\dfrac{z\bar{z}-\bar{z}+z-1}{z-1}$.
4. 设 $f(z)=z^n$,求它在 $z=1+\mathrm{i}$ 处的导数.
5. 设 $f(z)=\mathrm{e}^z$,求它在 $z=\mathrm{i}$ 处的二阶导数.
6. 计算 $f(z)=z\mathrm{Re}z$ 在 $z=0$ 处的导数.
7. 计算函数 $f(z)=\left(z+\dfrac{1}{z}\right)^z$ 在点 $z=\dfrac{\mathrm{i}}{2}$ 处的导数.
8. 已知 $f(z)=\dfrac{z^2+3z+4}{(z-1)^5}$,试求出 $f^{(3)}(-\mathrm{i}\sqrt{5})$ 的值.

第3章

复变函数的积分

复变函数积分理论是复变函数的核心内容，是研究复变函数性质的重要方法和解决实际问题的有力工具. 本章首先介绍复变函数积分的概念、性质和计算方法，然后给出关于解析函数的柯西积分定理、柯西积分公式和高阶导数公式. 其中柯西积分定理和柯西积分公式是探讨解析函数性质的理论基础，在以后的章节中，经常要直接或间接地用到它. 值得一提的是，柯西积分公式和高阶导数公式是复变函数理论特有的.

3.1 复变函数积分的概念

这一节将实数域上有关积分的概念、性质推广到复数域上.

3.1.1 复变函数积分的定义

在高等数学中，定积分 $\int_a^b f(x)\mathrm{d}x$ 定义为黎曼积分和的极限，这个积分在复平面上可以理解为：函数 $f(z)$ 沿直线 $y=0$ 从 a 到 b 的积分. 若将直线推广到曲线，a 和 b 引申到复数，则 $\int_a^b f(z)\mathrm{d}z$ 表示函数 $f(z)$ 沿某曲线 C 从复数 a 到复数 b 的积分.

定义 3.1 设函数 $w=f(z)$ 定义在区域 D 内，C 为区域 D 内起点为 A 终点为 B 的一条光滑的有向曲线. 把曲线 C 任意分成 n 个弧段，设分点为

$$A=z_0,z_1,\cdots,z_{k-1},z_k,\cdots,z_n=B$$

在每个弧段 $\widehat{z_{k-1}z_k}\,(k=1,2,\cdots,n)$ 上任意取一点 ξ_k（见图 3.1），记 $\Delta z_k=z_k-z_{k-1}$，$\Delta s_k=\widehat{z_{k-1}z_k}$ 的长度，$\delta=\max\limits_{1\leqslant k\leqslant n}\{\Delta s_k\}$. 当 n 无限增加，且 δ 趋于零时，且不论对 C 的分法及 ξ_k 的取法如何，如果和式极限

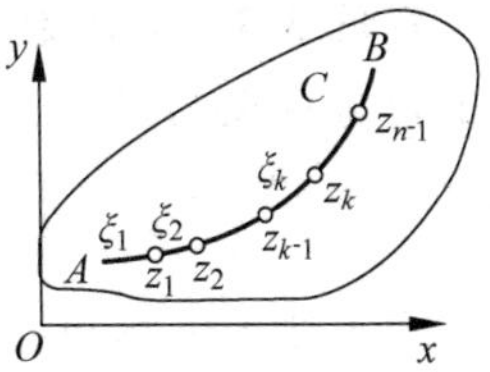

图 3.1

$$\lim_{n\to\infty}S_n=\lim_{n\to\infty}\sum_{k=1}^{n}f(\xi_k)(z_k-z_{k-1})=\lim_{n\to\infty}\sum_{k=1}^{n}f(\xi_k)\Delta z_k$$

存在，则称此极限值为 $f(z)$ 沿曲线 C 的积分，记为 $\int_C f(z)\mathrm{d}z$. 即

$$\int_C f(z)\mathrm{d}z=\lim_{n\to\infty}\sum_{k=1}^{n}f(\xi_k)\Delta z_k$$

其中 $f(z)$ 称为被积函数，z 为积分变量，$f(z)\mathrm{d}z$ 为被积表达式，曲线 C 为积分路径，

$\sum_{k=1}^{n} f(\xi_k)\Delta z_k$ 为积分和.

【注】

(1) 当 C 是 x 轴上的区间 $a\leqslant x\leqslant b$,而 $f(z)=u(x)$ 时,这个积分定义就是一元实变函数定积分的定义.

(2) 关于简单闭曲线的正方向是指当曲线上的点 P 顺此方向沿该曲线前进时,邻近 P 点的曲线内部始终位于 P 点的左方.与之相反的方向就是曲线的负方向.

根据定义 3.1,可以证明复变函数具有下列性质,它们与实变函数中的积分性质相似:

(1) $\int_C f(z)\mathrm{d}z=-\int_{C^-} f(z)\mathrm{d}z$ (其中 C^- 表示与曲线 C 为同一曲线,但方向相反).

(2) $\int_C kf(z)\mathrm{d}z = k\int_C f(z)\mathrm{d}z$($k$ 为复常数).

(3) $\int_C [f(z)\pm g(z)]\mathrm{d}z = \int_C f(z)\mathrm{d}z \pm \int_C g(z)\mathrm{d}z$.

(4) $\int_C f(z)\mathrm{d}z = \int_{C_1} f(z)\mathrm{d}z + \int_{C_2} f(z)\mathrm{d}z + \cdots + \int_{C_n} f(z)\mathrm{d}z$(其中曲线 C 是由曲线 C_1, C_2, $\cdots$, C_n 连接而成的).

(5) 设曲线 C 的长度为 L,函数 $f(z)$ 在 C 上满足 $|f(z)|\leqslant M$,那么

$$\left|\int_C f(z)\mathrm{d}z\right| \leqslant \int_C |f(z)|\,\mathrm{d}s \leqslant ML$$

3.1.2 积分的存在定理及其计算公式

将复变函数积分 $\int_C f(z)\mathrm{d}z$ 的被积函数和积分曲线方程分别按实部与虚部的形式展开,则关于积分 $\int_C f(z)\mathrm{d}z$ 的计算有如下定理.

定理 3.1 设函数 $f(z)=u(x,y)+\mathrm{i}v(x,y)$ 在光滑曲线 C 上连续,则 $f(z)$ 在曲线 C 上的积分存在,且

$$\int_C f(z)\mathrm{d}z = \int_C (u\mathrm{d}x - v\mathrm{d}y) + \mathrm{i}\int_C (v\mathrm{d}x + u\mathrm{d}y)$$

为了便于理解和记忆,被积表达式 $f(z)\mathrm{d}z$ 可以视为 $f(z)$ 和 $\mathrm{d}z$ 的乘积,其中 $f(z)=u+\mathrm{i}v$, $\mathrm{d}z=\mathrm{d}x+\mathrm{i}\mathrm{d}y$,那么

$$\int_C f(z)\mathrm{d}z = \int_C (u+\mathrm{i}v)(\mathrm{d}x+\mathrm{i}\mathrm{d}y) = \int_C (u\mathrm{d}x - v\mathrm{d}y) + \mathrm{i}\int_C (v\mathrm{d}x + u\mathrm{d}y)$$

当积分路径 C 由参数方程给出时,复积分又可以转化为实变量的定积分,这是计算复变函数积分的一种基本方法,今后我们所讨论的积分总是假定被积函数在 C 上连续,曲线 C 是光滑或分段光滑的有向曲线.

如果曲线 C 的参数方程为

$$z=z(t)=x(t)+\mathrm{i}y(t),\quad \alpha\leqslant t\leqslant\beta$$

其中,参数 α 和 β 分别对应曲线的起点和终点,且 $z'(t)\neq 0$. 根据定理 3.1,有

$$\begin{aligned}\int_C f(z)\mathrm{d}z &= \int_C (u\mathrm{d}x - v\mathrm{d}y) + \mathrm{i}\int_C (v\mathrm{d}x + u\mathrm{d}y)\\ &= \int_\alpha^\beta \{u[x(t),y(t)]x'(t) - v[x(t),y(t)]y'(t)\}\mathrm{d}t\\ &\quad + \mathrm{i}\int_\alpha^\beta \{v[x(t),y(t)]x'(t) + u[x(t),y(t)]y'(t)\}\mathrm{d}t\\ &= \int_\alpha^\beta \{u[x(t),y(t)] + \mathrm{i}v[x(t),y(t)]\}\{x'(t) + \mathrm{i}y'(t)\}\mathrm{d}t\\ &= \int_\alpha^\beta f[z(t)]z'(t)\mathrm{d}t\end{aligned}$$

【例 3.1】 计算$\int_C z\mathrm{d}z$,其中 C 为从原点到点 $3+4\mathrm{i}$ 的直线段.

【解】 C 的参数方程为：$\begin{cases}x=3t\\ y=4t\end{cases}, 0\leqslant t\leqslant 1.$

在 C 上,$z=(3+4\mathrm{i})t$,$\mathrm{d}z=(3+4\mathrm{i})\mathrm{d}t$,$0\leqslant t\leqslant 1$,于是

$$\int_C z\mathrm{d}z = \int_0^1 (3+4\mathrm{i})^2 t\mathrm{d}t = (3+4\mathrm{i})^2\int_0^1 t\mathrm{d}t = \frac{(3+4\mathrm{i})^2}{2}$$

【例 3.2】 计算$\int_C \mathrm{Re}z\mathrm{d}z$,其中 C：

(1) 抛物线 $y=x^2$ 上从原点到点 $1+\mathrm{i}$ 的弧段；

(2) 从原点沿 x 轴到点 1 再到 $1+\mathrm{i}$ 的折线.

【解】

(1) 积分路径的参数方程为：$z(t)=t+\mathrm{i}t^2$,$0\leqslant t\leqslant 1$. 于是 $\mathrm{Re}z=t$,$\mathrm{d}z=(1+2t\mathrm{i})\mathrm{d}t$,

$$\int_C \mathrm{Re}z\mathrm{d}z = \int_0^1 t(1+2\mathrm{i}t)\mathrm{d}t = \left(\frac{t^2}{2}+\frac{2\mathrm{i}}{3}t^3\right)\Bigg|_0^1 = \frac{1}{2}+\frac{2}{3}\mathrm{i}$$

(2) 积分路径由两段直线段构成. x 轴上直线段的参数方程为：$z(t)=t$,$0\leqslant t\leqslant 1$. 于是,$\mathrm{Re}z=t$,$\mathrm{d}z=\mathrm{d}t$. 1 到 $1+\mathrm{i}$ 直线段的参数方程为：$z(t)=1+\mathrm{i}t$,$0\leqslant t\leqslant 1$. 于是,$\mathrm{Re}z=1$,$\mathrm{d}z=\mathrm{i}\mathrm{d}t$. 因此

$$\int_C \mathrm{Re}z\mathrm{d}z = \int_0^1 t\mathrm{d}t + \int_0^1 1\cdot\mathrm{i}\mathrm{d}t = \frac{1}{2}+\mathrm{i}$$

【思考】 如果改变上述两个例题积分路径,是否会改变积分的结果?

【例 3.3】 计算$\oint_C \frac{\mathrm{d}z}{(z-z_0)^{n+1}}$,$n\in\mathbf{Z}$,其中 C 为以 z_0 为中心,r 为半径的正向圆周(见图 3.2).

【解】 C 的参数方程为 $z=z_0+r\mathrm{e}^{\mathrm{i}\theta}(0\leqslant\theta\leqslant 2\pi)$,所以

$$\oint_C \frac{\mathrm{d}z}{(z-z_0)^{n+1}} = \int_0^{2\pi}\frac{\mathrm{i}r\mathrm{e}^{\mathrm{i}\theta}}{r^{n+1}\mathrm{e}^{\mathrm{i}(n+1)\theta}}\mathrm{d}\theta = \frac{\mathrm{i}}{r^n}\int_0^{2\pi}\mathrm{e}^{-\mathrm{i}n\theta}\mathrm{d}\theta$$

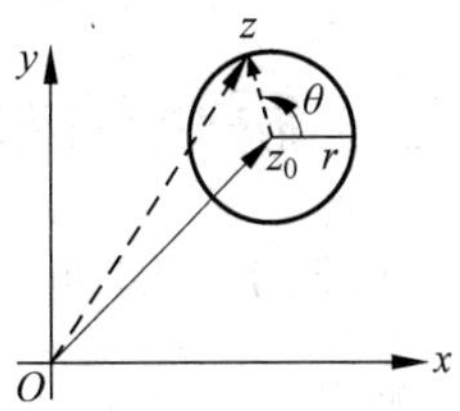

图 3.2

当 $n=0$ 时,$\oint_C \frac{\mathrm{d}z}{(z-z_0)^{n+1}} = \mathrm{i}\int_0^{2\pi}\mathrm{d}\theta = 2\pi\mathrm{i}$.

当 $n\neq 0$ 时,$\oint_C \frac{\mathrm{d}z}{(z-z_0)^{n+1}} = \frac{\mathrm{i}}{r^n}\int_0^{2\pi}(\cos n\theta - \mathrm{i}\sin n\theta)\mathrm{d}\theta = 0$. 所以

$$\oint_{|z-z_0|=r}\frac{1}{(z-z_0)^{n+1}}\mathrm{d}z=\begin{cases}2\pi\mathrm{i}, & n=0\\0, & n\neq 0\end{cases}$$

【注】 例 3.3 的结果以后经常要用到，该结果与积分路径圆周的中心和半径无关.

推论 3.1 若 C 为任意简单正向闭曲线，z_0 是 C 内部中任一点，则

$$\oint_C\frac{1}{(z-z_0)^{n+1}}\mathrm{d}z=\begin{cases}2\pi\mathrm{i}, & n=0,\\0, & n\neq 0\end{cases}$$

【注】 推论 3.1 的推导过程在本章例 3.8 给出.

习题 3.1

1. 沿下列路径计算积分 $\int_0^{3+\mathrm{i}} z^2\mathrm{d}z$.

(1) 从原点到 $3+\mathrm{i}$ 的直线段.

(2) 从原点沿实轴到 3，再从 3 垂直向上到 $3+\mathrm{i}$.

(3) 从原点沿虚轴到 i，再由 i 沿水平方向向右到 $3+\mathrm{i}$.

2. 计算积分 $\int_C(x-y+\mathrm{i}x^2)\mathrm{d}z$，其中积分曲线 C 为：

(1) 从原点到 $1+\mathrm{i}$ 的直线段.

(2) 从原点沿实轴到 1，再从 1 垂直向上到 $1+\mathrm{i}$.

(3) 从原点沿虚轴到 i，再由 i 沿水平方向向右到 $1+\mathrm{i}$.

3. 计算积分 $\int_C \mathrm{Im}z\mathrm{d}z$，其中积分曲线 C 为：

(1) 从原点到 $2+\mathrm{i}$ 的直线段.

(2) 上半圆周：$|z|=1$，起点为 1，终点为 -1.

(3) 圆周 $|z-a|=R(R>0)$ 的正向.

4. 计算积分 $\oint_C\frac{\bar{z}}{|z|}\mathrm{d}z$ 的值，其中积分曲线 C 为：

(1) $|z|=2$.

(2) $|z|=4$.

5. 计算积分 $\int_C(\mathrm{i}-\bar{z})\mathrm{d}z$，其中积分曲线 C 为：

(1) 从原点到 $1+\mathrm{i}$ 的直线段.

(2) 从原点沿抛物线 $y=x^2$ 到 $1+\mathrm{i}$ 的弧段.

3.2 解析函数积分基本定理

3.2.1 柯西—古萨(Cauchy-Goursat)积分定理

设 D 为复平面内的单连通区域，$z_0,z_1\in D$，C_1,C_2 为 D 内起点为 z_0 终点为 z_1 的两条不相同曲线. 一般来说，积分 $\int_{C_1}f(z)\mathrm{d}z$ 和积分 $\int_{C_2}f(z)\mathrm{d}z$ 的值是不相等的. 也就是说，

复变函数积分$\int_C f(z)\mathrm{d}z$的值，不仅与积分路径C的起点z_0和终点z_1有关，而且还与积分路径C有关. 例题3.2就说明了这一点，但是也有例外的情况，例题3.1中的积分仅与积分路径C的起点z_0和终点z_1有关，而与积分路径无关.

因此，必须要考虑的一个重要问题是，被积函数满足什么条件时，积分的值仅由积分曲线的起点和终点所决定，而与积分路径无关.

由于复变函数积分可以用两个实变函数线积分表示，即

$$\int_C f(z)\mathrm{d}z = \int_C (u\mathrm{d}x - v\mathrm{d}y) + \mathrm{i}\int_C (v\mathrm{d}x + u\mathrm{d}y)$$

因此，复变函数积分与积分路径无关问题的研究，可以转化为实变函数的线积分与积分路径无关问题的研究. 在高等数学中，关于第二型曲线积分给出了一个重要的定理："如果$P(x,y)$，$Q(x,y)$在单连通区域D内有一阶连续偏导数，并且

$$\frac{\partial Q}{\partial x} = \frac{\partial P}{\partial y}$$

则对于区域D内任意给定的两点A，B，积分$\int_{AB}(P\mathrm{d}x + Q\mathrm{d}y)$的值只与$A$，$B$两点的位置有关，而与路径无关."

因此，为了保证实变函数积分$\int_C (u\mathrm{d}x - v\mathrm{d}y)$和$\int_C (v\mathrm{d}x + u\mathrm{d}y)$都与积分路径无关，需要$u$，$v$的偏导数连续，并且

$$\frac{\partial u}{\partial x} = \frac{\partial v}{\partial y},\quad \frac{\partial u}{\partial y} = -\frac{\partial v}{\partial x}$$

即$f(z)$在单连通区域D内解析.

定理3.2(柯西—古萨积分定理)　设$f(z)$在单连通区域D内解析，则$f(z)$沿D内任一条简单闭曲线C的积分等于零，即

$$\oint_C f(z)\mathrm{d}z = 0$$

此定理的证明比较复杂，这里从略.

在定理3.2中，C是单连通区域D内部的简单闭曲线，那么在C的外部与D的内部之间一定存在另外一条包围着C的简单闭曲线C_1，使得函数$f(z)$在C_1上及其内部的每一点处都解析. 这样，借助定理3.2可以得到下述推广定理.

定理3.3　若函数$f(z)$在简单闭曲线C及由C所围成的单连通区域内每一点都是解析的，则

$$\oint_C f(z)\mathrm{d}z = 0$$

类似于实变函数曲线积分的定理，可以从定理3.2和定理3.3得到关于复变函数积分与路径无关的定理.

定理3.4　设$f(z)$在单连通区域D内解析，z_0，z_1为D内任意两点，C_1，C_2是D内任意两条连接z_0，z_1的积分路线，则

$$\int_{C_1} f(z)\mathrm{d}z = \int_{C_2} f(z)\mathrm{d}z$$

【证明】 由柯西—古萨积分定理，有

$$\int_{C_1} f(z)\mathrm{d}z - \int_{C_2} f(z)\mathrm{d}z = \oint_{C_1+C_2^-} f(z)\mathrm{d}z = 0$$

故

$$\int_{C_1} f(z)\mathrm{d}z = \int_{C_2} f(z)\mathrm{d}z$$

定理 3.4 说明：当 $f(z)$在单连通区域 D 内解析时，积分 $\int_C f(z)\mathrm{d}z$ 与路径无关. 也就是说，积分$\int_C f(z)\mathrm{d}z$ 的值仅仅由被积函数和积分路径的起点和终点确定.

【例 3.4】 计算 $\int_C (2z^2+8z+2)\mathrm{d}z$ 的值，其中 C：$\begin{cases} x = a(\theta - \sin\theta) \\ y = a(1-\cos\theta) \end{cases}$ $(0 \leqslant \theta \leqslant 2\pi)$ 是摆线的一段(见图 3.3).

【解】 设 L 为从 0 到 $2\pi a$ 的直线段，则 L 和 C^- 构成闭曲线，因为 $2z^2+8z+2$ 在复平面内解析，根据定理 3.3 可知，

$$\int_{L+C^-} (2z^2+8z+2)\mathrm{d}z = 0$$

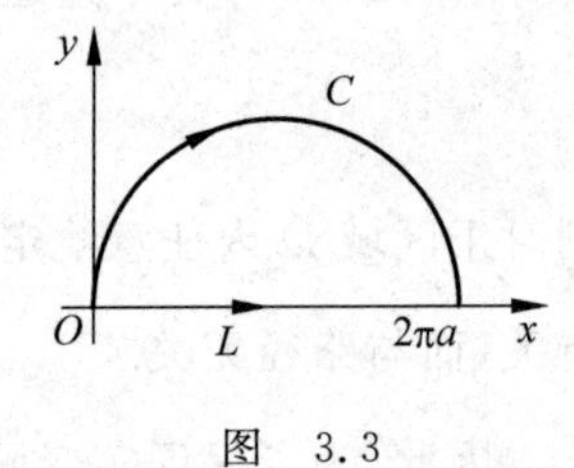

图 3.3

于是

$$\begin{aligned}\int_C (2z^2+8z+2)\mathrm{d}z &= \int_L (2z^2+8z+2)\mathrm{d}z \\ &= \int_0^{2\pi a} (2x^2+8x+2)\mathrm{d}x \\ &= 4\pi a\left(\frac{4}{3}\pi^2 a^2 + 4\pi a + 1\right)\end{aligned}$$

3.2.2 不定积分

由柯西—古萨积分定理知，当 $f(z)$在单连通区域 D 内解析时，积分 $\int_C f(z)\mathrm{d}z$ 与路径无关. 在区域 D 内取定点 z_0，取动点 z，则上述积分确定了一个关于上限 z 的函数：

$$F(z) = \int_{z_0}^{z} f(z)\mathrm{d}z$$

定理 3.5 如果 $f(z)$是单连通区域 D 内的解析函数，则 $F(z)$在 D 内解析，并且 $F'(z)=f(z)$.

【证明】

$$\begin{aligned}F(z) &= \int_{z_0}^{z} f(z)\mathrm{d}z = \int_{(x_0,y_0)}^{(x,y)} (u\mathrm{d}x - v\mathrm{d}y) + \mathrm{i}\int_{(x_0,y_0)}^{(x,y)} (v\mathrm{d}x + u\mathrm{d}y) \\ &= P(x,y) + \mathrm{i}Q(x,y)\end{aligned}$$

这里

$$P(x,y) = \int_{(x_0,y_0)}^{(x,y)} (u\mathrm{d}x - v\mathrm{d}y); \quad Q(x,y) = \int_{(x_0,y_0)}^{(x,y)} (v\mathrm{d}x + u\mathrm{d}y)$$

这两个曲线积分与路径无关，并且 u,v 在 D 内连续，故 P,Q 在 D 内可微，所以

$$\frac{\partial P}{\partial x}=u,\quad \frac{\partial P}{\partial y}=-v,\quad \frac{\partial Q}{\partial x}=v,\quad \frac{\partial Q}{\partial y}=u$$

于是

$$\frac{\partial P}{\partial x}=\frac{\partial Q}{\partial y},\quad \frac{\partial P}{\partial y}=-\frac{\partial Q}{\partial x}$$

因此，函数 $F(z)=P(x,y)+\mathrm{i}Q(x,y)$ 是 D 内的解析函数，并且

$$F'(z)=\frac{\partial P}{\partial x}+\mathrm{i}\frac{\partial Q}{\partial x}=u+\mathrm{i}v=f(z)$$

定义 3.2　在区域 D 内满足 $F'(z)=f(z)$ 的函数 $F(z)$ 称为 $f(z)$ 在 D 内的一个原函数.

容易证明，$f(z)$ 的任何两个原函数相差一个常数.

定义 3.3　如果函数 $F(z)$ 为 $f(z)$ 的一个原函数，则称 $f(z)$ 的原函数的一般表达式 $F(z)+C$（C 为任意常数）为 $f(z)$ 的不定积分，记作 $\int f(z)\mathrm{d}z=F(z)+C$.

利用任意两个原函数之差为常数这一性质，我们可以推得与牛顿—莱布尼兹公式类似的解析函数积分计算公式.

定理 3.6　如果 $f(z)$ 是单连通区域 D 内解析函数，$F(z)$ 为 $f(z)$ 的一个原函数，那么

$$\int_{z_0}^{z_1} f(z)\mathrm{d}z=F(z_1)-F(z_0)$$

【证明】　因为 $\int_{z_0}^{z} f(z)\mathrm{d}z$ 也是 $f(z)$ 的一个原函数，所以

$$\int_{z_0}^{z} f(z)\mathrm{d}z=F(z)+C$$

令 $z=z_0$，上式左端积分等于零，得 $C=-F(z_0)$，则

$$\int_{z_0}^{z} f(z)\mathrm{d}z=F(z)-F(z_0)$$

从而

$$\int_{z_0}^{z_1} f(z)\mathrm{d}z=F(z_1)-F(z_0)$$

【注】　有了上述定理，复变函数的积分就可以利用类似实变函数微积分学中的方法去计算.

【例 3.5】　求 $\int_0^{\mathrm{i}} z\cos z\mathrm{d}z$ 的值.

【解】　利用分部积分法，

$$\int_0^{\mathrm{i}} z\cos z\mathrm{d}z=\int_0^{\mathrm{i}} z\mathrm{d}(\sin z)=[z\sin z]_0^{\mathrm{i}}-\int_0^{\mathrm{i}}\sin z\mathrm{d}z=[z\sin z+\cos z]_0^{\mathrm{i}}=\mathrm{e}^{-1}-1$$

【例 3.6】　试沿区域 $\mathrm{Im}(z)\geqslant 0,\mathrm{Re}(z)\geqslant 0$ 内的圆弧 $|z|=1$，计算 $\int_1^{\mathrm{i}}\frac{\ln(z+1)}{z+1}\mathrm{d}z$ 的值.

【解】　利用凑微分法，

$$\int_1^{\mathrm{i}}\frac{\ln(z+1)}{z+1}\mathrm{d}z=\int_1^{\mathrm{i}}\ln(z+1)\mathrm{d}\ln(z+1)=\left.\frac{\ln^2(z+1)}{2}\right|_1^{\mathrm{i}}=\frac{1}{2}[\ln^2(1+\mathrm{i})-\ln^2 2]$$

$$=-\frac{\pi^2}{32}-\frac{3}{8}\ln^2 2+\frac{\pi\ln 2}{8}\mathrm{i}$$

习题 3.2

1. 设 $f(z)$在单连通区域 D 内解析,C 为 D 内任一条简单正向闭曲线,那么

$$\oint_C \mathrm{Re}[f(z)]\mathrm{d}z = 0,\quad \oint_C \mathrm{Im}[f(z)]\mathrm{d}z = 0$$

是否成立？如果成立,给出证明；如果不成立,举例说明.

2. 设 $f(z)$在单连通区域 D 内解析且不为零,C 为 D 内任一条简单正向闭曲线,那么积分$\oint_C \dfrac{f'(z)}{f(z)}\mathrm{d}z$ 是否等于零?为什么?

3. 试用观察法得出下列积分的值：

(1) $\oint_{|z|=1} \dfrac{\mathrm{d}z}{z-2}$；　(2) $\oint_{|z|=1} \dfrac{\mathrm{d}z}{z^2+2z+4}$；　(3) $\oint_{|z|=2} \dfrac{z}{z-3}\mathrm{d}z$；

(4) $\oint_{|z|=1} \dfrac{\mathrm{d}z}{\cos z}$；　(5) $\oint_{|z|=1} z\mathrm{e}^2\mathrm{d}z$；　(6) $\oint_{|z|=2} z^3\cos z\mathrm{d}z$；

(7) $\oint_{|z|=\frac{1}{2}} \dfrac{\mathrm{d}z}{(z^2+1)(z^2+4)}$；

(8) $\oint_C \dfrac{\mathrm{d}z}{(z^2-1)(z^3-1)}\mathrm{d}z$，　C：$|z|=r<1$.

4. 计算下列积分：

(1) $\int_{-\pi\mathrm{i}}^{3\pi\mathrm{i}} \mathrm{e}^{2z}\mathrm{d}z$；　(2) $\int_{-\pi\mathrm{i}}^{\pi\mathrm{i}} \sin^2 z\mathrm{d}z$；

(3) $\int_0^1 z\sin z\mathrm{d}z$；　(4) $\int_0^{\mathrm{i}} (z-\mathrm{i})\mathrm{e}^{-z}\mathrm{d}z$.

3.3 复合闭路定理

柯西—古萨积分定理的前提条件是被积函数在单连通域内解析,那么在多连通域内柯西—古萨积分定理的结论是否依然成立？在本节中,我们将柯西—古萨积分定理推广到多连通域的情形.

假设 C 及 C_1 为 D 内的任意两条正向简单闭曲线,C_1 在 C 的内部,而且以 C 及 C_1 为边界的区域 D_1 全含于 D. 作两条不相交的弧段$\widehat{AA'}$及$\widehat{BB'}$,它们依次连接 C 上某一点 A 到 C_1 上的一点 A',以及 C_1 上的一点 B'(异于 A')到 C 上一点 B,而且此两弧段除去它们的端点外全含于 D_1,这样就使得 $AEBB'E'A'A$ 及 $AA'F'B'BFA$ 形成两条全在 D 内的简单闭曲线,它们的内部全含于 D(见图 3.4),由此可知

$$\oint_{AEBB'E'A'A} f(z)\mathrm{d}z = 0$$

$$\oint_{AA'F'B'BFA} f(z)\mathrm{d}z = 0$$

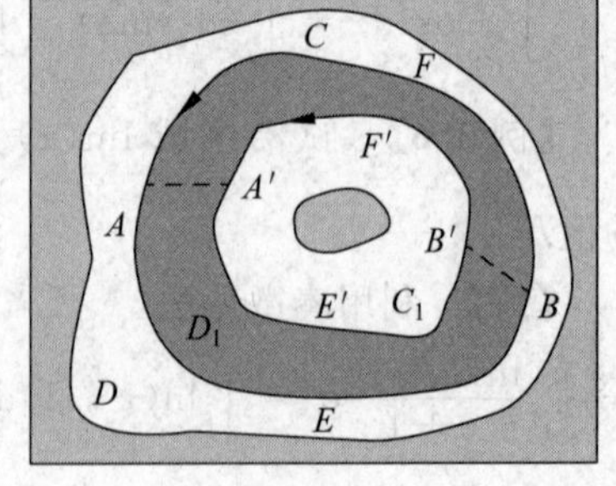

图 3.4

将上面两式相加，由 $\oint_{AEBB'E'A'A} f(z)\mathrm{d}z+\oint_{AA'F'B'BFA} f(z)\mathrm{d}z=0$，得

$$\oint_C f(z)\mathrm{d}z+\oint_{C_1^-} f(z)\mathrm{d}z+\oint_{\widehat{AA'}} f(z)\mathrm{d}z+\oint_{\widehat{A'A}} f(z)\mathrm{d}z+\oint_{\widehat{BB'}} f(z)\mathrm{d}z+\oint_{\widehat{B'B}} f(z)\mathrm{d}z=0$$

即

$$\oint_C f(z)\mathrm{d}z+\oint_{C_1^-} f(z)\mathrm{d}z=0$$

或

$$\oint_C f(z)\mathrm{d}z=\oint_{C_1} f(z)\mathrm{d}z$$

如果把两条简单闭曲线 C 及 C_1^- 看成一条复合闭路 Γ，正向为外层的闭曲线 C 为逆时针方向，内部的闭曲线 C_1 为顺时针方向，那么

$$\oint_\Gamma f(z)\mathrm{d}z=0$$

上式说明：在区域内的一个解析函数沿闭曲线的积分，不会因为曲线在区域内作连续变形而改变它的值，只要在变形过程中曲线不经过函数 $f(z)$ 的不解析点. 这一重要的事实称为闭路变形原理.

用同样的方法，我们可以证明：

定理 3.7(复合闭路定理) 设 C 为多连通域 D 内的一条简单闭曲线，$C_1,C_2,\cdots,C_n$ 是在 C 内部的简单闭曲线，它们互不包含也互不相交，并且以 $C,C_1,C_2,\cdots,C_n$ 为边界的区域全含于 D 中(见图 3.5)，如果 $f(z)$ 在 D 内解析，那么

(1) $\oint_C f(z)\mathrm{d}z=\sum_{k=1}^{n}\oint_{C_k} f(z)\mathrm{d}z$，其中 C 及 C_k 均取正方向；

(2) $\oint_\Gamma f(z)\mathrm{d}z=0$，这里 Γ 为由 C 及 $C_k(k=1,2,\cdots,n)$ 所组成的复合闭路，其方向是 C 为逆时针方向，C_k 为顺时针方向.

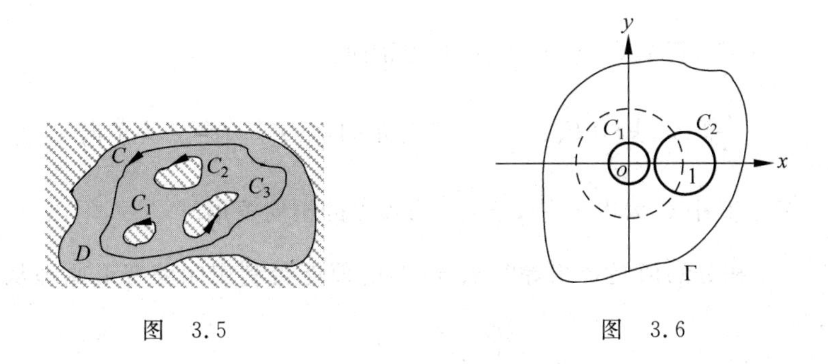

图 3.5　　图 3.6

【例 3.7】 计算 $I=\oint_\Gamma \dfrac{2z-1}{z^2-z}\mathrm{d}z$，$\Gamma$ 是任意一条正向简单闭曲线，点 $z_1=1$ 及 $z_2=0$ 在 Γ 的内部.

【解】 令 $f(z)=\dfrac{2z-1}{z^2-z}=\dfrac{1}{z-1}+\dfrac{1}{z}$，则 $f(z)$ 在 Γ 内有奇点 $z_1=1$ 和 $z_2=0$.

在 Γ 内部作两个互不包含互不相交的正向圆周 C_1 和 C_2. C_1 只包含奇点 $z=0$, C_2 只包含奇点 $z=1$(见图 3.6),根据复合闭路定理 3.7 得

$$\begin{aligned}I&=\oint_\Gamma \frac{2z-1}{z^2-z}\mathrm{d}z=\oint_{C_1}\frac{2z-1}{z^2-z}\mathrm{d}z+\oint_{C_2}\frac{2z-1}{z^2-z}\mathrm{d}z\\&=\oint_{C_1}\frac{1}{z-1}\mathrm{d}z+\oint_{C_1}\frac{1}{z}\mathrm{d}z+\oint_{C_2}\frac{1}{z-1}\mathrm{d}z+\oint_{C_2}\frac{1}{z}\mathrm{d}z\\&=0+2\pi\mathrm{i}+2\pi\mathrm{i}+0=4\pi\mathrm{i}\end{aligned}$$

【注】 从上例来看,复合闭路原理的应用价值在于将解析函数沿复杂积分路线的积分转化为较简单(如圆周)的曲线积分.这是计算积分常用方法之一.

【例 3.8】 计算 $I=\oint_C \frac{1}{(z-a)^{n+1}}\mathrm{d}z, n\in\mathbf{Z}$, C 是含 a 的任意一条正向简单闭曲线.

【解】 在曲线 C 的内部作一条简单闭曲线 C_1: $|z-a|=\rho$,故 $f(z)=\frac{1}{(z-a)^{n+1}}$ 在以 $C+C_1^-$ 为边界的复连通域内处处解析.由复合闭路定理,有

$$\oint_C \frac{1}{(z-a)^{n+1}}\mathrm{d}z=\oint_{C_1}\frac{1}{(z-a)^{n+1}}\mathrm{d}z$$

利用例 3.3 的结论,有

$$\oint_C \frac{1}{(z-a)^{n+1}}\mathrm{d}z=\begin{cases}2\pi\mathrm{i}, & n=0\\0, & n\neq 0\end{cases}$$

习题 3.3

1. 计算下列积分:

(1) $\oint_C\left(\frac{4}{z+1}+\frac{3}{z+2\mathrm{i}}\right)\mathrm{d}z$,其中 C: $|z|=4$ 为正向;

(2) $\oint_C \frac{2\mathrm{i}}{z^2+1}\mathrm{d}z$,其中 C: $|z-1|=6$ 为正向;

(3) $\oint_{C=C_1+C_2}\frac{\cos z}{z^3}\mathrm{d}z$,其中 C_1: $|z|=2$ 为正向, C_2: $|z|=3$ 为负向;

(4) $\oint_C \frac{\mathrm{d}z}{z-\mathrm{i}}$,其中 C 为以 $\pm\frac{1}{2}$, $\pm\frac{6}{5}\mathrm{i}$ 为顶点的正向菱形.

2. 下列两个积分的值是否相等?积分(2)的值能否利用闭路变形原理从(1)的值得到?为什么?

(1) $\oint_{|z|=2}\frac{\bar{z}}{z}\mathrm{d}z$;　　(2) $\oint_{|z|=4}\frac{\bar{z}}{z}\mathrm{d}z$.

3. 设 C_1 与 C_2 为相交于 M, N 两点的简单闭曲线,它们所围的区域分别为 B_1 与 B_2, B_1 与 B_2 的公共部分为 B,如果 $f(z)$ 在 B_1-B 与 B_2-B 内解析,在 C_1 与 C_2 上也解析,证明: $\oint_{C_1}f(z)\mathrm{d}z=\oint_{C_2}f(z)\mathrm{d}z$.

3.4　柯西积分公式与高阶导数公式

本节将在柯西—古萨积分定理的基础上给出解析函数积分的柯西积分公式和高阶导数公式.这两个公式,除了可以计算某些类型的积分以外,还在理论上解释了解析函数的如下特性:根据解析函数在区域边界上的函数值可以求它在区域内部点的函数值;解析函数具有任意阶导数且各阶导函数仍为解析函数.

3.4.1　柯西积分公式

设 B 为单连通域,z_0 为 B 中的一点,如果 $f(z)$ 在 B 内解析,那么函数 $\dfrac{f(z)}{z-z_0}$ 在 z_0 不解析.所以在 B 内沿围绕 z_0 的一条闭曲线 C 的积分 $\oint_C \dfrac{f(z)}{z-z_0}\mathrm{d}z$ 一般不为零.又根据闭路变形原理,积分的值沿任何一条围绕 z_0 的简单闭曲线都是相同的,下面来求这个积分的值.

在 B 内作积分曲线 C: $|z-z_0|=\delta$(取其正向),由 $f(z)$ 的连续性,在 C 上的函数 $f(z)$ 的值将随着 δ 的缩小而逐渐接近于它在圆心 z_0 处的值,从而 $\oint_C \dfrac{f(z)}{z-z_0}\mathrm{d}z$ 的值随着 δ 的缩小而接近于

$$\oint_C \frac{f(z_0)}{z-z_0}\mathrm{d}z = f(z_0)\oint_C \frac{1}{z-z_0}\mathrm{d}z = 2\pi \mathrm{i} f(z_0)$$

即

$$\oint_C \frac{f(z)}{z-z_0}\mathrm{d}z = 2\pi \mathrm{i} f(z_0)$$

于是,得到下面的定理:

定理 3.8(柯西积分公式)　设 C 是一条简单正向闭曲线,$f(z)$ 在以 C 为边界的有界闭区域 $\overline{D}$ 内解析,z_0 为 C 内任一点,则

$$f(z_0) = \frac{1}{2\pi \mathrm{i}}\oint_C \frac{f(z)}{z-z_0}\mathrm{d}z$$

【注】　柯西积分公式提供了计算复变函数沿简单闭曲线积分的一种方法,即可以用

$$\oint_C \frac{f(z)}{z-z_0}\mathrm{d}z = 2\pi \mathrm{i} f(z_0)$$

来计算特定的环路积分.实际上柯西积分公式可以推广到多连通域的情形.

推论 3.2　若函数 $f(z)$ 在 $|z-z_0|<R$ 内解析,在 $|z-z_0|=R$ 上连续,则解析函数在圆心处的值等于它在圆周上的平均值,即

$$f(z_0) = \frac{1}{2\pi}\int_0^{2\pi} f(z_0+R\mathrm{e}^{\mathrm{i}\theta})\mathrm{d}\theta$$

【证明】　因为 $z=z_0+R\mathrm{e}^{\mathrm{i}\theta}(0\leqslant\theta\leqslant 2\pi)$,根据柯西积分公式,有

$$f(z_0) = \frac{1}{2\pi \mathrm{i}}\oint_C \frac{f(z)}{z-z_0}\mathrm{d}z = \frac{1}{2\pi \mathrm{i}}\int_0^{2\pi} \frac{f(z_0+R\mathrm{e}^{\mathrm{i}\theta})}{R\mathrm{e}^{\mathrm{i}\theta}}\mathrm{i}\,R\mathrm{e}^{\mathrm{i}\theta}\mathrm{d}\theta = \frac{1}{2\pi}\int_0^{2\pi} f(z_0+R\mathrm{e}^{\mathrm{i}\theta})\mathrm{d}\theta$$

【例 3.9】 求下列积分的值

(1) $\oint_{|z+i|=i}\dfrac{\cos z}{z+i}dz$；　　(2) $\oint_{|z|=2}\dfrac{z}{(5-z^2)(z-i)}dz$.

【解】

(1) 因为 $\cos z$ 在复平面内解析，根据柯西积分公式，有

$$\oint_{|z+i|=i}\frac{\cos z}{z+i}dz=2\pi i\cos z\big|_{z=-i}=2\pi i\cos(-i)=2\pi i\frac{e+e^{-1}}{2}=(e+e^{-1})\pi i$$

(2) 因为 z 在曲线 C：$|z|=2$ 上及其内部均解析，根据柯西积分公式，有

$$\oint_{|z|=2}\frac{z}{(5-z^2)(z-i)}dz=\oint_{|z|=2}\frac{z}{(5-z^2)}\cdot\frac{1}{(z-i)}dz$$

$$=2\pi i\frac{z}{(5-z^2)}\bigg|_{z=i}=2\pi i\frac{i}{(5-i^2)}=-\frac{\pi}{3}$$

【例 3.10】 计算 $\oint_{|z-i|=\frac{3}{2}}\dfrac{1}{z(z^2+1)}dz$ 的值.

分析：因为 $z(z^2+1)=z(z+i)(z-i)$，所以函数 $\dfrac{1}{z(z^2+1)}$ 的奇点是 $z=0,z=\pm i$，而在圆周 C：$|z-i|=\dfrac{3}{2}$ 的内部包含两个奇点 $z=0,z=i$.

【解法 1】 将被积函数整理为部分分式：$\dfrac{1}{z(z^2+1)}=\dfrac{1}{z}-\dfrac{1}{2}\left(\dfrac{1}{z+i}+\dfrac{1}{z-i}\right)$

根据柯西—古萨积分定理和柯西积分公式，有

$$\oint_{|z-i|=\frac{3}{2}}\frac{1}{z(z^2+1)}dz=\oint_{|z-i|=\frac{3}{2}}\left(\frac{1}{z}-\frac{1}{2}\frac{1}{z+i}-\frac{1}{2}\frac{1}{z-i}\right)dz$$

$$=\oint_{|z-i|=\frac{3}{2}}\frac{1}{z}dz-\frac{1}{2}\oint_{|z-i|=\frac{3}{2}}\frac{1}{z+i}dz-\frac{1}{2}\oint_{|z-i|=\frac{3}{2}}\frac{1}{z-i}dz$$

$$=2\pi i-0-\frac{1}{2}2\pi i=\pi i$$

【解法 2】 利用复合闭路定理，在 C：$|z-i|=\dfrac{3}{2}$ 内部作两条互不包含、互不相交的简单正向闭曲线 C_1,C_2，且分别包含两个奇点 $z=0,z=i$.

$$\oint_{|z-i|=\frac{3}{2}}\frac{1}{z(z^2+1)}dz=\oint_{C_1}\frac{1}{z(z^2+1)}dz+\oint_{C_2}\frac{1}{z(z^2+1)}dz$$

$$=\oint_{C_1}\frac{\frac{1}{z^2+1}}{z}dz+\oint_{C_2}\frac{\frac{1}{z(z+i)}}{z-i}dz$$

$$=2\pi i\frac{1}{(z^2+1)}\bigg|_{z=0}+2\pi i\frac{1}{z(z+i)}\bigg|_{z=i}$$

$$=2\pi i+2\pi i\frac{1}{2i\cdot i}$$

$$=2\pi i-\pi i=\pi i$$

【例 3.11】 设积分曲线 C：$|z|=3$，函数 $f(z)=\int_C\dfrac{3\xi^2+7\xi+1}{\xi-z}d\xi$，求 $f'(1+i)$.

【解】 当 z 不在 C 的内部时，$f(z)=0$.

当 z 在 C 的内部时，根据柯西积分公式，有

$$f(z)=\int_C\frac{3\xi^2+7\xi+1}{\xi-z}\mathrm{d}\xi=2\pi\mathrm{i}\cdot(3\xi^2+7\xi+1)\big|_{\xi=z}=2\pi\mathrm{i}(3z^2+7z+1)$$

所以 $f'(z)=2\pi\mathrm{i}(6z+7)$. 因为 $1+\mathrm{i}$ 在 C 的内部，所以

$$f'(1+\mathrm{i})=2\pi(-6+13\mathrm{i})$$

3.4.2 解析函数的高阶导数

在学习实函数微积分的过程中我们知道，某个实函数 $f(x)$ 存在一阶导数 $f'(x)$ 却不一定存在二阶导数 $f''(x)$ 或更高阶导数 $f^{(n)}(x)$. 作为复函数的 $f(z)$ 却具有与实函数不同的结论.

关于解析函数 $f(z)$ 的高阶导数有如下定理.

定理 3.9 解析函数 $f(z)$ 的导数仍为解析函数，它的 n 阶导数公式为

$$f^{(n)}(z_0)=\frac{n!}{2\pi\mathrm{i}}\oint_C\frac{f(z)}{(z-z_0)^{n+1}}\mathrm{d}z,\quad n=1,2,\cdots$$

其中 C 为在函数 $f(z)$ 的解析区域 D 内围绕 z_0 的任意一条简单正向闭曲线，而且它的内部全含于 D.

【注】 高阶导数公式的作用不在于通过积分来求导，而在于通过求导来求积分，即可以用

$$\oint_C\frac{f(z)}{(z-z_0)^{n+1}}\mathrm{d}z=\frac{2\pi\mathrm{i}}{n!}f^{(n)}(z_0),\quad n=1,2,\cdots$$

来计算特定的环路积分.

【例 3.12】 设积分曲线 C: $|z|=r>1$，计算积分 $\oint_C\frac{\cos\pi z}{(z-1)^5}\mathrm{d}z$.

【解】 函数 $\frac{\cos\pi z}{(z-1)^5}$ 在 C 内有奇点 $z=1$，$f(z)=\cos\pi z$ 在 C 内处处解析，根据解析函数高阶导数公式，有

$$\oint_C\frac{\cos\pi z}{(z-1)^5}\mathrm{d}z=\frac{2\pi\mathrm{i}}{(5-1)!}(\cos\pi z)^{(4)}\big|_{z=1}=-\frac{\pi^5\mathrm{i}}{12}$$

【例 3.13】 设积分曲线 C: $|z|=2$，计算积分 $\oint_C\frac{1}{z^3(z+1)(z-1)}\mathrm{d}z$.

【解】 函数 $f(z)=\frac{1}{z^3(z+1)(z-1)}$ 在 C 内共有三个奇点 $z=0$，$z=\pm1$，在 C: $|z|=2$ 内部作三条互不包含、互不相交的简单正向闭曲线 C_1,C_2,C_3，且分别包含三个奇点 $z=0$，$z=\pm1$. 根据柯西积分公式和高阶导数公式，有

$$\begin{aligned}&\oint_C\frac{1}{z^3(z+1)(z-1)}\mathrm{d}z\\&=\oint_{C_1}\frac{\frac{1}{(z+1)(z-1)}}{z^3}\mathrm{d}z+\oint_{C_2}\frac{\frac{1}{z^3(z+1)}}{(z-1)}\mathrm{d}z+\oint_{C_3}\frac{\frac{1}{z^3(z-1)}}{(z+1)}\mathrm{d}z\\&=\frac{2\pi\mathrm{i}}{2!}\left[\frac{1}{(z+1)(z-1)}\right]''_{z=0}+2\pi\mathrm{i}\left[\frac{1}{z^3(z+1)}\right]_{z=1}+2\pi\mathrm{i}\left[\frac{1}{z^3(z-1)}\right]_{z=-1}\\&=-2\pi\mathrm{i}+\pi\mathrm{i}+\pi\mathrm{i}=0\end{aligned}$$

【思考】 如果函数 $f(z)$沿区域 D 内任一条简单闭曲线的积分均为零，这个函数一定在 D 内解析吗？

定理 3.10(Morera 定理) 如果函数 $f(z)$在单连通域 D 内连续，且对于 D 内的任意简单闭曲线 C，都有

$$\oint_C f(z)\mathrm{d}z = 0$$

则 $f(z)$在 D 内解析.

【证明】 因为$\oint_C f(z)\mathrm{d}z = 0$，所以对于任意 $z_0, z \in D$，积分$\int_{z_0}^{z} f(\xi)\mathrm{d}\xi$与路径无关，设

$$F(z) = \int_{z_0}^{z} f(\xi)\mathrm{d}\xi$$

则必有

$$F'(z) = f(z)$$

根据定理 3.9，解析函数 $F(z)$的导数也是解析函数，故 $f(z)$在 D 内解析.

习题 3.4

1. 沿指定曲线的正向计算下列各积分：

(1) $\oint_C \frac{\mathrm{e}^z}{z-2}\mathrm{d}z$， C：$|z-2|=1$；　(2) $\oint_C \frac{1}{z^2-a^2}\mathrm{d}z$， C：$|z-a|=a$；

(3) $\oint_C \frac{\mathrm{e}^{\mathrm{i}z}}{z^2+1}\mathrm{d}z$， C：$|z-2\mathrm{i}|=\frac{3}{2}$；　(4) $\oint_C \frac{\sin z}{z}\mathrm{d}z$， C：$|z|=1$；

(5) $\oint_C \frac{\sin z}{\left(z-\frac{\pi}{2}\right)^2}\mathrm{d}z$， C：$|z|=2$；　(6) $\oint_C \frac{\mathrm{e}^z}{z^5}\mathrm{d}z$， C：$|z|=1$；

(7) $\oint_C \frac{\mathrm{e}^z}{(z-\alpha)^3}\mathrm{d}z$，其中 α 为 $|\alpha|\neq 1$ 的任何复数，C：$|z|=1$ 为正向.

2. 证明：当 C 为任何不通过原点的简单闭曲线时，$\oint_C \frac{1}{z^2}\mathrm{d}z = 0$.

3. 设 C 为不经过 α 与 $-\alpha$ 的正向简单闭曲线，α 为不等于零的任何复数，试就 α 与 $-\alpha$ 跟 C 的各种不同位置，计算积分

$$\oint_C \frac{z}{z^2-\alpha^2}\mathrm{d}z$$

的值.

4. 设 C_1 与 C_2 为两条互不包含、也不相交的正向简单闭曲线，证明：

(1) 当 z_0 在 C_1 内时，$\frac{1}{2\pi\mathrm{i}}\left[\oint_{C_1} \frac{z^2}{z-z_0}\mathrm{d}z + \oint_{C_2} \frac{\sin z}{z-z_0}\mathrm{d}z\right] = z_0^2$.

(2) 当 z_0 在 C_2 内时，$\frac{1}{2\pi\mathrm{i}}\left[\oint_{C_1} \frac{z^2}{z-z_0}\mathrm{d}z + \oint_{C_2} \frac{\sin z}{z-z_0}\mathrm{d}z\right] = \sin z_0$.

5. 设 $f(z)$与 $g(z)$在区域 D 内处处解析，C 为 D 内的任何一条简单闭曲线，它的内

部全含于 D. 如果 $f(z)=g(z)$ 在 C 上所有的点处成立，试证明：在 C 内所有点处，$f(z)=g(z)$ 也成立.

6. 设 $f(z)$ 在单连通区域 D 内解析，C 为 D 内任一条简单正向闭曲线，证明：对在 D 内但不在 C 上的任意一点 z_0，等式

$$\oint_C \frac{f'(z)}{z-z_0}\mathrm{d}z=\oint_C \frac{f(z)}{(z-z_0)^2}\mathrm{d}z$$

成立.

实验三　复变函数的积分

一、实验目的

学习用 Matlab 计算复变函数的积分.

二、相关的 Matlab 命令（函数）

(1) Int(f)：计算函数 f 的不定积分.

(2) Int(f,z)：计算函数 f 关于变量 z 的不定积分.

(3) Int(f,a,b)：计算函数 f 对自变量从 a 到 b 的定积分.

(4) Int(f,z,a,b)：计算函数 f 对自变量 z 从 a 到 b 的定积分.

三、实验内容

【例 1】 计算 $\int e^z \mathrm{d}z$.

【解】 在 Matlab 命令窗口中输入：

```
>> syms z
>> syms f e
>> f=e^z;
>> int(f)
```

运行结果为：

```
ans=
      1/log(e)*e^z
```

【例 2】 计算 $\int_0^{\mathrm{i}} z\sin z\mathrm{d}z$.

【解】 在 Matlab 命令窗口中输入：

```
>> syms z
>> f=z*sin(z);
>> jg=int(f,z,0,i)
```

运行结果为：

```
jg=
    sin(i)-i*cos(i)
```

【例 3】 计算积分 $\int_C z^2 \mathrm{d}z$，C 为从 $z=0$ 到 $z=2+\mathrm{i}$ 的直线段.

【解】 在 Matlab 命令窗口中输入：

```
>> syms z
>> syms t real   %声明 t 是一个实的符号变量
>> z=(2+i)*t;
>> int(z^2*diff(z),t,0,1)
```

运行结果为：

```
ans=
    1/3*(2+i)^3
```

【例 4】 试求出下面的曲线积分：

$$\oint_{|z|=2} \frac{1}{(z+\mathrm{i})^{10}(z-1)(z-3)} \mathrm{d}z$$

【解】 在 Matlab 命令窗口中输入：

```
>> i=sym(sqrt(-1)); syms z
>> f=1/((z+i)^10*(z-1)*(z-3));
>> r1=limit(diff(f*(z+i)^10,z,9)/prod(1:9),z,-i);
>> r2=limit(f*(z-1),z,1);
>> a=2*pi*i*(r1+r2)
```

运行结果为：

```
a =
    (237/312500000+779/78125000*i)*pi
```

【例 5】 求闭路积分：$\oint_{|z|=3} \frac{2z+3}{z^2+2z+3} \mathrm{d}z$.

【解】 我们可以在 Matlab 中编写函数 jf 来实现函数在半径为 R 的闭曲线上的积分.

```
>> function jf(R,B,A)        %闭曲线半径为 r
                             %积分值为 v
[r,p,k]=residue(B,A);
sum=0;
for x=1:length(p)
if abs(p(x))<R               %闭曲线上的极点数
      sum=sum+r(x);          %留数定理
      end
end
v=sum*2*pi*i                 %积分值
```

在命令窗口输入：

```
>> B=[2,3];
>> A=[1,2,3];
>> v=jf(3,B,A)
```

运行结果为：

```
v=
   0+12.5664i
```

四、实验习题

1. 计算积分$\int_C z\mathrm{d}z$，其中C为从原点到点$3+4\mathrm{i}$的直线段.

2. 计算下列积分：

(1) $\int_{-\pi\mathrm{i}}^{3\pi\mathrm{i}} \mathrm{e}^{2z}\mathrm{d}z$；　　(2) $\int_0^1 z\sin z\mathrm{d}z$.

3. 计算积分$\oint_C \frac{2\mathrm{i}}{z^2+1}\mathrm{d}z$，其中$C$为$|z-1|=6$的正向.

4. 计算积分$\oint_C \frac{\mathrm{d}z}{z-\mathrm{i}}$，其中$C$为以$\pm\frac{1}{2}$，$\pm\frac{6}{5}\mathrm{i}$为顶点的正向菱形.

第4章

级　数

在高等数学中，曾学习过有关实函数级数的理论，并且知道级数有广泛的应用. 本章中将引进复函数的级数理论，并把级数作为工具继续研究解析函数的性质. 首先给出有关级数的一些基本概念和性质，并从解析函数的柯西积分公式出发，引入解析函数的级数表示——泰勒(Taylor)级数，并研究复函数在圆环域内的级数表示——洛朗(Laurent)级数. 我们将看到函数在一点的解析性等价于函数在该点的邻域可展开为幂级数，而有关洛朗级数的讨论为第5章研究解析函数的孤立奇点分类及函数在孤立奇点邻域内的性质提供了必要的准备.

4.1　复数项级数

4.1.1　复数列的收敛

定义 4.1　将给定的一列按照自然数顺序排列的复数 $z_1=a_1+\mathrm{i}b_1, z_2=a_2+\mathrm{i}b_2, \cdots, z_n=a_n+\mathrm{i}b_n, \cdots$ 称为复数列，记为 $\{z_n\}$，其中，z_n 称为复数列的一般项.

定义 4.2　给定一个复数列 $\{z_n\}$，设 $\alpha=a+\mathrm{i}b$ 是一个复常数，若对于任意给定的正数 $\varepsilon>0$，总存在着正整数 N，当 $n>N$ 时，有 $|z_n-\alpha|<\varepsilon$ 成立，则称 α 为复数列 $\{z_n\}$ 当 $n\to\infty$ 时的极限，记做

$$\lim_{n\to\infty} z_n=\alpha \text{ 或 } z_n\to\alpha \quad (n\to\infty)$$

此时也称复数列 $\{z_n\}$ 收敛于 α. 如果复数列 $\{z_n\}$ 不收敛，则称 $\{z_n\}$ 是发散的.

由不等式

$$|a_n-a|\leqslant|z_n-\alpha|\leqslant|a_n-a|+|b_n-b|$$
$$|b_n-b|\leqslant|z_n-\alpha|\leqslant|a_n-a|+|b_n-b|$$

易得如下定理:

定理 4.1　复数列 $\{z_n\}$ 收敛于 α 的充要条件是

$$\lim_{n\to\infty} a_n=a, \quad \lim_{n\to\infty} b_n=b$$

其中 $z_n=a_n+\mathrm{i}b_n, \alpha=a+\mathrm{i}b$.

【注】　定理 4.1 说明可将复数列的敛散性问题转化为判别实数列的敛散性问题.

【例 4.1】　讨论复数列 $\{z_n\}=\left\{\left(1+\dfrac{1}{n}\right)\mathrm{e}^{\mathrm{i}\frac{\pi}{n}}\right\}$ 的敛散性. 若收敛，求出其极限.

【解】 因为$\left(1+\frac{1}{n}\right)e^{i\frac{\pi}{n}}=\left(1+\frac{1}{n}\right)\left(\cos\frac{\pi}{n}+i\sin\frac{\pi}{n}\right)$,所以有

$$a_n=\left(1+\frac{1}{n}\right)\cos\frac{\pi}{n},\quad b_n=\left(1+\frac{1}{n}\right)\sin\frac{\pi}{n}$$

又因为$\lim\limits_{n\to\infty}a_n=1$,$\lim\limits_{n\to\infty}b_n=0$,所以根据定理 4.1,复数列$\{z_n\}=\left\{\left(1+\frac{1}{n}\right)e^{i\frac{\pi}{n}}\right\}$收敛,且$\lim\limits_{n\to\infty}z_n=1$.

4.1.2 复数项级数的收敛

定义 4.3 给定一个复数列$\{z_n\}$,由它所构成的表达式

$$\sum_{n=1}^{\infty}z_n=z_1+z_2+\cdots+z_n+\cdots$$

称为复数项无穷级数,简称级数,其前 n 项和

$$s_n=z_1+z_2+\cdots+z_n$$

称为级数的部分和.

定义 4.4 如果一个复数列$\{z_n\}$的部分和所构成的复数列$\{s_n\}$收敛到 s,即$\lim\limits_{n\to\infty}s_n=s$,则称$\sum\limits_{n=1}^{\infty}z_n$收敛,并且称 s 为级数的和.如果部分和数列$\{s_n\}$不收敛,则称$\sum\limits_{n=1}^{\infty}z_n$发散.

【注】 与实数项级数相同,判别复数项级数敛散性的基本方法是:利用极限$\lim\limits_{n\to\infty}s_n=s$.

【例 4.2】 当$|z|<1$时,判断级数

$$\sum_{n=0}^{\infty}z^n=1+z+z^2+\cdots+z^n+\cdots$$

是否收敛.

【解】 其部分和为

$$s_{n-H}=1+z+z^2+\cdots+z^{n-1}=\frac{1-z^n}{1-z}$$

因为,当$|z|<1$时,则有$\lim\limits_{n\to\infty}z^n=0$,因此

$$\lim_{n\to\infty}s_n=\frac{1}{1-z}$$

综上所述,当$|z|<1$时,级数$\sum\limits_{n=1}^{\infty}z^n$收敛,其和为$\frac{1}{1-z}$.

根据定义 4.4,下面给出复数项级数收敛的必要条件.

定理 4.2 级数$\sum\limits_{n=1}^{\infty}z_n$收敛的必要条件是$\lim\limits_{n\to\infty}z_n=0$.

类似于复数列敛散性的判别法,同样也可以将复数项级数的审敛问题转化为实数项级数的审敛问题.

定理 4.3 级数$\sum\limits_{n=1}^{\infty}z_n$收敛的充要条件是级数$\sum\limits_{n=1}^{\infty}a_n$和$\sum\limits_{n=1}^{\infty}b_n$都收敛.

【证明】 因为 $s_n = z_1 + z_2 + \cdots + z_n$

$$= (a_1 + a_2 + \cdots + a_n) + \mathrm{i}(b_1 + b_2 + \cdots + b_n)$$

$$= \sigma_n + \mathrm{i}\tau_n$$

根据数列$\{s_n\}$收敛的充要条件是$\{\sigma_n\}$和$\{\tau_n\}$收敛，所以级数 $\sum_{n=1}^{\infty} a_n$ 和 $\sum_{n=1}^{\infty} b_n$ 都收敛.

【例 4.3】 下列级数是否收敛：

(1) $\sum_{n=1}^{\infty}\left(\frac{1}{n}+\frac{\mathrm{i}}{2^n}\right)$；　　(2) $\sum_{n=1}^{\infty}\left[(-1)^n\frac{1}{n}+\mathrm{i}\frac{1}{n^2}\right]$.

【解】

(1) 因为 $\sum_{n=1}^{\infty} a_n = \sum_{n=1}^{\infty}\frac{1}{n}$（调和级数）是发散的， $\sum_{n=1}^{\infty} b_n = \sum_{n=1}^{\infty}\frac{1}{2^n}$（几何级数）是收敛的，所以 $\sum_{n=1}^{\infty}\left(\frac{1}{n}+\frac{\mathrm{i}}{2^n}\right)$ 是发散的.

(2) 因为 $\sum_{n=1}^{\infty} a_n = \sum_{n=1}^{\infty}(-1)^n\frac{1}{n}$（交错级数）是收敛的， $\sum_{n=1}^{\infty} b_n = \sum_{n=1}^{\infty}\frac{1}{n^2}$（$p=2$ 的 p-级数）是收敛的，所以 $\sum_{n=1}^{\infty}\left[(-1)^n\frac{1}{n}+\mathrm{i}\frac{1}{n^2}\right]$ 是收敛的.

【思考】 如果级数 $\sum_{n=1}^{\infty} z_n$ 不易变形为 $\sum_{n=1}^{\infty}(a_n+\mathrm{i}b_n)$ 形式，即 a_n, b_n 形式不易整理时，该如何判别级数 $\sum_{n=1}^{\infty} z_n$ 的敛散性？

定理 4.4（绝对收敛准则） 如果级数 $\sum_{n=1}^{\infty}|z_n|$ 收敛，那么级数 $\sum_{n=1}^{\infty} z_n$ 收敛.

【证明】 设 $z_n = a_n + \mathrm{i}b_n$，因为

$$|z_n| = \sqrt{a_n^{\ 2}+b_n^{\ 2}} \geqslant |a_n|, \quad |z_n| = \sqrt{a_n^{\ 2}+b_n^{\ 2}} \geqslant |b_n|$$

因为正项级数 $\sum_{n=1}^{\infty}|z_n|$ 收敛，由正项级数的比较审敛法知，级数 $\sum_{n=1}^{\infty}|a_n|$ 和 $\sum_{n=1}^{\infty}|b_n|$ 都收敛，从而级数 $\sum_{n=1}^{\infty} a_n$ 和 $\sum_{n=1}^{\infty} b_n$ 都绝对收敛. 由定理 4.3 可知，级数 $\sum_{n=1}^{\infty} z_n$ 收敛.

【注】 因为 $\sum_{n=1}^{\infty}|z_n|$ 的各项都是非负的实数，所以它的敛散性可以借助实数项级数中的正项级数的审敛法进行判定.

定义 4.5 若级数 $\sum_{n=1}^{\infty}|z_n|$ 收敛，则称原级数 $\sum_{n=1}^{\infty} z_n$ 绝对收敛；非绝对收敛的收敛级数称为条件收敛级数.

顺便指出，由于 $\sqrt{a_n^2+b_n^2} \leqslant |a_n| + |b_n|$，所以当 $\sum_{n=1}^{\infty} a_n$ 和 $\sum_{n=1}^{\infty} b_n$ 都绝对收敛时，$\sum_{n=1}^{\infty} z_n$ 绝对收敛. 再结合定理 4.4 的证明过程，可以得到下面的推论.

推论 4.1　$\sum_{n=1}^{\infty} z_n$ 绝对收敛的充要条件是级数 $\sum_{n=1}^{\infty} a_n$ 和 $\sum_{n=1}^{\infty} b_n$ 都绝对收敛.

【例 4.4】　下列级数是否收敛？如果收敛，是条件收敛还是绝对收敛？

(1) $\sum_{n=1}^{\infty} \frac{(8i)^n}{n!}$；　　(2) $\sum_{n=1}^{\infty} \left[\frac{(-1)^n}{n} + \frac{1}{2^n}i\right]$.

【解】

(1) 因为 $\left|\frac{(8i)^n}{n!}\right| = \frac{8^n}{n!}$，由正项级数的比值判别法

$$\lim_{n\to\infty} \frac{8^{n+1}}{(n+1)!} \frac{n!}{8^n} = \lim_{n\to\infty} \frac{8}{n+1} = 0 < 1$$

知 $\sum_{n=1}^{\infty} \frac{8^n}{n!}$ 收敛，根据定理 4.4，故 $\sum_{n=1}^{\infty} \frac{(8i)^n}{n!}$ 收敛，且为绝对收敛.

(2) 因为 $\sum_{n=1}^{\infty} a_n = \sum_{n=1}^{\infty} (-1)^n \frac{1}{n}$（交错级数）是收敛的，$\sum_{n=1}^{\infty} b_n = \sum_{n=1}^{\infty} \frac{1}{2^n}$（几何级数）是收敛的，根据定理 4.3，所以 $\sum_{n=1}^{\infty} \left[\frac{(-1)^n}{n} + \frac{1}{2^n}i\right]$ 是收敛的.

但是因为 $\sum_{n=1}^{\infty} a_n = \sum_{n=1}^{\infty} (-1)^n \frac{1}{n}$ 是条件收敛的，所以原级数是条件收敛的.

习题 4.1

1. 填空

(1) 若 $\lim_{n\to\infty} z_n = 0$，则复数项级数 $\sum_{n=1}^{\infty} z_n$ ____________收敛.

(2) 若级数 $\sum_{n=1}^{\infty} |z_n|$ 收敛，则级数 $\sum_{n=1}^{\infty} z_n$ 称为____________；若级数 $\sum_{n=1}^{\infty} |z_n|$ 发散，而级数 $\sum_{n=1}^{\infty} z_n$ 收敛，则级数 $\sum_{n=1}^{\infty} z_n$ 称为____________.

2. 下列数列 $\{z_n\}$ 是否收敛？如果收敛，求出它们的极限：

(1) $z_n = \frac{1+ni}{1-ni}$；　　(2) $z_n = \left(1+\frac{i}{2}\right)^{-n}$；

(3) $z_n = (-1)^n + \frac{i}{n+1}$；　　(4) $z_n = e^{-\frac{n\pi i}{2}}$；

(5) $z_n = \frac{1}{n} e^{-\frac{n\pi i}{2}}$；　　(6) $z_n = i^n + \frac{1}{n}$.

3. 证明：

$$\lim_{n\to\infty} z^n = \begin{cases} 0, & |z| < 1 \\ \infty, & |z| > 1 \\ 1, & z = 1 \\ \text{不存在}, & |z| = 1, z \neq 1 \end{cases}$$

4. 判别下列级数的收敛性，若收敛，指出是条件收敛还是绝对收敛：

(1) $\sum_{n=1}^{\infty} \frac{i^n}{n}$；　　(2) $\sum_{n=2}^{\infty} \frac{i^n}{\ln n}$；

(3) $\sum_{n=0}^{\infty} \frac{(6+5i)^n}{8^n}$；　　(4) $\sum_{n=0}^{\infty} \frac{\cos in}{2^n}$.

4.2 幂级数

4.2.1 复变函数项级数的概念

定义 4.6 设函数 $f_n(z)(n=1,2,\cdots)$在复平面的区域 D 上有定义,则称

$$\sum_{n=1}^{\infty} f_n(z) = f_1(z) + f_2(z) + \cdots + f_n(z) + \cdots$$

为区域 D 内的复变函数项级数.该级数前 n 项的和

$$s_n(z) = f_1(z) + f_2(z) + \cdots + f_n(z)$$

称为复变函数项级数的部分和.

定义 4.7 如果对于 D 内的某一点 z_0,极限

$$\lim_{n\to\infty} s_n(z_0) = s(z_0)$$

存在,则称复变函数项级数 $\sum_{n=1}^{\infty} f_n(z)$ 在 z_0 收敛,而 $s(z_0)$ 称为它的和,记作

$$\sum_{n=1}^{\infty} f_n(z_0) = s(z_0)$$

如果在 D 内的每一点 z, $\sum_{n=1}^{\infty} f_n(z)$ 都收敛于 $s(z)$,则称$\sum_{n=1}^{\infty} f_n(z)$ 在 D 上收敛于 $s(z)$,即 $\sum_{n=1}^{\infty} f_n(z)$ 有和函数 $s(z)$,记作

$$\sum_{n=1}^{\infty} f_n(z) = s(z)$$

例如,在例 4.2 中,当$|z|<1$ 时,级数 $\sum_{n=1}^{\infty} z_n$ 收敛,其和为$\frac{1}{1-z}$.即在区域$|z|<1$内,级数$\sum_{n=1}^{\infty} z_n$ 收敛于和函数$\frac{1}{1-z}$.

4.2.2 幂级数

定义 4.8 当 $f_n(z)=c_{n-1}(z-z_0)^{n-1}$或 $f_n(z)=c_{n-1}z^{n-1}$时,把形如

$$\sum_{n=0}^{\infty} c_n (z-z_0)^n = c_0 + c_1(z-z_0) + c_2 (z-z_0)^2 + \cdots + c_n (z-z_0)^n + \cdots$$

或

$$\sum_{n=0}^{\infty} c_n z^n = c_0 + c_1 z + c_2 z^2 + \cdots + c_n z^n + \cdots$$

的级数称为幂级数.

如果令 $z-z_0=\xi$，则 $\sum\limits_{n=0}^{\infty}c_n(z-z_0)^n$ 变形为 $\sum\limits_{n=0}^{\infty}c_n\xi^n$，为了方便起见，下面就 $\sum\limits_{n=0}^{\infty}c_nz^n$ 进行讨论. 类似于高等数学中的实变幂级数一样，复变幂级数也有所谓幂级数的收敛定理，即阿贝尔(Abel)定理.

定理 4.5(阿贝尔定理) 如果级数 $\sum\limits_{n=0}^{\infty}c_nz^n$ 在 $z=z_0(\neq 0)$ 收敛，那么对满足 $|z|<|z_0|$ 的 z，级数必绝对收敛. 如果在 $z=z_0$ 级数发散，那么对满足 $|z|>|z_0|$ 的 z，级数必发散.

【证明】 由于 $\sum\limits_{n=0}^{\infty}c_nz_0^n$ 收敛，根据级数收敛的必要条件，有 $\lim\limits_{n\to\infty}c_nz_0^n=0$，因而存在正数 M，使对所有的 n 有

$$|c_nz_0^n|<M$$

如果 $|z|<|z_0|$，那么 $\frac{|z|}{|z_0|}=q<1$，而

$$|c_nz^n|=|c_nz_0{}^n|\cdot\frac{|z|^n}{|z_0|^n}<Mq^n$$

由于 $\sum\limits_{n=0}^{\infty}Mq^n$ 为公比小于 1 的等比级数，故收敛. 根据正项级数的比较审敛法知，

$$\sum_{n=0}^{\infty}|c_nz^n|=|c_0|+|c_1z|+|c_2z^2|+\cdots+|c_nz^n|+\cdots$$

收敛，从而级数 $\sum\limits_{n=0}^{\infty}c_nz^n$ 绝对收敛.

另一部分的证明，请读者自行完成(提示：用反证法证明).

【注】

(1) 上述阿贝尔定理适用于 $\sum\limits_{n=0}^{\infty}c_nz^n$ 形式的级数，如遇 $\sum\limits_{n=0}^{\infty}c_n(z-z_0)^n$ 类型，要做变量替换 $z-z_0=\xi$ 后，方可利用阿贝尔定理判别.

(2) 如果 $\sum\limits_{n=0}^{\infty}c_nz^n$ 在 $z=z_0(\neq 0)$ 收敛，则该级数在以原点为中心，以 $|z_0|$ 为半径的圆周内部任意点 z 处绝对收敛；至于在该圆周上及其外部的敛散性，除 $z=z_0(\neq 0)$ 点外，需另行判定.

(3) 如果 $\sum\limits_{n=0}^{\infty}c_nz^n$ 在 $z=z_0(\neq 0)$ 发散，则该级数在以原点为中心，以 $|z_0|$ 为半径的圆周外部任意点 z 处发散，至于在该圆周上及其内部的敛散性，需另行判定.

【例 4.5】 如果判定幂级数 $\sum\limits_{n=0}^{\infty}c_n(z-2)^n$ 在 $z=0$ 收敛，能否判定其在 $z=3$ 处发散?

【解】 令 $\xi=z-2$，则幂级数 $\sum\limits_{n=0}^{\infty}c_n(z-2)^n$ 在 $z=0$ 收敛等价于幂级数 $\sum\limits_{n=1}^{\infty}c_n\xi^n$ 在点 $\xi=0-2=-2$ 处收敛. 根据阿贝尔定理，$\sum\limits_{n=1}^{\infty}c_n\xi^n$ 在 $|\xi|<2$ 绝对收敛，故 $\sum\limits_{n=1}^{\infty}c_n\xi^n$ 应在 $\xi=1$

处收敛，即级数$\sum\limits_{n=0}^{\infty}c_n(z-2)^n$在$z=3$处收敛.

4.2.3 收敛圆与收敛半径

定义 4.9 如果存在一正数R，使得$\sum\limits_{n=0}^{\infty}c_n(z-z_0)^n$在圆周$|z-z_0|=R$内绝对收敛，在圆周$|z-z_0|=R$的外部发散，则称$|z-z_0|=R$为该幂级数的收敛圆周，其中$R$为收敛半径，$|z-z_0|<R$为收敛圆域.

关于如何求幂级数的收敛半径，有如下柯西—阿达玛公式：

定理 4.6 对于幂级数$\sum\limits_{n=0}^{\infty}c_n(z-z_0)^n$，如果有下列条件之一成立：

(1) $\lim\limits_{n\to\infty}\left|\dfrac{c_{n+1}}{c_n}\right|=\lambda$； (2) $\lim\limits_{n\to\infty}\sqrt[n]{|c_n|}=\lambda$.

那么该级数的收敛半径

$$R=\begin{cases}\dfrac{1}{\lambda}, & 0<\lambda<\infty\\ 0, & \lambda=+\infty\\ +\infty, & \lambda=0\end{cases}$$

【注】

(1) 以上求R的方法都是针对不缺项的幂级数而言的，对于缺项的幂级数，可以直接用正项级数的比值法来求，或者转化为不缺项的幂级数后再用公式.

(2) 形如$\sum\limits_{n=0}^{\infty}c_n(z-z_0)^n$的幂级数，收敛半径$R=\lim\limits_{n\to\infty}\left|\dfrac{c_n}{c_{n+1}}\right|$，收敛圆周为$|z-z_0|=R$，收敛圆域为$|z-z_0|<R$.

【例 4.6】 求级数$\sum\limits_{n=1}^{\infty}\dfrac{(z-1)^n}{n}$的收敛半径和收敛圆周.

【解】 $\lim\limits_{n\to\infty}\left|\dfrac{c_{n+1}}{c_n}\right|=\lim\limits_{n\to\infty}\dfrac{n}{n+1}=1$，故收敛半径$R=1$，收敛圆周为$|z-1|=1$.

【例 4.7】 求下列各幂级数的收敛半径，并讨论它们在收敛圆周上的敛散性.

(1) $\sum\limits_{n=0}^{\infty}z^n$； (2) $\sum\limits_{n=1}^{\infty}\dfrac{z^n}{n}$； (3) $\sum\limits_{n=1}^{\infty}\dfrac{z^n}{n^2}$.

【解】 这三个级数都有$\lim\limits_{n\to\infty}\left|\dfrac{c_{n+1}}{c_n}\right|=1$，故收敛半径$R=1$，收敛圆周为$|z|=1$，但它们在收敛圆周上不同点的敛散性却不相同.

(1) $\sum\limits_{n=0}^{\infty}z^n$在$|z|=1$上由于$\lim\limits_{n\to\infty}z^n\neq 0$(不满足级数收敛的必要条件)，故在$|z|=1$上处处发散.

(2) $\sum\limits_{n=1}^{\infty}\dfrac{z^n}{n}$在$|z|=1$上敛散性不同，其中，当$z=1$时，级数成为调和级数$\sum\limits_{n=1}^{\infty}\dfrac{1}{n}$是发

散的；当 $z=-1$ 时，级数成为交错级数 $\sum\limits_{n=1}^{\infty}(-1)^n\dfrac{1}{n}$ 是收敛的.

(3) $\sum\limits_{n=1}^{\infty}\dfrac{z^n}{n^2}$ 在 $|z|=1$ 上，因为 $\left|\dfrac{z^n}{n^2}\right|=\dfrac{1}{n^2}$，由绝对收敛准则，故级数在 $|z|=1$ 上处处绝对收敛.

【注】 上述例题表明，收敛圆周上的点未必是收敛点，需要针对具体级数进行具体分析.

4.2.4　幂级数的运算和性质

与实变幂级数类似，复变幂级数也能进行有理运算.

定理 4.7(幂级数的有理运算)　设 $f(z)=\sum\limits_{n=0}^{\infty}c_nz^n, R=r_1$；$g(z)=\sum\limits_{n=0}^{\infty}b_nz^n, R=r_2$，则在 $R=\min(r_1,r_2)$ 内，两个幂级数可以像多项式那样进行相加、相减、相乘，所得的幂级数分别是 $f(z)$ 与 $g(z)$ 的和、差、积，即

$$f(z)\pm g(z)=\sum_{n=0}^{\infty}a_nz^n\pm\sum_{n=0}^{\infty}b_nz^n=\sum_{n=0}^{\infty}(a_n\pm b_n)z^n,\quad |z|<R$$

$$f(z)\cdot g(z)=\left(\sum_{n=0}^{\infty}a_nz^n\right)\cdot\left(\sum_{n=0}^{\infty}b_nz^n\right)=\sum_{n=0}^{\infty}(a_nb_0+a_{n-1}b_1+\cdots+a_0b_n)z^n,\quad |z|<R$$

定理 4.8(幂级数的代换(复合)运算)　如果当 $|z|<r$ 时，$f(z)=\sum\limits_{n=0}^{\infty}a_nz^n$，又设在 $|z|<R$ 内 $g(z)$ 解析且满足 $|g(z)|<r$，那么当 $|z|<R$ 时，$f[g(z)]=\sum\limits_{n=0}^{\infty}a_n[g(z)]^n$.

【注】 这个代换运算在把函数展开成幂级数时有着广泛的应用.

【例 4.8】 把函数 $\dfrac{1}{z}$ 表示成形如 $\sum\limits_{n=0}^{\infty}c_n(z-2)^n$ 的幂级数.

【解】 因为

$$\frac{1}{z}=\frac{1}{2+z-2}=\frac{1}{2}\,\frac{1}{1-\dfrac{z-2}{-2}}$$

由例 4.2 可知，当 $\left|\dfrac{z-2}{-2}\right|<1$ 时，有 $\dfrac{1}{1-\dfrac{z-2}{-2}}=\sum\limits_{n=0}^{\infty}\left(\dfrac{z-2}{-2}\right)^n$，即

$$\frac{1}{z}=\frac{1}{2}\sum_{n=0}^{\infty}\left(\frac{z-2}{-2}\right)^n=\frac{1}{2^{n+1}}\sum_{n=0}^{\infty}(-1)^n(z-2)^n$$

复变幂级数也同实变幂级数一样，在它的收敛圆内部有下列性质：

定理 4.9(幂级数的和函数的性质)　设幂级数 $\sum\limits_{n=0}^{\infty}c_n(z-z_0)^n$ 的收敛半径为 R，那么

(1) 它的和函数 $f(z)$，即 $f(z)=\sum\limits_{n=0}^{\infty}c_n(z-z_0)^n$ 是收敛圆 $|z-z_0|<R$ 内的解析函数.

(2) $f(z)$在收敛圆内的导数可通过将其幂级数逐项求导得到，即

$$f'(z)=\sum_{n=1}^{\infty} nc_n (z-z_0)^{n-1}$$

(3) $f(z)$在收敛圆内可以逐项积分，即

$$\int_C f(z)\mathrm{d}z=\sum_{n=0}^{\infty} c_n\int_C (z-z_0)^n\mathrm{d}z,\quad C\in |z-z_0|<R$$

或

$$\int_{z_0}^{z} f(\zeta)\mathrm{d}\zeta=\sum_{n=0}^{\infty}\frac{c_n}{n+1}(z-z_0)^{n+1}$$

【例 4.9】 求级数 $\sum_{n=0}^{\infty}(n+1)z^n$ 的收敛半径与和函数.

【解】 因为$\lim\limits_{n\to\infty}\frac{|c_{n+1}|}{|c_n|}=\lim\limits_{n\to\infty}\frac{n+2}{n+1}$,所以收敛半径 $R=1$.

利用定理 4.9 逐项积分，得：

$$\int_0^z\sum_{n=0}^{\infty}(n+1)z^n\mathrm{d}z=\sum_{n=0}^{\infty}\int_0^z(n+1)z^n\mathrm{d}z=\sum_{n=0}^{\infty}z^{n+1}=\frac{z}{1-z}$$

所以

$$\sum_{n=0}^{\infty}(n+1)z^n=\left(\frac{z}{1-z}\right)'=\frac{1}{(1-z)^2},\quad |z|<1$$

习题 4.2

1. 下列说法是否正确？为什么？

(1) 每一个幂级数在它的收敛圆周上处处收敛；

(2) 每一个幂级数的和函数在收敛圆内可能有奇点；

(3) 幂级数 $\sum_{n=0}^{\infty}c_n(z-3)^n$ 如果在 $z=0$ 收敛，则在 $z=3$ 处发散；

(4) 如果$\lim\limits_{n\to\infty}\frac{c_{n+1}}{c_n}$ 存在，则$\sum_{n=0}^{\infty}c_nz^n$，$\sum_{n=0}^{\infty}\frac{c_n}{n+1}z^{n+1}$，$\sum_{n=0}^{\infty}nc_nz^{n-1}$ 有相同的收敛半径.

2. 求下列幂级数的收敛半径：

(1) $\sum_{n=1}^{\infty}\frac{z^n}{n^p}$($p$ 为正整数)；　　(2) $\sum_{n=1}^{\infty}\frac{(n!)^2}{n^n}z^n$；

(3) $\sum_{n=0}^{\infty}(1+\mathrm{i})^nz^n$；　　(4) $\sum_{n=1}^{\infty}\mathrm{e}^{\mathrm{i}\frac{\pi}{n}}z^n$；

(5) $\sum_{n=1}^{\infty}\frac{(-2)^n}{n(n+1)}(z-2)^n$；　　(6) $\sum_{n=1}^{\infty}\frac{\sin\frac{n\pi}{2}}{n!}z^n$.

3. 如果 $\sum_{n=0}^{\infty}c_nz^n$ 的收敛半径为 R，证明：$\sum_{n=0}^{\infty}(\mathrm{Re}c_n)z^n$ 的收敛半径 $R'\geqslant R$. [提示：$|(\mathrm{Re}c_n)z^n|<|c_n||z|^n$]

4. 设级数 $\sum_{n=0}^{\infty}c_n$ 收敛，而$\sum_{n=0}^{\infty}|c_n|$发散，证明：$\sum_{n=0}^{\infty}c_nz^n$ 的收敛半径为 1.

5. 如果级数 $\sum_{n=0}^{\infty} c_n z^n$ 在它的收敛圆的圆周上一点 z_0 处绝对收敛，证明：它在收敛圆所围的闭区域上绝对收敛.

4.3 泰勒级数与洛朗级数

4.3.1 泰勒级数及展开方法

1. 泰勒级数

在 4.2 节，我们介绍了一个幂级数的和函数在它的收敛圆的内部是一个解析函数. 现在研究与此相反的问题：任何一个解析函数是否能用幂函数来表达？

设函数 $f(z)$ 在区域 D：$|z-z_0|<R$ 内解析，任取一点 $z\in D$，以 z_0 为中心，ρ 为半径($\rho<R$)作圆周 c：$|z-z_0|=\rho$，使 z 包含在 c 的内部，由柯西积分公式知，

$$f(z)=\frac{1}{2\pi i}\oint_C \frac{f(\xi)}{\xi-z}d\xi$$

由于 ξ 在 c 上，所以 $|\xi-z_0|=\rho$. z 在 c 的内部，因而有 $|z-z_0|<\rho$，从而 $\left|\frac{z-z_0}{\xi-z_0}\right|<1$.

因为 $\frac{1}{\xi-z}=\frac{1}{(\xi-z_0)-(z-z_0)}=\frac{1}{\xi-z_0}\frac{1}{1-\frac{z-z_0}{\xi-z_0}}$，且 $\frac{1}{1-z}=\sum_{n=0}^{\infty} z^n$，$|z|<1$，于是有

$$\frac{1}{\xi-z}=\sum_{n=0}^{\infty}\frac{(z-z_0)^n}{(\xi-z_0)^{n+1}},\quad \left|\frac{z-z_0}{\xi-z_0}\right|<1$$

所以

$$\begin{aligned}f(z)&=\frac{1}{2\pi i}\oint_C \frac{f(\xi)}{\xi-z}d\xi\\&=\sum_{n=0}^{N-1}\left[\frac{1}{2\pi i}\oint_C \frac{f(\xi)}{(\xi-z_0)^{n+1}}d\xi\right](z-z_0)^n+\frac{1}{2\pi i}\oint_C\left[\sum_{n=N}^{\infty}\frac{f(\xi)}{(\xi-z_0)^{n+1}}(z-z_0)^n\right]d\xi\end{aligned}$$

根据解析函数的高阶导数公式，上式可以写成

$$f(z)=\sum_{n=0}^{N-1}\frac{f^{(n)}(z_0)}{n!}(z-z_0)^n+R_N(z)$$

其中 $R_N(z)=\frac{1}{2\pi i}\oint_K\left[\sum_{n=N}^{\infty}\frac{f(\xi)}{(\xi-z_0)^{n+1}}(z-z_0)^n\right]d\xi$，可以证明 $\lim_{N\to\infty}R_N(z)=0$.

由此可知，

$$f(z)=\sum_{n=0}^{\infty}c_n(z-z_0)^n,\quad c_n=\frac{1}{n!}f^{(n)}(z_0),\quad n=0,1,2,\cdots$$

这样便得到了 $f(z)$ 在区域 D：$|z-z_0|<R$ 内的幂级数展开式.

【思考】 上述展开式是否唯一？

假设 $f(z)$ 在区域 D：$|z-z_0|<R$ 内另有展开式

$$f(z)=\sum_{n=0}^{\infty}a_n(z-z_0)^n$$

将上式两边逐项求导，并令 $z=z_0$，可得系数 $c_n=a_n$. 所以上述展开式是唯一的.

由此，得到如下定理.

定理 4.10 如果函数 $f(z)$在区域 D：$|z-z_0|<R$ 内解析，则在 D 内 $f(z)$有如下幂级数展开式，且幂级数展开式唯一：

$$f(z)=\sum_{n=0}^{\infty}c_n(z-z_0)^n,\quad 其中\ c_n=\frac{1}{n!}f^{(n)}(z_0),\quad n=0,1,2,\cdots$$

上式被称为 $f(z)$在 z_0 处的泰勒展开式，右边的幂级数称为泰勒级数.

特别地，当 $z_0=0$ 时，级数

$$f(z)=\sum_{n=0}^{\infty}c_nz^n,\quad c_n=\frac{1}{n!}f^{(n)}(0),\quad n=0,1,2,\cdots$$

称为麦克劳林级数.

推论 4.2 设 $f(z)$在区域 D 内解析，z_0 为 D 内一定点，C 为 D 的边界，$R=\min\limits_{z\in C}|z-z_0|$，则当$|z-z_0|<R$ 时，

$$f(z)=\sum_{n=0}^{\infty}\frac{f^{(n)}(z_0)}{n!}(z-z_0)^n$$

【注】 上述推论说明，在区域 D 内解析的函数，它在 z_0 处展开成的幂级数的收敛半径 R，等于 z_0 到 D 的边界 C 的最近距离. 因此，在求 $f(z)$在 D 内 z_0 处展开成幂级数的收敛半径时，也可以从分析 $f(z)$的解析性获得，即 R 等于点 z_0 到 $f(z)$离 z_0 最近的一个不解析点之间的距离.

推论 4.3 函数 $f(z)$在区域 D 内解析的充分必要条件是 $f(z)$在区域 D 内任一点 z_0(存在 z_0 的一个邻域)处均可展开为幂级数.

2. 将函数展开成泰勒级数的方法

上述定理本身提供了一种展开方法，即求出 $f^{(n)}(z_0)$代入，这种方法称为直接展开法. 与实函数的幂级数直接展开法相似，可以得到一些基本展开公式：

$$\frac{1}{1+z}=\sum_{n=0}^{\infty}(-1)^nz^n,\quad |z|<1$$

$$e^z=\sum_{n=0}^{\infty}\frac{z^n}{n!},\quad |z|<+\infty$$

$$\sin z=\sum_{n=0}^{\infty}(-1)^n\frac{z^{2n+1}}{(2n+1)!},\quad |z|<+\infty$$

$$\cos z=\sum_{n=0}^{\infty}(-1)^n\frac{z^{2n}}{(2n)!},\quad |z|<+\infty$$

由于当 $f(z)$较复杂时，求 $f^{(n)}(z_0)$比较麻烦，因此，通常用间接展开法，即利用基本展开公式及幂级数的代数运算、代换、逐项求导或逐项积分等将函数展开成幂级数的方法.

【例 4.10】 将函数$\frac{1}{(1+z)^2}$在 $z_0=0$ 处展开成幂级数.

【解】

$$\frac{1}{(1+z)^2}=-\left(\frac{1}{1+z}\right)'=-\left(\sum_{n=0}^{\infty}(-1)^nz^n\right)'$$

$$=\sum_{n=1}^{\infty}(-1)^{n-1}nz^{n-1},\quad |z|<1$$

【例 4.11】 将函数$\frac{z}{1+z}$在 $z_0=1$ 处展开成幂级数.

【解】

$$\begin{aligned}\frac{z}{1+z}&=1-\frac{1}{1+z}=1-\frac{1}{(z-1)+2}\\&=1-\frac{1}{2}\frac{1}{1+\frac{z-1}{2}}=1-\frac{1}{2}\sum_{n=0}^{\infty}(-1)^n\left(\frac{z-1}{2}\right)^n\\&=1-\sum_{n=0}^{\infty}(-1)^n\frac{(z-1)^n}{2^{n+1}},\quad |z-1|<2\end{aligned}$$

【例 4.12】 将函数 $f(z)=\ln(1+z)$在 $z_0=0$ 处展开成幂级数.

【解】 因为$[\ln(1+z)]'=\frac{1}{1+z}=\sum_{n=0}^{\infty}(-1)^n z^n, |z|<1$,所以

$$\begin{aligned}\ln(1+z)&=\int_0^z\frac{1}{1+z}\mathrm{d}z=\sum_{n=0}^{\infty}\int_0^z(-1)^n z^n\mathrm{d}z\\&=\sum_{n=0}^{\infty}(-1)^n\frac{z^{n+1}}{n+1},\quad |z|<1\end{aligned}$$

4.3.2 洛朗级数及展开方法

前面已经介绍,若函数 $f(z)$在区域 D: $|z-z_0|<R$ 内解析,则 $f(z)$在 z_0 点可展开为幂级数,且由上面的推论 4.3 知,当 $f(z)$在 z_0 处不解析时,$f(z)$在 z_0 处肯定不能展开为幂级数.如果挖去不解析的点 z_0,函数 $f(z)$在解析域 $0<|z-z_0|<R$ 或 $r<|z-z_0|<R$ 内是否可以展开成幂级数呢?这就是下面要讨论的问题——洛朗级数.它和泰勒级数一样,都是研究函数的有力工具.

1. 洛朗级数

定义 4.10 形如 $\sum_{n=-\infty}^{\infty}c_n(z-z_0)^n=\sum_{n=1}^{\infty}c_{-n}(z-z_0)^{-n}+\sum_{n=0}^{\infty}c_n(z-z_0)^n$ 的级数称为洛朗级数,其中 $z_0, c_n(n=0,\pm1,\pm2,\cdots)$ 都是复常数.

不难看出洛朗级数是双边幂级数,它是由负幂项级数

$$\sum_{n=1}^{\infty}c_{-n}(z-z_0)^{-n}$$

和正幂项级数(包括常数项)级数

$$\sum_{n=0}^{\infty}c_n(z-z_0)^n$$

两部分组成.因此,规定:当且仅当正幂项级数和负幂项级数都收敛时,原级数收敛,并且把原级数看成是正幂项级数与负幂项级数的和.于是对于负幂项级数,令 $\zeta=(z-z_0)^{-1}$,则$\sum_{n=1}^{\infty}c_{-n}(z-z_0)^{-n}=\sum_{n=1}^{\infty}c_{-n}\zeta^n$,设其收敛半径为 R,那么该级数在$|\zeta|<R$ 收敛,即$\sum_{n=1}^{\infty}c_{-n}(z-z_0)^{-n}$ 的收敛域为$|z-z_0|>\frac{1}{R}=R_1$;对于正幂项级数,设其收敛半径

为 R_2，则其收敛域为 $|z-z_0|<R_2$.

综上可知：

(1) 当 $R_1 \geqslant R_2$ 时，正幂项级数和负幂项级数收敛域的交集为空集，此时洛朗级数 $\sum\limits_{n=-\infty}^{\infty} c_n(z-z_0)^n$ 发散.

(2) 当 $R_1<R_2$ 时，正幂项级数和负幂项级数收敛域的交集为 $R_1<|z-z_0|<R_2$，此时洛朗级数 $\sum\limits_{n=-\infty}^{\infty} c_n(z-z_0)^n$ 在 $R_1<|z-z_0|<R_2$ 内收敛；在该圆环外发散；而在圆环上，可能有收敛的点，也可能有发散的点.

【注】

(1) 洛朗级数的收敛域为圆环域：$R_1<|z-z_0|<R_2$. 在特殊情形下，圆环域的内半径 R_1 可能为 0，外半径 R_2 可能是无穷大.

(2) 和幂级数一样，洛朗级数在收敛圆环内可逐项求导，逐项积分，并且其和函数在收敛圆环内是解析函数.

【思考】 任给一个在圆环内(或去心邻域内)解析函数，它能否在该圆环域内展开成洛朗级数？

定理 4.11 设函数 $f(z)$ 在圆环域 $R_1<|z-z_0|<R_2$ 内解析，则在此圆环域内 $f(z)$ 可展开成洛朗级数

$$f(z)=\sum_{n=-\infty}^{\infty} c_n(z-z_0)^n$$

其中

$$c_n=\frac{1}{2\pi i}\oint_C \frac{f(\zeta)}{(\zeta-z_0)^{n+1}}d\zeta, \quad n=0,\pm 1,\pm 2,\cdots$$

这里 C：$|z-z_0|=R(R_1<R<R_2)$.

证明略.

【注】

(1) $f(z)=\sum\limits_{n=-\infty}^{\infty} c_n(z-z_0)^n=\sum\limits_{n=1}^{\infty} c_{-n}(z-z_0)^{-n}+\sum\limits_{n=0}^{\infty} c_n(z-z_0)^n$ 为解析函数 $f(z)$ 在圆环域 $R_1<|z-z_0|<R_2$ 内的洛朗展开式，其负幂项部分为洛朗级数的主要部分(主部)，正幂项部分为洛朗级数的解析部分(或称为正则部分).

(2) 上述定理中，如果 $f(z)$ 在 z_0 处解析，则当 $n\leqslant -1$ 时，$\frac{f(\zeta)}{(\zeta-z_0)^{n+1}}$ 在 $|z-z_0|<R_2$ 内解析，由柯西积分公式可知 $c_n=0(n\leqslant -1)$，此时洛朗级数就变成了泰勒级数. 由此可见，泰勒级数是洛朗级数的特殊情况.

(3) 若函数 $f(z)$ 在圆环域 $R_1<|z-z_0|<R_2$ 内解析，则它在该圆环域内的洛朗展开式形式是唯一的.

(4) 函数 $f(z)$ 在以 z_0 为中心的圆环域内的洛朗级数中，尽管含有 $z-z_0$ 的负幂项，而且 z_0 又是这些负幂项的奇点，但是 z_0 不一定是函数 $f(z)$ 的奇点.

2. 将函数展开成洛朗级数的方法

定理 4.11 提供了一种将圆环域内的解析函数展开成洛朗级数的方法，即求出 c_n 代入即可，这种方法称为直接展开法. 但是当函数形式复杂时，求 c_n 并非易事. 由于在给定

圆环域内的解析函数展开式是唯一的，所以，常常采用间接展开法，即利用基本展开公式以及逐项求导、逐项积分、代换等方法将函数展开成洛朗级数.

【例 4.13】 在 $0<|z|<+\infty$ 内，将函数 $f(z)=\dfrac{e^z}{z^2}$ 展开成洛朗级数.

【解】 利用 $e^z=\sum\limits_{n=0}^{\infty}\dfrac{z^n}{n!},\quad |z|<+\infty$，于是有

$$f(z)=\frac{e^z}{z^2}=\frac{1}{z^2}\left(\sum_{n=0}^{\infty}\frac{z^n}{n!}\right)=\sum_{n=0}^{\infty}\frac{z^{n-2}}{n!}$$

【注】 本例中圆环域的中心 $z=0$ 既是各负幂项的奇点也是函数 $f(z)=\dfrac{e^z}{z^2}$ 的奇点.

【例 4.14】 将函数 $f(z)=\dfrac{1}{(z-1)(z-2)}$ 在下列圆环域内展开成洛朗级数：

(1) $0<|z|<1$；　　(2) $1<|z|<2$；

(3) $2<|z|<+\infty$；　　(4) $0<|z-1|<1$.

【解】 因为 $f(z)=\dfrac{1}{1-z}-\dfrac{1}{2-z}$，于是有

(1) 当 $0<|z|<1$ 时，$\dfrac{1}{1-z}=\sum\limits_{n=0}^{\infty}z^n,\ |z|<1$. 因为 $|z|<1$，从而 $\left|\dfrac{z}{2}\right|<1$，所以

$$\frac{1}{2-z}=\frac{1}{2}\cdot\frac{1}{1-\dfrac{z}{2}}=\frac{1}{2}\sum_{n=0}^{\infty}\frac{z^n}{2^n}=\sum_{n=0}^{\infty}\frac{z^n}{2^{n+1}}$$

即

$$f(z)=\frac{1}{(1-z)}-\frac{1}{(2-z)}=\sum_{n=0}^{\infty}z^n-\sum_{n=0}^{\infty}\frac{z^n}{2^{n+1}},\quad 0<|z|<1$$

(2) 当 $1<|z|<2$ 时，从而 $\left|\dfrac{1}{z}\right|<1,\left|\dfrac{z}{2}\right|<1$，于是有

$$f(z)=\frac{1}{1-z}-\frac{1}{2-z}=-\frac{1}{z}\cdot\frac{1}{1-\dfrac{1}{z}}-\frac{1}{2}\cdot\frac{1}{1-\dfrac{z}{2}}$$

$$=-\sum_{n=0}^{\infty}\frac{1}{z^{n+1}}-\sum_{n=0}^{\infty}\frac{z^n}{2^{n+1}}$$

(3) 当 $2<|z|<+\infty$ 时，从而 $\left|\dfrac{1}{z}\right|<1,\left|\dfrac{2}{z}\right|<1$，于是有

$$f(z)=\frac{1}{1-z}-\frac{1}{2-z}=-\frac{1}{z}\cdot\frac{1}{1-\dfrac{1}{z}}+\frac{1}{z}\cdot\frac{1}{1-\dfrac{2}{z}}$$

$$=\sum_{n=0}^{\infty}\frac{2^n}{z^{n+1}}-\sum_{n=0}^{\infty}\frac{1}{z^{n+1}}$$

【注】 本例中圆环域的中心 $z=0$ 是各负幂项的奇点，却不是函数的奇点.

(4) 当 $0<|z-1|<1$ 时,展开的级数形式应为 $\sum\limits_{n=-\infty}^{\infty} c_n (z-1)^n$,于是有

$$f(z)=\frac{1}{1-z}-\frac{1}{2-z}=\frac{1}{z-2}-\frac{1}{z-1}=-\frac{1}{1-(z-1)}-\frac{1}{z-1}$$

$$=-\sum_{n=0}^{\infty}(z-1)^n-\frac{1}{z-1}$$

【例 4.15】 将函数 $f(z)=\frac{1}{(z-2)(z-3)^2}$ 在 $0<|z-2|<1$ 内展开成洛朗级数.

【解】 在 $0<|z-2|<1$ 内展开的洛朗级数形式为 $\sum\limits_{n=-\infty}^{\infty} c_n (z-2)^n$,于是有

$$f(z)=\frac{1}{(z-2)}\frac{1}{(z-3)^2}$$

因为

$$\frac{1}{z-3}=\frac{1}{(z-2)-1}=-\frac{1}{1-(z-2)}=-\sum_{n=0}^{\infty}(z-2)^n,\quad |z-2|<1$$

而

$$\frac{1}{(z-3)^2}=-\left(\frac{1}{z-3}\right)'=\left[\sum_{n=0}^{\infty}(z-2)^n\right]'=\sum_{n=0}^{\infty}n(z-2)^{n-1}$$

所以

$$f(z)=\frac{1}{(z-2)}\frac{1}{(z-3)^2}=\frac{1}{(z-2)}\sum_{n=0}^{\infty}n(z-2)^{n-1}=\sum_{n=0}^{\infty}n(z-2)^{n-2}$$

3. 利用函数的洛朗级数展开式求复积分

如果函数 $f(z)$ 在区域 D: $|z-z_0|<R$ 内解析,则 $f(z)$ 在圆环域内有洛朗展开式:

$$f(z)=\sum_{n=-\infty}^{\infty}c_n(z-z_0)^n,\quad c_n=\frac{1}{2\pi i}\oint_C\frac{f(\zeta)}{(\zeta-z_0)^{n+1}}d\zeta,\quad n=0,\pm1,\pm2,\cdots$$

特别地,令 $n=-1$,于是有

$$c_{-1}=\frac{1}{2\pi i}\oint_C f(z)dz \quad 或 \quad \oint_C f(z)dz=2\pi i c_{-1}$$

其中 C 为圆环域 $R_1<|z-z_0|<R_2$ 内的任何一条简单正向闭曲线.

因此,计算积分可以转化为求被积函数的洛朗展开式中 z 的负一次幂项的系数 c_{-1}.

利用函数的洛朗级数展开式求复积分的计算步骤:

① 构造使得被积函数解析的圆环域为 $R_1<|z-z_0|<R_2$(这样的圆环域是不唯一的),并满足积分曲线 C 在圆环域内部.

② 找到被积函数在圆环域内洛朗展开式中 $z-z_0$ 的负一次幂项的系数.

③ 利用公式 $\oint_C f(z)dz=2\pi i c_{-1}$ 求积分.

【例 4.16】 求下列各积分的值:

(1) $\oint_{|z|=3}\frac{1}{z(z+1)(z+4)}dz$; (2) $\oint_{|z|=2}\frac{ze^{\frac{1}{z}}}{1-z}dz$.

【解】

(1) 下面用三种解法来计算积分值.

解法一：利用“部分分式＋柯西积分公式＋柯西—古萨积分定理”.

$$\oint_{|z|=3}\frac{1}{z(z+1)(z+4)}\mathrm{d}z=\oint_{|z|=3}\left[\frac{1}{4z}-\frac{1}{3(z+1)}+\frac{1}{12(z+4)}\right]\mathrm{d}z$$

$$=\frac{1}{4}\oint_{|z|=3}\frac{1}{z}\mathrm{d}z-\frac{1}{3}\oint_{|z|=3}\frac{1}{z+1}\mathrm{d}z+\frac{1}{12}\oint_{|z|=3}\frac{1}{z+4}\mathrm{d}z$$

$$=\frac{1}{4}\cdot 2\pi\mathrm{i}-\frac{1}{3}\cdot 2\pi\mathrm{i}+\frac{1}{12}\cdot 0=-\frac{\pi\mathrm{i}}{6}$$

解法二：利用“复合闭路定理＋柯西积分公式”.

由于被积函数在 $|z|=3$ 内部含有两个奇点 $z=0,z=-1$，于是，在 $|z|=3$ 内部作两条互不包含、互不相交的简单正向闭曲线 C_1,C_2，并分别包含奇点 $z=0,z=-1$. 根据复合闭路定理，有

$$\oint_{|z|=3}\frac{1}{z(z+1)(z+4)}\mathrm{d}z=\oint_{C_1}\frac{1}{z(z+1)(z+4)}\mathrm{d}z+\oint_{C_2}\frac{1}{z(z+1)(z+4)}\mathrm{d}z$$

再利用柯西积分公式，有

$$=\oint_{C_1}\frac{\frac{1}{(z+1)(z+4)}}{z}\mathrm{d}z+\oint_{C_2}\frac{\frac{1}{z(z+4)}}{z+1}\mathrm{d}z$$

$$=2\pi\mathrm{i}\left.\frac{1}{(z+1)(z+4)}\right|_{z=0}+2\pi\mathrm{i}\left.\frac{1}{z(z+4)}\right|_{z=-1}$$

$$=2\pi\mathrm{i}\left(\frac{1}{4}-\frac{1}{3}\right)=-\frac{\pi\mathrm{i}}{6}$$

解法三：利用“函数的洛朗展开式”.

① 构造圆环域 $1<|z|<4$，并且满足函数 $f(z)=\dfrac{1}{z(z+1)(z+4)}$ 在该圆环域内解析，积分曲线 $C|z|=3$ 在圆环域 $1<|z|<4$ 的内部.

② 找到被积函数 $f(z)$ 在圆环域 $1<|z|<4$ 内的洛朗展开式，并求出 c_{-1}. 因为 $f(z)=\dfrac{1}{4z}-\dfrac{1}{3(z+1)}+\dfrac{1}{12(z+4)}$，于是有

$$f(z)=\frac{1}{4z}-\frac{1}{3z\left(1+\frac{1}{z}\right)}+\frac{1}{48\left(1+\frac{z}{4}\right)}=\frac{1}{4z}-\frac{1}{3z}+\frac{1}{3z^2}-\cdots+\frac{1}{48}\left(1-\frac{z}{4}+\frac{z^2}{16}-\cdots\right)$$

所以

$$c_{-1}=\frac{1}{4}-\frac{1}{3}=-\frac{1}{12}$$

③ 代入公式 $\oint_C f(z)\mathrm{d}z=2\pi\mathrm{i}c_{-1}$ 求积分，即

$$\oint_{|z|=3}\frac{1}{z(z+1)(z+4)}\mathrm{d}z=2\pi\mathrm{i}c_{-1}=2\pi\mathrm{i}\left(\frac{1}{4}-\frac{1}{3}\right)=-\frac{\pi\mathrm{i}}{6}$$

(2) 由于函数 $f(z)=\dfrac{z\mathrm{e}^{\frac{1}{z}}}{1-z}$ 的分子在 $|z|=2$ 的内部不是解析函数，故该题只能借助

函数的洛朗级数展开式求解积分.

因为函数 $f(z)=\dfrac{z\mathrm{e}^{\frac{1}{z}}}{1-z}$ 在 $1<|z|<+\infty$ 内解析，$|z|=2$ 在此圆环域内，将函数在此圆环域内展开得

$$f(z)=\frac{\mathrm{e}^{\frac{1}{z}}}{-\left(1-\dfrac{1}{z}\right)}=-\left(1+\frac{1}{z}+\frac{1}{z^2}+\cdots\right)\left(1+\frac{1}{z}+\frac{1}{2!z^2}+\cdots\right)$$

$$=-\left(1+\frac{2}{z}+\frac{5}{2z^2}+\cdots\right)$$

故 $c_{-1}=-2$，从而

$$\oint_{|z|=2}\frac{z\mathrm{e}^{\frac{1}{z}}}{1-z}\mathrm{d}z=2\pi\mathrm{i}c_{-1}=-4\pi\mathrm{i}$$

习题 4.3

1. 下列说法是否正确？为什么？

(1) 每一个在 z_0 连续的函数一定可以在 z_0 的邻域内展开成泰勒级数.

(2) 洛朗级数收敛域的形式为 $|z-z_0|<R$.

(3) 在 $0<|z-2|<1$ 内，解析函数 $f(z)$ 展开的洛朗级数形式为 $\sum\limits_{n=-\infty}^{\infty}c_nz^n$.

(4) 若 $\dfrac{z}{1-z}=z+z^2+z^3+z^4+\cdots$，$\dfrac{z}{z-1}=1+\dfrac{1}{z}+\dfrac{1}{z^2}+\dfrac{1}{z^3}+\cdots$，因为 $\dfrac{z}{1-z}+\dfrac{z}{z-1}=0$，所以有 $\cdots+\dfrac{1}{z^3}+\dfrac{1}{z^2}+\dfrac{1}{z}+1+z+z^2+z^3+z^4+\cdots=0$.

(5) 泰勒级数是洛朗级数的特殊形式.

2. 求下列各函数在指定点 z_0 处的泰勒展开式，并指出它们的收敛半径：

(1) $\dfrac{z-1}{z+1}$，$z_0=1$；　(2) $\dfrac{z}{(z+1)(z+2)}$，$z_0=2$；

(3) $\dfrac{1}{z^2}$，$z_0=-1$；　(4) $\dfrac{1}{4-3z}$，$z_0=1+\mathrm{i}$.

3. 将下列各函数在指定的圆环域内展开成洛朗级数：

(1) $\dfrac{1}{(z-2)(z-3)}$，$2<|z|<3$；

(2) $\dfrac{1}{(z-1)(z-2)}$，$0<|z-1|<1$；$1<|z-2|<+\infty$；

(3) $\dfrac{1}{z(1-z)^2}$，$0<|z|<1$；$0<|z-1|<1$；

(4) $\dfrac{1}{1-z}\mathrm{e}^z$，$0<|z-1|<+\infty$.

4. 函数 $\tan\left(\dfrac{1}{z}\right)$ 能否在圆环域 $0<|z|<R(0<R<+\infty)$ 内展开成洛朗级数？为什么？

5. 计算积分 $\oint_C\left(\sum\limits_{n=-2}^{\infty}z^n\right)\mathrm{d}z$ 的值，其中 C 为单位圆 $|z|=1$ 内的任何一条不经过原点

的简单正向闭曲线.

实验四 函数的泰勒级数展开

一、实验目的

学会用 Matlab 将函数在某点处展开成泰勒级数.

二、相关的 Matlab 命令(函数)

(1) taylor(f):返回 f 函数的 5 次幂多项式近似,此功能函数可有 3 个附加参数.

(2) taylor(f,n):返回 $n-1$ 次幂多项式.

(3) taylor(f,a):返回 a 点附近的幂多项式近似.

(4) taylor(r,x):使用独立变量代替函数 findsym(f).

三、实验内容

【例 1】 将 $f(z)=\tan z$ 在 $z_0=\frac{\pi}{4}$ 处展开为泰勒级数.

【解】 在命令窗口输入:

```
>> syms z
>> taylor(tan(z),pi/4)
```

运行结果:

```
ans=
    1+2 * z-1/2 * pi+ 2 * (z-1/4 * pi)^2+8/3 * (z-1/4 * pi)^3+10/3 * (z-1/4 * pi)^4
    +
    64/15 * (z-1/4 * pi)^5.
```

对 tan(z)进行作图:

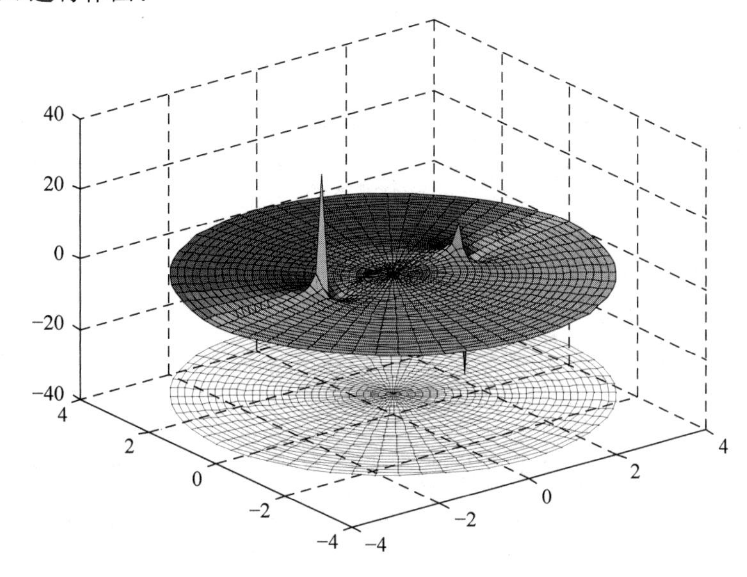

```
>> z= 4 * cplxgrid(30); cplxmap(z,tan(z))
```

【例 2】 将 $f(z)=\frac{1}{z^2}$在 $z_0=-1$ 处展开为泰勒级数.

【解】 在命令窗口输入:

```
>> syms z
>> taylor(1/z^2,-1)
```

运行结果:

```
ans=
    3+ 2 * z+ 3 * (z+1)^2+ 4 * (z+1)^3+ 5 * (z+1)^4 +6 * (z+1)^5
```

四、实验习题

1. 把 z 作为符号,用函数 taylor 将表达式$\frac{2z^5+5z^3+z^2+2}{z^3+2z^2+3z+1}$进行泰勒展开.

2. 求函数$\frac{1}{4-3z}$在 $z_0=1+\mathrm{i}$ 处的泰勒展开式.

3. 将函数 $f(z)=\frac{1}{(z-1)(z-2)}$在圆环域 $0<|z|<1$ 内展成洛朗级数.

第5章

留　　数

第 4 章讨论了解析函数的级数表示，特别是它在一个圆环域内的洛朗级数表示. 圆环域的一种退化情形是点的去心邻域，而当函数在一点的去心邻域内解析，但并不在该点解析时，该点就是函数的一个孤立奇点，所以洛朗级数就成为研究函数孤立奇点的一个有力工具.

留数是复变函数中的一个重要概念，也是一种重要的数学工具，在其他学科中有着广泛的应用. 在本章中，首先以洛朗级数为工具对孤立奇点进行分类，然后在此基础上引入留数的概念，并给出留数的计算方法及留数定理，最后介绍留数定理的一些应用.

5.1　孤立奇点

5.1.1　孤立奇点的分类

定义 5.1　若 z_0 是函数 $f(z)$ 的奇点，且函数 $f(z)$ 在 z_0 的某一个去心邻域 $0<|z-z_0|<\delta$ 内处处解析，则称 z_0 为函数 $f(z)$ 的孤立奇点.

【注】　孤立奇点一定是奇点，但奇点不一定是孤立奇点.

【例 5.1】　判定 $z=0$ 是否为下列函数的奇点：

(1) $\dfrac{1}{z}$；　　(2) $e^{\frac{1}{z}}$；　　(3) $\dfrac{1}{\sin\dfrac{1}{z}}$.

【解】　因为函数 $\dfrac{1}{z}$ 和 $e^{\frac{1}{z}}$ 在整个复平面上只有唯一的奇点 $z=0$，所以 $z=0$ 是函数 $\dfrac{1}{z}$ 和 $e^{\frac{1}{z}}$ 的孤立奇点；但是函数 $\dfrac{1}{\sin\dfrac{1}{z}}$ 在复平面上的奇点除了 $z=0$ 以外，$z=\dfrac{1}{n\pi}(n=\pm1,\pm2,\cdots)$ 也都是它的奇点，显然，当 $|n|\to\infty$ 时，$\dfrac{1}{n\pi}\to0$. 这说明：在 $z=0$ 的不论怎样小的去心邻域内，总有函数 $\dfrac{1}{\sin\dfrac{1}{z}}$ 的奇点存在，所以 $z=0$ 不是 $\dfrac{1}{\sin\dfrac{1}{z}}$ 的孤立奇点.

下面讨论函数 $f(z)$ 的孤立奇点 z_0 的分类问题.

因为 z_0 是函数 $f(z)$ 的孤立奇点，依据孤立奇点的定义，函数 $f(z)$ 在 $0<|z-z_0|<\delta$

内是解析函数,由第 4 章洛朗级数展开定理可知,$f(z)$可以在 $0<|z-z_0|<\delta$ 内展开成洛朗级数.于是,根据展开式的不同情况将孤立奇点进行如下的分类.

1. 可去奇点

定义 5.2 设 z_0 是函数 $f(z)$的孤立奇点,若函数 $f(z)$在 $0<|z-z_0|<\delta$ 内的洛朗级数展开式中不含 $z-z_0$ 的负幂项,则称 z_0 为 $f(z)$的可去奇点.

【注】

(1) 若 z_0 为 $f(z)$的可去奇点,则此时 $f(z)$在 z_0 去心邻域内的洛朗级数实际上就是一个普通的幂级数:

$$f(z)=c_0+c_1(z-z_0)+\cdots+c_n(z-z_0)^n+\cdots$$

(2) 因为幂级数的和函数在收敛圆 $|z-z_0|<\delta$ 内是解析函数,于是幂级数的和函数 $F(z)$在 z_0 解析.这样,无论 $f(z)$在 z_0 是否有定义,我们都可以令 $f(z)=\begin{cases}F(z), & z\neq z_0\\ c_0, & z=z_0\end{cases}$,从而函数 $f(z)$在 z_0 解析.因此,z_0 称为 $f(z)$的可去奇点.

(3) 若 z_0 为 $f(z)$的可去奇点,则$\lim\limits_{z\to z_0}f(z)$存在且为有限值,于是可以通过定义 5.2 和极限$\lim\limits_{z\to z_0}f(z)$来判定 z_0 是否为 $f(z)$的可去奇点.

【例 5.2】 判定 $z=0$ 是否为$\dfrac{\sin z}{z}$的孤立奇点?如果是,为何种类型的孤立奇点?

【解法 1】 因为函数$\dfrac{\sin z}{z}$在复平面上只有 $z=0$ 一个奇点,所以该点一定为孤立奇点.利用在 $z=0$ 的去心邻域内的洛朗展开式,因为

$$\frac{\sin z}{z}=1-\frac{1}{3!}z^2+\frac{1}{5!}z^4-\cdots,\quad 0<|z|<+\infty$$

不含 z 的负幂项,所以 $z=0$ 是$\dfrac{\sin z}{z}$的可去奇点.

【解法 2】 利用极限.因为$\lim\limits_{z\to 0}\dfrac{\sin z}{z}=1$,所以 $z=0$ 是$\dfrac{\sin z}{z}$的可去奇点.

【例 5.3】 判定 $z=0$ 是否为$\dfrac{e^z-1}{z}$的可去奇点.

【解法 1】 因为函数$\dfrac{e^z-1}{z}$在复平面上只有 $z=0$ 一个奇点,所以该点一定为孤立奇点.利用在 $z=0$ 的去心邻域内的洛朗展开式,于是有

$$\begin{aligned}\frac{e^z-1}{z}&=\frac{1}{z}\left(1+z+\frac{1}{2!}z^2+\cdots+\frac{1}{n!}z^n+\cdots-1\right)\\&=1+\frac{1}{2!}z+\cdots+\frac{1}{n!}z^{n-1}+\cdots,\quad 0<|z|<+\infty\end{aligned}$$

所以 $z=0$ 是$\dfrac{e^z-1}{z}$的可去奇点.

【解法 2】 利用极限,因为$\lim\limits_{z\to 0}\dfrac{e^z-1}{z}=\lim\limits_{z\to 0}e^z=1$,所以 $z=0$ 是$\dfrac{e^z-1}{z}$的可去奇点.

2. 极点

定义 5.3 设 z_0 是函数 $f(z)$的孤立奇点,若函数 $f(z)$在 $0<|z-z_0|<\delta$ 内的洛朗

级数展开式中只有有限多个 $z-z_0$ 的负幂项，且关于 $(z-z_0)^{-1}$ 的最高幂为 $(z-z_0)^{-m}$，则称 z_0 为 $f(z)$ 的 m 级极点.

【注】

(1) 若 z_0 为 $f(z)$ 的 m 级极点，则 $f(z)$ 在 z_0 的去心邻域内的洛朗级数为：

$$f(z)=c_{-m}(z-z_0)^{-m}+\cdots+c_{-2}(z-z_0)^{-2}+c_{-1}(z-z_0)^{-1}+c_0+c_1(z-z_0)+\cdots,\quad m\geqslant 1, c_{-m}\neq 0$$

(2) 定义 5.3 的等价定义形式（用于极点的判定）：若 $f(z)=\dfrac{1}{(z-z_0)^m}g(z)$，其中

$$g(z)=c_{-m}+c_{-m+1}(z-z_0)+c_{-m+2}(z-z_0)^2+\cdots$$

在 $|z-z_0|<\delta$ 内解析且 $g(z_0)\neq 0$，则 z_0 为 $f(z)$ 的 m 级极点.

(3) 若 z_0 为 $f(z)$ 的 m 级极点，则 $\lim\limits_{z\to z_0}f(z)=\infty$，但是此法只能说明 z_0 为 $f(z)$ 的极点，无法给出该极点的级别.

【例 5.4】 求 $\dfrac{1}{z^3-z^2-z+1}$ 的奇点，如果是极点，指出它们的级数.

【解】 因为 $z=\pm 1$ 都为函数 $\dfrac{1}{z^3-z^2-z+1}=\dfrac{1}{(z+1)(z-1)^2}$ 的孤立奇点，根据定义 5.3 的等价形式可知，$z=-1$ 是函数的一级极点；$z=1$ 是函数的二级极点.

3. 本性奇点

定义 5.4 设 z_0 是函数 $f(z)$ 的孤立奇点，若函数 $f(z)$ 在 $0<|z-z_0|<\delta$ 内的洛朗级数展开式中含有无穷多个 $z-z_0$ 的负幂项，则称 z_0 为 $f(z)$ 的本性奇点.

【注】 若 z_0 为 $f(z)$ 的本性奇点，则 $\lim\limits_{z\to z_0}f(z)$ 不存在且不为 ∞，于是可以通过定义 5.4 和极限 $\lim\limits_{z\to z_0}f(z)$ 来判定 z_0 是否为 $f(z)$ 的本性奇点.

【例 5.5】 判定 $z=0$ 是否为 $e^{\frac{1}{z}}$ 的孤立奇点？如果是，为何种类型的孤立奇点？

【解法 1】 因为函数 $e^{\frac{1}{z}}$ 在复平面上只有 $z=0$ 一个奇点，所以该点一定为孤立奇点.利用在 $z=0$ 的去心邻域内的洛朗展开式，因为

$$e^{\frac{1}{z}}=1+z^{-1}+\frac{1}{2!}z^{-2}+\cdots+\frac{1}{n!}z^{-n}+\cdots$$

含无穷多个 z 的负幂项，所以 $z=0$ 是 $e^{\frac{1}{z}}$ 的本性奇点.

【解法 2】 利用极限. 当 $z_n=\dfrac{1}{\left(\dfrac{\pi}{2}+2n\pi\right)i}$ 时，

$$\lim_{z\to 0}e^{\frac{1}{z}}=\lim_{n\to\infty}e^{\left(\frac{\pi}{2}+2n\pi\right)i}=i$$

当 $z_n=\dfrac{1}{2n\pi i}$ 时，

$$\lim_{z\to 0}e^{\frac{1}{z}}=\lim_{n\to\infty}e^{2n\pi i}=1$$

综上，$\lim\limits_{z\to 0}e^{\frac{1}{z}}$ 不存在且不为 ∞，所以 $z=0$ 是 $e^{\frac{1}{z}}$ 的本性奇点.

5.1.2 函数的零点与极点的关系

在上述三种孤立奇点类型的判定中，极点的判定情况较为复杂. 下面针对这类奇点，提供另外一种判别方法，并讨论零点与极点的关系.

定义 5.5 若非零的解析函数 $f(z)$ 能表示成

$$f(z)=(z-z_0)^m\varphi(z)$$

其中 $\varphi(z)$ 在 z_0 解析且 $\varphi(z_0)\neq 0$，m 为某一正整数，则称 z_0 为 $f(z)$ 的 m 级零点.

【注】

(1) 借助定义 5.5 进行函数零点的判别，首先要将函数整理成 $f(z)=(z-z_0)^m\varphi(z)$ 形式.

(2) 不恒为零的解析函数的零点是孤立的.

【例 5.6】 讨论 $f(z)=z(z-1)^3$ 的零点情况.

【解】 显然 $z=0$ 和 $z=1$ 都是函数的零点，根据定义 5.5 可知，$z=0$ 是函数的一级零点；$z=1$ 是函数的三级零点.

定理 5.1 如果 $f(z)$ 在 z_0 解析，则 z_0 是 $f(z)$ 的 m 级零点的充要条件是

$$f^{(n)}(z_0)=0,\quad (n=0,1,2,\cdots,m-1),\quad f^{(m)}(z_0)\neq 0$$

【注】 若函数不易整理成 $f(z)=(z-z_0)^m\varphi(z)$ 的形式，建议读者借助定理 5.1 进行函数零点的判定.

【例 5.7】 判定下列函数零点的级别：

(1) $f(z)=z^3-1,\quad z=1$；

(2) $f(z)=\sin z,\quad z=0$.

【解】

(1) 因为 $f'(1)=3z^2\big|_{z=1}=3\neq 0$，所以 $z=1$ 是 $f(z)=z^3-1$ 的一级零点.

(2) 因为 $f'(0)=\cos z\big|_{z=0}=1\neq 0$，所以 $z=0$ 是 $f(z)=\sin z$ 的一级零点.

函数的零点与极点有下面的关系：

定理 5.2 z_0 是 $f(z)$ 的 m 级极点的充要条件为 z_0 是 $\dfrac{1}{f(z)}$ 的 m 级零点.

【证明】 必要性：如果 z_0 是 $f(z)$ 的 m 级极点，则有

$$f(z)=\frac{1}{(z-z_0)^m}g(z)$$

其中 $g(z)$ 在 z_0 点解析且 $g(z_0)\neq 0$. 所以当 $z\neq z_0$ 时，有

$$\frac{1}{f(z)}=(z-z_0)^m\frac{1}{g(z)}=(z-z_0)^m h(z)$$

因为 $h(z)$ 在 z_0 点解析且 $h(z_0)\neq 0$. 所以 z_0 是 $\dfrac{1}{f(z)}$ 的 m 级零点.

充分性：因为 z_0 是 $\dfrac{1}{f(z)}$ 的 m 级零点，则有

$$\frac{1}{f(z)}=(z-z_0)^m\varphi(z)$$

其中 $\varphi(z)$ 在 z_0 点解析且 $\varphi(z_0)\neq 0$. 由此,当 $z\neq z_0$ 时,得

$$f(z)=\frac{1}{(z-z_0)^m}\frac{1}{\varphi(z)}=\frac{1}{(z-z_0)^m}g(z)$$

因为 $g(z)$ 在 z_0 点解析且 $g(z_0)\neq 0$,所以 z_0 是 $f(z)$ 的 m 级零点.

【注】 这个定理为判断函数的极点提供了一个较为简单的方法.

【例 5.8】 求函数 $\frac{1}{\sin z}$ 的奇点,如果是极点,指出它的级数.

【解】 函数 $\frac{1}{\sin z}$ 的奇点是使得 $\sin z=0$ 的点,即 $z=k\pi(k=0,\pm 1,\pm 2\cdots)$ 是函数的奇点且为孤立奇点.

因为 $(\sin z)'\big|_{z=k\pi}=\cos z\big|_{z=k\pi}=(-1)^k\neq 0$,所以 $z=k\pi(k=0,\pm 1,\pm 2\cdots)$ 是 $\sin z$ 的一级零点,即是 $\frac{1}{\sin z}$ 的一级极点.

【例 5.9】 判断 $z=0$ 是函数 $\frac{e^z-1}{z^2}$ 何种类型的奇点.

【解】 显然,$z=0$ 是函数 $\frac{e^z-1}{z^2}$ 的孤立奇点. 因为

$$\begin{aligned}\frac{e^z-1}{z^2}&=\frac{1}{z^2}\left(\sum_{n=0}^{\infty}\frac{z^n}{n!}-1\right)\\&=\frac{1}{z}+\frac{1}{2!}+\frac{z}{3!}+\cdots=\frac{1}{z}\varphi(z)\end{aligned}$$

所以,$z=0$ 是函数 $\frac{e^z-1}{z^2}$ 的一级极点.

5.1.3 函数在无穷远点的性态

我们知道,当 $t=0$ 为 $g(t)$ 的孤立奇点时,$g(t)$ 在环形域 $0<|t|<r$ 内可以展开成洛朗级数

$$g(t)=\sum_{n=-\infty}^{+\infty}c_nt^n=\sum_{n=1}^{\infty}c_{-n}t^{-n}+c_0+\sum_{n=1}^{\infty}c_nt^n$$

令 $t=\frac{1}{z}$,于是 $t=0$ 映射到 Z 平面的无穷远点 $z=\infty$,则

$$g(t)=g\left(\frac{1}{z}\right)\triangleq f(z),\quad \frac{1}{r}<|z|<+\infty$$

从而 $f(z)$ 的洛朗展开式为

$$f(z)=\sum_{n=1}^{\infty}c_{-n}z^n+c_0+\sum_{n=1}^{\infty}c_nz^{-n}$$

上式相当于把 $g(t)$ 的展开式中正、负幂项对调. 因此,仿照有限点的情形,可以给出无穷远点为孤立奇点的定义.

定义 5.6 若函数 $f(z)$ 在无穷远点 $z=\infty$ 的去心邻域 $R<|z|<+\infty$ 内解析,则点 ∞ 称为 $f(z)$ 的孤立奇点.

与有限孤立奇点的分类相对应(洛朗展开式中正、负幂项对调),可以对孤立奇点∞进行如下分类.

定义 5.7 若函数 $f(z)$在解析域 $R<|z|<+\infty$内的洛朗展开式中:

(1) 不含正幂项;

(2) 含有有限多的正幂项,且 z^m 为最高正幂;

(3) 含有无穷多的正幂项;

则 $z=\infty$分别是 $f(z)$的

(1) 可去奇点;

(2) m 级极点;

(3) 本性奇点.

当∞为孤立奇点时,其类型也可以用如下极限判别法判定:

(1) 当$\lim\limits_{z\to\infty}f(z)=c_0$(有限值)时,点∞为 $f(z)$的可去奇点;

(2) 当$\lim\limits_{z\to\infty}f(z)=\infty$时,点∞为 $f(z)$的极点;

(3) 当$\lim\limits_{z\to\infty}f(z)$不存在且不为∞时,点∞为 $f(z)$的本性奇点.

【例 5.10】 判断 $z=\infty$是下列函数何种类型的奇点:

(1) $\dfrac{z}{1+z}$; (2)$z+\dfrac{1}{z}$; (3)$\sin z$.

【解】

(1) 因为$\lim\limits_{z\to\infty}\dfrac{z}{1+z}=1$,所以 $z=\infty$是$\dfrac{z}{1+z}$的可去奇点.

(2) 因为$\lim\limits_{z\to\infty}\left(z+\dfrac{1}{z}\right)=\infty$,所以 $z=\infty$是 $z+\dfrac{1}{z}$的极点.

(3) 因为$\lim\limits_{z\to\infty}\sin z$ 不存在且不为∞,所以 $z=\infty$是 $\sin z$ 的本性奇点.

习题 5.1

1. 指出下列函数的孤立奇点类型,若有极点,则指出级数:

(1) $\dfrac{1}{z(z^2+1)^2}$; (2) $\dfrac{1}{z^4-1}$; (3) $\dfrac{1}{\sin z}$;

(4) $z\cos\dfrac{1}{z}$; (5) $e^{\frac{1}{z-1}}$; (6) $\dfrac{e^z-1}{z^3}$;

(7) $\dfrac{1}{z^2(e^z-1)}$; (8) $\dfrac{\ln(1+z)}{z}$; (9) $\dfrac{1}{z^3-z^2-z+1}$.

2. 求证:如果 z_0 是 $f(z)$的 $m(m>1)$级零点,那么 z_0 是 $f'(z)$的 $m-1$ 级零点.

3. 如果 $f(z)$和 $g(z)$是以 z_0 为零点的两个不恒等于零的解析函数,那么

$$\lim_{z\to z_0}\frac{f(z)}{g(z)}=\lim_{z\to z_0}\frac{f'(z)}{g'(z)}\quad(\text{或两端均为 }\infty)$$

4. 设函数 $\varphi(z)$和 $\psi(z)$分别以 $z=a$ 为 m 级和 n 级极点(或零点),那么下列三个函数:

(1) $\varphi(z)\psi(z)$；　　(2) $\dfrac{\varphi(z)}{\psi(z)}$；　　(3) $\varphi(z)+\psi(z)$.

在 $z=a$ 处各有什么性质？

5. 判定 $z=\infty$ 是下列函数的什么奇点？

(1) $e^{\frac{1}{z^2}}$；　　(2) $\cos z-\sin z$；　　(3) $\dfrac{2z}{3+z^2}$.

5.2 留数及其应用

5.2.1 留数的概念

若函数 $f(z)$ 在 z_0 的去心邻域 $0<|z-z_0|<R$ 内解析，则在此邻域内，$f(z)$ 可以展开成洛朗级数

$$f(z)=\sum_{n=1}^{\infty}c_{-n}(z-z_0)^{-n}+c_0+\sum_{n=1}^{\infty}c_n(z-z_0)^n$$

在 $0<|z-z_0|<R$ 内任取一条绕 z_0 的正向简单闭曲线 C，对上式两边在 C 上取积分，并由积分公式

$$\oint_C\frac{1}{(z-z_0)^{n+1}}\mathrm{d}z=\begin{cases}2\pi\mathrm{i}, & n=0\\0, & n\neq 0\end{cases}$$

可知，右端各项的积分除 $c_{-1}(z-z_0)^{-1}$ 这一项等于 $2\pi\mathrm{i}c_{-1}$ 外，其余各项的积分都等于 0，所以

$$\oint_C f(z)\mathrm{d}z=2\pi\mathrm{i}c_{-1}$$

定义 5.8 我们把积分 $\oint_C f(z)\mathrm{d}z=2\pi\mathrm{i}c_{-1}$ 的值除以 $2\pi\mathrm{i}$ 后所得的数称为 $f(z)$ 在 z_0 处的留数，记作 $\mathrm{Res}[f(z),z_0]$，即

$$\mathrm{Res}[f(z),z_0]=\frac{1}{2\pi\mathrm{i}}\oint_C f(z)\mathrm{d}z=c_{-1}$$

留数定义提供了计算留数的两种方法：一是将 $f(z)$ 在 $0<|z-z_0|<R$ 内展开成洛朗级数，取其负一次幂项的系数 c_{-1} 的值即可；二是计算 $\frac{1}{2\pi\mathrm{i}}\oint_C f(z)\mathrm{d}z$.

【例 5.11】 求函数 $f(z)=ze^{\frac{1}{z}}$ 在孤立奇点 $z=0$ 处的留数.

【解】 由于在 $0<|z|<R$ 内有

$$ze^{\frac{1}{z}}=z+1+\frac{1}{2!}z^{-1}+\frac{1}{3!}z^{-2}+\cdots$$

所以

$$\mathrm{Res}[f(z),0]=c_{-1}=\frac{1}{2}$$

【例 5.12】 求 $\mathrm{Res}\left[\dfrac{e^{\frac{1}{z}}}{z^2-z},1\right]$.

【解】 此题若用寻找 $\dfrac{e^{\frac{1}{z}}}{z^2-z}$ 在 $0<|z-1|<R$ 内的洛朗展开式的方法计算 c_{-1}，则运

算较为复杂，因而可考虑用计算积分的方法：

$$\mathrm{Res}\left[\frac{e^{\frac{1}{z}}}{z^2-z},1\right]=\frac{1}{2\pi i}\oint_C\frac{e^{\frac{1}{z}}}{z^2-z}dz=\frac{1}{2\pi i}\oint_C\frac{\frac{e^{\frac{1}{z}}}{z}}{z-1}dz$$

$$=\frac{1}{2\pi i}\cdot 2\pi i\left.\frac{e^{\frac{1}{z}}}{z}\right|_{z=1}=e$$

其中 C 为内部不含点 0 且不经过点 0 与 1，但包含点 1 在其内部的闭曲线.

5.2.2 留数的计算

由留数的定义，只要求出函数 $f(z)$在孤立奇点处的洛朗展开式，就能求出 $f(z)$在该点的留数，但这样做一般来说是很麻烦的. 下面根据孤立奇点的不同类型，分别给出留数计算的一些简单方法.

1. 可去奇点处的留数

如果 z_0 为函数 $f(z)$的可去奇点，由上面的讨论知，

$$\mathrm{Res}[f(z),z_0]=c_{-1}=0$$

【例 5.13】 求 $\mathrm{Res}[\sin z^2,0]$.

【解】 由于在 $0<|z|<R$ 内有：

$$\sin z^2=\sum_{n=0}^{\infty}\frac{(-1)^n(z^2)^{2n+1}}{(2n+1)!}$$

且 $\sin z^2$ 的洛朗展开式中不含 z 的负幂次项，则

$$\mathrm{Res}[\sin z^2,0]=0$$

2. 极点处的留数

定理 5.3 如果 z_0 是 $f(z)$的 m 级极点，那么

$$\mathrm{Res}[f(z),z_0]=\frac{1}{(m-1)!}\lim_{z\to z_0}\frac{d^{m-1}}{dz^{m-1}}[(z-z_0)^m f(z)]$$

【证明】 由于 z_0 是 $f(z)$的 m 级极点，则

$$f(z)=c_{-m}(z-z_0)^{-m}+\cdots+c_{-2}(z-z_0)^{-2}$$
$$+c_{-1}(z-z_0)^{-1}+c_0+c_1(z-z_0)+\cdots$$

上式两端乘以$(z-z_0)^m$，得

$$(z-z_0)^m f(z)=c_{-m}+\cdots+c_{-2}(z-z_0)^{m-2}+c_{-1}(z-z_0)^{m-1}$$
$$+c_0(z-z_0)^m+c_1(z-z_0)^{m+1}+\cdots$$

两边求 $m-1$ 阶导数，得

$$\frac{d^{m-1}}{dz^{m-1}}\{(z-z_0)^m f(z)\}=(m-1)!c_{-1}+m(m-1)\cdots 2c_0(z-z_0)$$
$$+(m+1)m\cdots 3c_1(z-z_0)^2+\cdots$$

令 $z\to z_0$，两端求极限，并除以$(m-1)!$，得

$$\mathrm{Res}[f(z),z_0]=c_{-1}=\frac{1}{(m-1)!}\lim_{z\to z_0}\frac{d^{m-1}}{dz^{m-1}}[(z-z_0)^m f(z)]$$

推论 5.1 如果 z_0 是 $f(z)$的一级极点,那么

$$\operatorname{Res}[f(z),z_0]=\lim_{z\to z_0}(z-z_0)f(z)$$

推论 5.2 设 $f(z)=\dfrac{P(z)}{Q(z)}$,其中 $P(z)$及 $Q(z)$在 z_0 都解析,如果 $P(z_0)\neq 0,Q(z_0)=0$,且 $Q'(z_0)\neq 0$,那么 z_0 是 $f(z)$的一级极点,且

$$\operatorname{Res}[f(z),z_0]=\frac{P(z_0)}{Q'(z_0)}$$

推论 5.3 如果 z_0 是 $f(z)$的 m 级极点,那么

$$\operatorname{Res}[f(z),z_0]=\frac{1}{(m+n-1)!}\lim_{z\to z_0}\frac{\mathrm{d}^{m+n-1}}{\mathrm{d}z^{m+n-1}}[(z-z_0)^{m+n}f(z)]$$

【例 5.14】 求下列函数的留数.

(1) $\operatorname{Res}\left[\dfrac{ze^z}{z^2-1},1\right]$;　　(2) $\operatorname{Res}\left[\dfrac{1}{(z^2+1)^3},\mathrm{i}\right]$;　　(3) $\operatorname{Res}\left[\dfrac{z-\sin z}{z^6},0\right]$.

【解】

(1) 由于 $z=1$ 是 $f(z)=\dfrac{ze^z}{z^2-1}$的一级极点,因此根据推论 5.1,得

$$\operatorname{Res}\left[\frac{ze^z}{z^2-1},1\right]=\lim_{z\to 1}(z-1)f(z)=\lim_{z\to 1}\frac{ze^z}{z+1}=\frac{e}{2}$$

(2) 因为 $z=\mathrm{i}$ 是 $f(z)=\dfrac{1}{(z^2+1)^3}$的三级极点,所以根据定理 5.3,得

$$\begin{aligned}\operatorname{Res}\left[\frac{1}{(z^2+1)^3},\mathrm{i}\right]&=\frac{1}{2!}\lim_{z\to \mathrm{i}}\frac{\mathrm{d}^2}{\mathrm{d}z^2}[(z-\mathrm{i})^3f(z)]\\&=\frac{1}{2}\lim_{z\to \mathrm{i}}[(-3)(-4)(z+\mathrm{i})^{-5}]=-\frac{3\mathrm{i}}{16}\end{aligned}$$

(3) 由于 $z=0$ 是 $f(z)=\dfrac{z-\sin z}{z^6}$的三级极点,若用定理 5.3 计算,则有

$$\operatorname{Res}\left[\frac{z-\sin z}{z^6},0\right]=\frac{1}{2!}\lim_{z\to 0}\frac{\mathrm{d}^2}{\mathrm{d}z^2}\left[\frac{z-\sin z}{z^3}\right]$$

其计算过程比较繁杂.若利用推论 5.3,则有

$$\operatorname{Res}\left[\frac{z-\sin z}{z^6},0\right]=\frac{1}{5!}\lim_{z\to 0}\frac{\mathrm{d}^5}{\mathrm{d}z^5}\left[z^6\cdot\frac{z-\sin z}{z^6}\right]=\frac{1}{5!}\lim_{z\to 0}(-\cos z)=-\frac{1}{5!}$$

3. 本性奇点处的留数

函数在本性奇点处的留数一般需要先求出其洛朗展开式,再求出留数.当然,这一方法也可以应用在极点的情形.

【例 5.15】 求下列函数的留数:

(1) $\operatorname{Res}\left[\cos\dfrac{1}{z},0\right]$;　　(2) $\operatorname{Res}\left[\dfrac{e^{\frac{1}{z}}}{1-z},0\right]$.

【解】

(1) 由于 $z=0$ 是 $f(z)=\cos\dfrac{1}{z}$的本性奇点,由洛朗展开式

$$\cos\frac{1}{z}=\sum_{n=0}^{\infty}\frac{(-1)^n}{(2n)!}z^{-2n}$$

可得

$$\mathrm{Res}\left[\cos\frac{1}{z},0\right]=0$$

(2) 由于 $z=0$ 是 $f(z)=\frac{\mathrm{e}^{\frac{1}{z}}}{1-z}$的本性奇点,由洛朗展开式

$$\frac{\mathrm{e}^{\frac{1}{z}}}{1-z}=\left[\sum_{n=0}^{\infty}\frac{1}{n!}z^{-n}\right]\cdot\left[\sum_{n=0}^{\infty}z^n\right]$$

可得,$\mathrm{Res}\left[\frac{\mathrm{e}^{\frac{1}{z}}}{1-z},0\right]=\sum_{n=1}^{\infty}\frac{1}{n!}=\mathrm{e}-1$.

5.2.3 留数定理及其应用

留数定理是留数应用的基础,也是留数理论最重要的定理之一.

定理 5.4 设 D 是复平面上的一个有界闭区域,若函数 $f(z)$在区域 D 内除有限个孤立奇点 $z_1,z_2,\cdots,z_n$ 外处处解析,并且它在 D 的边界 C 上也解析,则有

$$\oint_C f(z)\mathrm{d}z=2\pi\mathrm{i}\sum_{k=1}^{n}\mathrm{Res}[f(z),z_k]$$

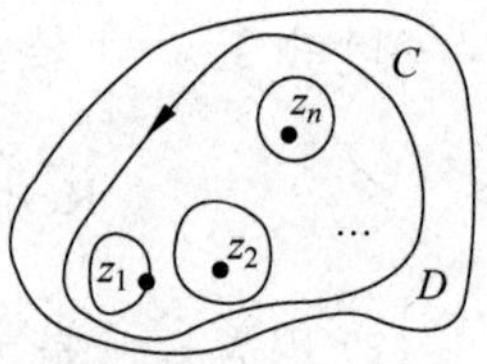

图 5.1

【证明】 如图 5.1 所示,

$$\oint_C f(z)\mathrm{d}z=\oint_{C_1}f(z)\mathrm{d}z+\oint_{C_2}f(z)\mathrm{d}z+\cdots+\oint_{C_n}f(z)\mathrm{d}z$$

两边同时除以 $2\pi\mathrm{i}$,且

$$\begin{aligned}&\frac{1}{2\pi\mathrm{i}}\oint_{C_1}f(z)\mathrm{d}z+\frac{1}{2\pi\mathrm{i}}\oint_{C_2}f(z)\mathrm{d}z+\cdots+\frac{1}{2\pi\mathrm{i}}\oint_{C_n}f(z)\mathrm{d}z\\&=\mathrm{Res}[f(z),z_1]+\mathrm{Res}[f(z),z_2]+\cdots+\mathrm{Res}[f(z),z_n]\\&=\sum_{k=1}^{n}\mathrm{Res}[f(z),z_k]\end{aligned}$$

【例 5.16】 求下列函数的积分,其中 C 为正向圆周 $|z|=2$:

(1) $\oint_C\frac{z}{z^4-1}\mathrm{d}z$;　　(2) $\oint_C\frac{\mathrm{e}^z}{z(z-1)^2}\mathrm{d}z$.

【解】

(1) 被积函数 $f(z)=\frac{z}{z^4-1}$有 4 个一级极点$\pm1,\pm\mathrm{i}$都在圆周$|z|=2$内,所以

$$\oint_C\frac{z}{z^4-1}\mathrm{d}z==2\pi\mathrm{i}\{\mathrm{Res}[f(z),1]+\mathrm{Res}[f(z),-1]+\mathrm{Res}[f(z),\mathrm{i}]+\mathrm{Res}[f(z),-\mathrm{i}]\}$$

由推论 5.2 得

$$\frac{P(z)}{Q'(z)}=\frac{z}{4z^3}=\frac{1}{4z^2}$$

所以

$$\oint_C \frac{z}{z^4-1}\mathrm{d}z = 2\pi\mathrm{i}\left\{\frac{1}{4}+\frac{1}{4}-\frac{1}{4}-\frac{1}{4}\right\}=0$$

(2) $z=0$ 被积函数 $f(z)=\dfrac{\mathrm{e}^z}{z(z-1)^2}$ 的一级极点，$z=1$ 为二级极点，而

$$\mathrm{Res}[f(z),0]=\lim_{z\to 0} z\cdot\frac{\mathrm{e}^z}{z(z-1)^2}\mathrm{d}z=\lim_{z\to 0}\frac{\mathrm{e}^z}{(z-1)^2}=1$$

$$\mathrm{Res}[f(z),1]=\frac{1}{(2-1)!}\lim_{z\to 1}\frac{\mathrm{d}}{\mathrm{d}z}\left[(z-1)^2\frac{\mathrm{e}^z}{z(z-1)^2}\right]$$

$$=\lim_{z\to 1}\frac{\mathrm{d}}{\mathrm{d}z}\left(\frac{\mathrm{e}^z}{z}\right)=\lim_{z\to 1}\frac{\mathrm{e}^z(z-1)}{z^2}=0$$

所以

$$\oint_C \frac{\mathrm{e}^z}{z(z-1)^2}\mathrm{d}z=2\pi\mathrm{i}\{\mathrm{Res}[f(z),0]+\mathrm{Res}[f(z),1]\}$$

$$=2\pi\mathrm{i}(1+0)=2\pi\mathrm{i}$$

5.2.4 在无穷远点的留数

设函数 $f(z)$ 在圆环域 $R<|z|<+\infty$ 内解析，C 为该圆环域内绕原点的任何一条正向简单闭曲线，那么积分

$$\frac{1}{2\pi\mathrm{i}}\oint_{C^-} f(z)\mathrm{d}z$$

的值与 C 无关，我们称此定值为 $f(z)$ 在∞点的留数，记做

$$\mathrm{Res}[f(z),\infty]=\frac{1}{2\pi\mathrm{i}}\oint_{C^-} f(z)\mathrm{d}z$$

【注】

(1) 在无穷远点的留数中，积分路线的方向是负的，也就是取顺时针的方向.

(2) $\mathrm{Res}[f(z),\infty]$ 等于它在∞点的去心邻域 $R<|z|<+\infty$ 内洛朗展开式中 z^{-1} 系数的相反数.

定理 5.5 如果函数 $f(z)$ 在扩充复平面内只有有限个孤立奇点，那么 $f(z)$ 在所有奇点(包括∞点)的留数的总和必等于零.

【证明】 除∞点外，设 $f(z)$ 的有限个奇点 $z_1,z_2,\cdots,z_n$，C 为一条绕原点的并将 $z_1,z_2,\cdots,z_n$ 包含在它内部的正向简单闭曲线. 根据留数定理与无穷远点留数的定义，有

$$\mathrm{Res}[f(z),\infty]+\sum_{k=1}^{n}\mathrm{Res}[f(z),z_k]=\frac{1}{2\pi\mathrm{i}}\oint_{C^-} f(z)\mathrm{d}z+\frac{1}{2\pi\mathrm{i}}\oint_C f(z)\mathrm{d}z=0$$

关于在无穷远点的留数计算，我们有以下规则：

推论 5.4 $\mathrm{Res}[f(z),\infty]=-\mathrm{Res}\left[f\left(\dfrac{1}{z}\right)\cdot\dfrac{1}{z^2},0\right]$.

【注】 定理 5.5 与推论 5.4 提供了另外一种计算函数沿闭曲线积分的方法.

【例 5.17】 求下列函数的积分，其中 C 为正向圆周 $|z|=2$：

(1) $\displaystyle\oint_C \frac{z}{z^4-1}\mathrm{d}z$； (2) $\displaystyle\oint_C \frac{\mathrm{d}z}{(z+\mathrm{i})^{10}(z-1)(z-3)}$.

【解】

(1) 函数$\frac{z}{z^4-1}$在$|z|=2$的外部,除∞点外没有其他奇点,根据定理5.5与推论5.4,有

$$\oint_C \frac{z}{z^4-1}dz = -2\pi i \text{Res}[f(z),\infty]$$

$$= 2\pi i \text{Res}\left[f\left(\frac{1}{z}\right)\cdot \frac{1}{z^2},0\right]$$

$$= 2\pi i \text{Res}\left[\frac{z}{1-z^4},0\right] = 0$$

(2) 除∞点外,被积函数的奇点是$-i$,1和3,根据定理5.5,有

$$\text{Res}[f(z),-i]+\text{Res}[f(z),1]+\text{Res}[f(z),3]+\text{Res}[f(z),\infty]=0$$

其中,由于$-i$与1在C的内部,所以由上式、定理5.5与推论5.4,有

$$\oint_C \frac{dz}{(z+i)^{10}(z-1)(z-3)} = 2\pi i\{\text{Res}[f(z),-i]+\text{Res}[f(z),1]\}$$

$$= -2\pi i\{\text{Res}[f(z),3]+\text{Res}[f(z),\infty]\}$$

$$= -2\pi i\left\{\frac{1}{2(3+i)^{10}}+0\right\} = -\frac{\pi i}{(3+i)^{10}}$$

习题 5.2

1. 求下列函数 $f(z)$在孤立奇点(不考虑无穷远点)的留数.

(1) $\frac{e^z-1}{z}$; (2) $\frac{ze^z}{z^2-1}$; (3) $\frac{z^7}{(z-2)(z^2+1)}$;

(4) $\frac{1-e^{2z}}{z^4}$; (5) $\frac{1}{z^3-z^5}$; (6) $\frac{z^2}{(z^2+1)^2}$.

2. 利用留数计算下列各积分.

(1) $\oint_C \frac{zdz}{(z-1)(z-2)}, C: |z-2|=\frac{1}{2}$; (2) $\oint_C \frac{\sin z dz}{z(1-e^z)}, C: |z|=\frac{1}{2}$;

(3) $\oint_C \frac{\sin z}{z}dz, C: |z|=\frac{3}{2}$; (4) $\oint_C \frac{3z^3+2}{(z-1)(z^2+9)}dz, C: |z|=4$;

(5) $\oint_C \frac{e^{2z}}{(z-1)^2}dz, C: |z|=2$; (6) $\oint_C \frac{1-\cos z}{z^m}dz, C: |z|=\frac{3}{2}, m\in \mathbf{Z}$.

3. 求 $\text{Res}[f(z),\infty]$的值,如果

(1) $f(z)=\frac{e^z}{z^2-1}$; (2) $f(z)=\frac{1}{z(z+1)^4(z-4)}$.

4. 计算下列各积分,其中 C 为正向圆周.

(1) $\oint_C \frac{dz}{z^3(z^{10}-2)}, C: |z|=2$; (2) $\oint_C \frac{z^3 e^{\frac{1}{z}}}{1+z}dz, C: |z|=2$.

5.3 留数在定积分计算上的应用

留数定理为某些类型的实变函数积分计算提供了极为有效的方法,尤其是当被积函

数的原函数不易求得时显得更为有效.应用留数定理计算实变函数定积分的方法,就是把求实变函数的积分转化为复变函数沿闭曲线的积分,然后应用留数定理,将沿闭曲线的积分计算转化为留数的计算.

要应用留数定理,需要两个条件:首先,被积函数必须要与某个解析函数密切相关.这一点,一般来讲,关系不大,因为被积函数常常是初等函数,而初等函数是可以推广到复数域中去的;其次,定积分的积分域是区间,而用留数计算将牵涉到把问题转化为沿闭曲线的积分,这是比较困难的一点.下面我们来阐述怎样利用留数求某几种特殊形式的定积分的值.

5.3.1 形如 $\int_0^{2\pi} R(\cos\theta,\sin\theta)\mathrm{d}\theta$ 的积分

求形如 $\int_0^{2\pi} R(\cos\theta,\sin\theta)\mathrm{d}\theta$ 的积分,其中 $R(\cos\theta,\sin\theta)$ 为 $\cos\theta$ 与 $\sin\theta$ 的有理函数.令 $z=\mathrm{e}^{\mathrm{i}\theta}$,那么 $\mathrm{d}z=\mathrm{i}\mathrm{e}^{\mathrm{i}\theta}\mathrm{d}\theta$,

$$\sin\theta=\frac{1}{2\mathrm{i}}(\mathrm{e}^{\mathrm{i}\theta}-\mathrm{e}^{-\mathrm{i}\theta})=\frac{z^2-1}{2\mathrm{i}z}$$

$$\cos\theta=\frac{1}{2}(\mathrm{e}^{\mathrm{i}\theta}+\mathrm{e}^{-\mathrm{i}\theta})=\frac{z^2+1}{2z}$$

从而,所求积分化为沿正向单位圆周的积分:

$$\int_0^{2\pi} R(\cos\theta,\sin\theta)\mathrm{d}\theta=\oint_{|z|=1} R\left[\frac{z^2+1}{2z},\frac{z^2-1}{2\mathrm{i}z}\right]\frac{\mathrm{d}z}{\mathrm{i}z}=\oint_{|z|=1} f(z)\mathrm{d}z$$

其中,$f(z)$为 z 的有理函数,并且在单位圆周 $|z|=1$ 上分母不为零,因而满足留数定理条件.根据留数定理,得所求的积分值为

$$2\pi\mathrm{i}\sum_{k=1}^{n}\mathrm{Res}[f(z),z_k]$$

其中,$z_k(k=1,2,\cdots,n)$为包含在单位圆周 $|z|=1$ 内的 $f(z)$的孤立奇点.

【例 5.18】 计算积分 $\int_0^{2\pi}\frac{1}{5+3\sin\theta}\mathrm{d}\theta$.

【解】 $$\int_0^{2\pi}\frac{1}{5+3\sin\theta}\mathrm{d}\theta=\oint_{|z|=1}\frac{1}{5+3\dfrac{z^2-1}{2\mathrm{i}z}}\frac{\mathrm{d}z}{\mathrm{i}z}=\oint_{|z|=1}\frac{2}{3z^2+10\mathrm{i}z-3}\mathrm{d}z=\frac{\pi}{2}$$

【例 5.19】 计算积分 $\int_0^{\frac{\pi}{2}}\frac{\mathrm{d}\theta}{a^2+\cos^2\theta}(a>0)$.

【解】 由于$\frac{1}{2}\int_{-\frac{\pi}{2}}^{\frac{\pi}{2}}\frac{\mathrm{d}\theta}{a^2+\cos^2\theta}=\int_{-\frac{\pi}{2}}^{\frac{\pi}{2}}\frac{\mathrm{d}\theta}{1+2a^2+\cos2\theta}$,令 $2\theta=t$,于是上式变为

$$\frac{1}{2}\int_{-\pi}^{\pi}\frac{\mathrm{d}t}{1+2a^2+\cos t}=\frac{1}{2}\int_0^{2\pi}\frac{\mathrm{d}t}{1+2a^2+\cos t}=\frac{\pi}{2a\sqrt{a^2+1}}$$

5.3.2 形如 $\int_{-\infty}^{+\infty} R(x)\mathrm{d}x$ 的积分

当被积函数 $R(x)$是 x 的有理函数,而分母的次数至少比分子的次数高二次,并且 $R(x)$在实轴上没有孤立奇点时,积分是存在的.现在来说明它的求法.

不失一般性,设

$$R(z)=\frac{z^n+a_1z^{n-1}+\cdots+a_n}{z^m+b_1z^{m-1}+\cdots+b_m},\quad m-n\geqslant 2$$

为已约分式.我们取积分路线如图 5.2 所示,其中 C_R 是以原点为中心,R 为半径的在上半平面的半圆周.取 R 适当大,使 $R(z)$ 所有的在上半平面内的极点 z_k 都包含在积分路径内.根据留数定理,得

$$\int_{-R}^{R}R(x)\mathrm{d}x+\int_{C_R}R(z)\mathrm{d}z=2\pi\mathrm{i}\sum\mathrm{Res}[R(z),z_k]$$

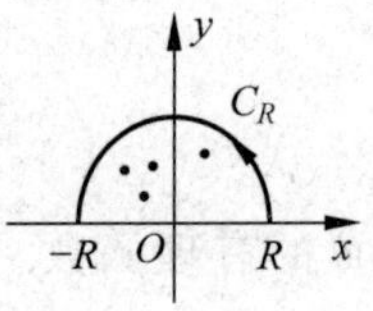

因为

$$|R(z)|=\frac{1}{|z|^{m-n}}\frac{|1+a_1z^{-1}+\cdots+a_nz^{-n}|}{|1+b_1z^{-1}+\cdots+b_mz^{-m}|}$$

$$\leqslant\frac{1}{|z|^{m-n}}\cdot\frac{1+|a_1z^{-1}+\cdots+a_nz^{-n}|}{1-|b_1z^{-1}+\cdots+b_mz^{-m}|}$$

图 5.2

而当 $|z|$ 充分大时,总可以使

$$|a_1z^{-1}+\cdots+a_nz^{-n}|<\frac{1}{10},\quad |b_1z^{-1}+\cdots+b_mz^{-m}|<\frac{1}{10}$$

由于 $m-n\geqslant 2$,故有

$$|R(z)|\leqslant\frac{1}{|z|^{m-n}}\cdot\frac{1+\frac{1}{10}}{1-\frac{1}{10}}<\frac{2}{|z|^2}$$

因此,在半径 R 充分大的 C_R 上,有

$$\left|\int_{C_R}R(z)\mathrm{d}z\right|\leqslant\int_{C_R}|R(z)|\mathrm{d}s\leqslant\frac{2}{R^2}\cdot\pi R=\frac{2\pi}{R}$$

所以,当 $R\to\infty$ 时,$\int_{C_R}R(z)\mathrm{d}z\to 0$,从而有

$$\int_{-\infty}^{+\infty}R(x)\mathrm{d}x=2\pi\mathrm{i}\sum\mathrm{Res}[R(z),z_k]$$

如果 $R(x)$ 为偶函数,那么

$$\int_{0}^{+\infty}R(x)\mathrm{d}x=\pi\mathrm{i}\sum\mathrm{Res}[R(z),z_k]$$

【例 5.20】 计算积分 $\int_{-\infty}^{+\infty}\frac{\mathrm{d}x}{(x^2+a^2)^2(x^2+b^2)}(a>0,b>0,a\neq b)$ 的值.

【解】 函数 $R(z)=\frac{1}{(z^2+a^2)^2(z^2+b^2)}$ 在上半平面有二级极点 $z=a\mathrm{i}$,一级极点 $z=b\mathrm{i}$.

$$\mathrm{Res}[R(z),a\mathrm{i}]=\left[\frac{1}{(z+a\mathrm{i})^2(z^2+b^2)}\right]'\Bigg|_{z=a\mathrm{i}}=\frac{1}{2b\mathrm{i}\,(a^2-b^2)^2}$$

$$\mathrm{Res}[R(z),b\mathrm{i}]=\frac{1}{(z^2+a^2)^2(z+b\mathrm{i})}\Bigg|_{z=b\mathrm{i}}=\frac{b^2-3a^2}{4a^3\mathrm{i}\,(b^2-a^2)^2}$$

所以

$$\int_{-\infty}^{+\infty}\frac{\mathrm{d}x}{(x^2+a^2)^2(x^2+b^2)}=2\pi\mathrm{i}\{\mathrm{Res}[R(z),b\mathrm{i}]+\mathrm{Res}[R(z),a\mathrm{i}]\}$$
$$=2\pi\mathrm{i}\left[\frac{b^2-3a^2}{4a^3\mathrm{i}\,(b^2-a^2)^2}+\frac{1}{2b\mathrm{i}\,(b^2-a^2)^2}\right]$$
$$=\frac{(2a+b)\pi}{2a^3b\,(a+b)^2}$$

5.3.3 形如 $\int_{-\infty}^{+\infty}R(x)\mathrm{e}^{aix}\mathrm{d}x(a>0)$ 的积分

当 $R(x)$ 是 x 的有理函数而分母的次数至少比分子的次数高一次，并且 $R(z)$ 在实轴上没有孤立奇点时，积分是存在的，则

$$\int_{-\infty}^{+\infty}R(x)\mathrm{e}^{aix}\mathrm{d}x=2\pi\mathrm{i}\sum\mathrm{Res}[R(z)\mathrm{e}^{aiz},z_k]$$

令 $\mathrm{e}^{iax}=\cos ax+\mathrm{i}\sin ax$，则有

$$\int_{-\infty}^{+\infty}R(x)\cos ax\,\mathrm{d}x+\mathrm{i}\int_{-\infty}^{+\infty}R(x)\sin ax\,\mathrm{d}x=2\pi\mathrm{i}\sum\mathrm{Res}[R(z)\mathrm{e}^{aiz},z_k]$$

【例 5.21】 计算积分 $\int_{0}^{+\infty}\frac{x\sin mx}{(x^2+a^2)^2}\mathrm{d}x\,(m>0,a>0)$ 的值.

【解】 $$\int_{0}^{+\infty}\frac{x\sin mx}{(x^2+a^2)^2}\mathrm{d}x=\frac{1}{2}\int_{-\infty}^{+\infty}\frac{x\sin mx}{(x^2+a^2)^2}\mathrm{d}x$$
$$=\frac{1}{2}\mathrm{Im}\left[\int_{-\infty}^{+\infty}\frac{x}{(x^2+a^2)^2}\mathrm{e}^{imx}\mathrm{d}x\right]$$

又因为 $f(z)=\frac{z}{(z^2+a^2)^2}\mathrm{e}^{imz}$ 在上半平面只有二级极点 $z=a\mathrm{i}$，所以

$$\mathrm{Res}(f(z),a\mathrm{i})=\frac{\mathrm{d}}{\mathrm{d}z}\left[\frac{z}{(z+a\mathrm{i})^2}\mathrm{e}^{imz}\right]_{z=a\mathrm{i}}=\frac{m}{4a}\mathrm{e}^{-ma}$$

则

$$\int_{-\infty}^{+\infty}\frac{x}{(x^2+a^2)^2}\mathrm{e}^{imx}\mathrm{d}x=2\pi\mathrm{i}\mathrm{Res}\left[\frac{z}{(z^2+a^2)^2}\mathrm{e}^{imz},a\mathrm{i}\right]$$

所以

$$\int_{0}^{+\infty}\frac{x\sin mx}{(x^2+a^2)^2}\mathrm{d}x=\frac{1}{2}\mathrm{Im}[2\pi\mathrm{i}\mathrm{Res}(f(z),a\mathrm{i})]=\frac{m\pi}{4a}\mathrm{e}^{-ma}$$

习题 5.3

试求下列各积分的值.

(1) $\int_{0}^{2\pi}\frac{\mathrm{d}\theta}{a+\cos\theta}(a>1)$；

(2) $\int_{0}^{2\pi}\frac{\mathrm{d}\theta}{5+3\cos\theta}$；

(3) $\int_{-\infty}^{+\infty}\frac{\mathrm{d}x}{x^2+2x+2}$；

(4) $\int_{-\infty}^{+\infty}\frac{\cos x}{x^2+4x+5}\mathrm{d}x$；

(5) $\int_{0}^{+\infty}\frac{x^2}{1+x^4}\mathrm{d}x$；

(6) $\int_{-\infty}^{+\infty}\frac{x\sin x}{1+x^2}\mathrm{d}x$.

实验五　留数的基本运算与闭曲线上的积分

一、实验目的

(1) 学习用 Matlab 计算留数.

(2) 学习用 Matlab 计算有理式的留数并求有理函数的部分分式展开.

(3) 学习用 Matlab 计算封闭曲线的积分.

二、相关的 Matlab 命令(函数)

(1) limit(F*(z−a),z,a)：求函数 $f(z)$的单极点.

(2) limit(diff(F*(z−a)^m,z,m−1)/prod(1: m−1),z,a)：求函数的 m 重极点.

(3) [r,p,k]=residue(b,a)：求取有理函数 $G(x)$的部分分式展开表示.

三、实验内容

1. 留数的计算

若 $z=a$ 为函数 $f(z)$的单极点,则

$$\mathrm{Res}[f(z),z]=\lim_{z\to a}(z-a)f(z) \tag{1}$$

若 $z=a$ 为函数 $f(z)$的 m 重极点,则

$$\mathrm{Res}[f(z),z]=\lim_{z\to a}\frac{1}{(m-1)!}\frac{\mathrm{d}^{m-1}}{\mathrm{d}z^{m-1}}[f(z)(z-a)^m] \tag{2}$$

求取这样的留数很简单,假设已知极点 a 和重数 m,则用下面的 Matlab 语句可求出相应的留数.

c=limit(F*(z−a),z,a)　　　单极点

c=limit(diff(F*(z−a)^m,z,m−1)/prod(1: m−1),z,a)　　m 重极点

【例 1】 试求 $f(z)=\dfrac{1}{z^3(z-1)}\sin\left(z+\dfrac{\pi}{3}\right)\mathrm{e}^{-2z}$的留数.

【解】 在 Matlab 命令窗口中输入：

```
>> syms z
f=sin(z+pi/3)*exp(-2*z)/(z^3*(z-1))
limit(diff(f*z^3,z,2)/prod(1: 2),z,0)
z=1;
limit(f*(z-1),z,1)
```

运行结果为：

```
ans=-1/4*3^(1/2)+1/2
ans=
    1/2*exp(-2)*sin(1)+1/2*exp(-2)*cos(1)*3^(1/2)
```

【例 2】 求 $f(z)=\dfrac{\sin z-z}{z^6}$的留数.

【解】 在 Matlab 命令窗口中输入：

```
>> sysms z
f=(sin(z)-z)/z^6
limit(diff(f*z^6,z,5)/prod(1:5),z,0)
```

运行结果为：

```
ans=
    1/120
```

【例 3】 试求出 $f(z)=\dfrac{1}{z\sin z}$ 函数的留数.

【解】 分析该函数，$z=0$ 点为 $f(z)$ 的二重奇点，$z=\pm k\pi(k\in z^{+})$ 点是原函数的单奇点. Matlab 程序如下：

```
>> syms z ;
f=1/(z*sin(z)) ;
c0=limit(diff(f*z^2,z,1) ,z ,0 )
k=[-4  4 -3  3  -2  2  -1 1] ;
c=[ ] ;
For kk=k;
    c=[c,limit(f*(z-kk*pi) ,z,kk*pi )] ;
end ;
c
```

运行结果为：

```
0
(-1)^k/kπ
```

2. 有理函数的部分展开

考虑有理函数

$$G(x)=\frac{B(x)}{A(x)}=\frac{b_1x^m+b_2x^{m-1}+\cdots+b_mx+b_{m+1}}{x^n+a_1x^{n-1}+a_2x^{n-2}+\cdots+a_{n-1}x+a_n} \tag{3}$$

其中，$A(x)$和 $B(x)$互质，a_i 和 b_i 均为常数.

若多项式 $A(x)=0$ 的根均为相异的值$-p_i(i=1,2,\cdots,n)$，则可将函数 $G(x)$写成下面的部分分式展开形式：

$$G(x)=\frac{r_1}{x+p_1}+\frac{r_2}{x+p_2}+\cdots+\frac{r_n}{x+p_n} \tag{4}$$

其中，r_i 成为留数，记做 $\mathrm{Res}[G(-p_i)]$，其值可以由下面的极限值求出：

$$r_i=\mathrm{Res}[G(-p_i)]=\lim_{x\to-p_i}(x+p_i)G(x) \tag{5}$$

如果分母多项式中含有$(x+p_i)^k$ 项，即$-p_i$ 为 m 重根，则相对这部分根的部分分式展开项可以写成

$$\frac{r_i}{x+p_i}+\frac{r_{i+1}}{(x+p_i)^2}+\cdots+\frac{r_{i+m-1}}{(x+p_i)^m} \tag{6}$$

这时

$$r_{i+j-1} = \frac{1}{(k-1)!} \lim_{x \to -p_i} \frac{\mathrm{d}^{j-1}}{\mathrm{d}x^{j-1}} [G(x)\ (x+p_i)^k], \quad j = 1,2,\cdots,k \tag{7}$$

基本语句：

[r,p,k]=residue(b,a)：求取有理函数 $G(x)$ 的部分分式展开表示.

其中，$a=[1,a_1,a_2,\cdots,a_n]$，$b=[b_1,b_2,\cdots,b_n]$，返回的向量 $\boldsymbol{r}$ 和 $\boldsymbol{p}$ 为式(4)中 r_i 的系数，若有重根，则应该相应地由式中给出的系数取代. k 为余项，对 $m<n$ 的函数来说该项为空矩阵. 该函数并未给出 $-p_i$ 是否为重根的自动判定功能，所以部分分式展开的结果需要手动写出.

【例 4】 计算函数 $f(z)=\dfrac{3z+2}{z^2+2z+1}$ 的留数，并求其部分分式展开.

【解】 在 Matlab 命令窗口中输入：

```
>> [r,p,k]=residue([3,2],[1,2,1])
```

运行结果为：

```
r=
    3
   -1
p=
   -1
   -1
k= []
```

于是得出：

$$\mathrm{Res}[f(z),-1] = 3$$

$$f(z) = \frac{3}{z+1} + \frac{-1}{(z+1)^2}$$

【例 5】 计算函数 $f(z)=\dfrac{z^3}{z+4}$ 的留数，并求其部分分式展开.

【解】 在 Matlab 命令窗口中输入：

```
>> B=[1 0 0 0];
>> A=[1,4];
>> [r,p,k]=residue(B,A)
```

运行结果为：

```
r=
   -64
p=
   -4
k=
     1     -4     16
```

于是我们得出：

$$\text{Res}[f(z), -4] = -64$$

$$f(z) = \frac{-64}{z+4} + z^2 - 4z + 16$$

【例 6】 试求下面有理函数的部分分式展开：

$$G(x) = \frac{s^3 + 2s^2 + 3s + 4}{s^6 + 11s^5 + 48s^4 + 106s^3 + 125s^2 + 75s + 18}$$

【解】 在 Matlab 命令窗口中输入：

```
>> n=[1,2,3,4];
>> d=[1,11,48,106,125,75,18]; format long
>> [r,p,k]=residue(n,d);
>> [n,d1]=rat(r); [n,d1,p]
```

运行结果为：

```
ans =
  -17.00000000000000   8.00000000000000   -3.00000000000010
   -7.00000000000000   4.00000000000000   -3.00000000000010
    2.00000000000000   1.00000000000000   -1.99999999999968
    1.00000000000000   8.00000000000000   -1.00000000000004
   -1.00000000000000   2.00000000000000   -1.00000000000004
    1.00000000000000   2.00000000000000   -1.00000000000004
```

其中，$\boldsymbol{p}$ 为奇点向量，n 和 d_1 分别为每个 p 值对应系数的分子和分母数值. 由数值方法直接求出的分母多项式的根为小数，有一些误差. 事实上，该分母多项式的根：-3 为二级极点，-2 为单极点，-1 为三级极点. 分析奇点情况，可以写出部分分式展开为：

$$G(x) = \frac{17}{8(s+3)} - \frac{7}{4\,(s+3)^2} + \frac{s}{s+2} + \frac{1}{8(s+1)} + \frac{1}{2\,(s+1)^2} + \frac{1}{2\,(s+1)^3}$$

3. 计算曲线积分

考虑如下定义的曲线积分：

$$\oint_{\Gamma} f(z)\mathrm{d}z$$

其中 Γ 为二维平面内正向的封闭曲线. 假设封闭曲线内包围 m 个奇点 $p_i(i=1,2,\cdots,m)$，则可以分别用前面的算法求出这些奇点上的留数为 $\text{Res}[f(p_i)]$，这时有

$$\oint_{\Gamma} f(z)\mathrm{d}z = 2\pi\mathrm{i}\sum_{i=1}^{m}\text{Res}[f(p_i)]$$

【例 7】 试求出下面的曲线积分：

$$\oint_{|z|=2} \frac{1}{(z+\mathrm{i})^{10}(z-1)(z-3)}\mathrm{d}z$$

【解】 在 Matlab 命令窗口中输入：

```
>> i=sym(sqrt(-1)); syms z
>> f=1/((z+i)^10 * (z-1) * (z-3));
>> r1=limit(diff(f * (z+i)^10,z,9)/prod(1: 9),z,-i);
>> r2=limit(f * (z-1),z,1);
```

```
>> a=2*pi*i*(r1+r2)
```

运行结果为：

```
a =
(237/312500000+779/78125000*i)*pi
```

【例 8】 求如下闭路积分：$\oint_{|z|=3}\frac{2z+3}{z^2+2z+3}dz$.

【解】 可以在 Matlab 中编写函数 jf 来求出函数在半径为 R 的闭曲线上的积分.

```
>> functionjf(R,B,A)          %闭曲线半径为 R
                              %积分值为 v
[r,p,k]=residue(B,A);
sum=0;
for x=1: length(p)
if abs(p(x))<R                %闭曲线上的极点数
      sum=sum+r(x);           %留数定理
      end
end
v=sum*2*pi*i                  %积分值
```

在命令窗口输入：

```
>> B=[2,3];
>> A=[1,2,3];
>> v=jf(3,B,A)
```

运行结果为：

```
v=
   0+12.5664i
```

四、实验习题

1. 计算函数 $f(z)=\frac{1}{z^3(z-1)}\sin\left(z+\frac{\pi}{3}\right)e^{-2\pi}$的留数.

2. 计算下列表达式在其奇点处的留数：

(1) $\frac{1+z^4}{z(z^2+1)^2}$；　(2) $\frac{1}{(z-1)^2(z+1)^2}$；　(3) $\sin\left(\frac{1}{z-1}\right)$；　(4) $\frac{\cos z}{z^2+4z-5}$.

3. 计算复变函数 $f(z)=\frac{z}{z^4-1}$的留数，然后根据计算的结果反求复变函数的分式表达式的系数 A 和 B.

4. 计算函数 $f(z)=\frac{e^z}{z^2-1}$在 $z=\infty$处的留数.

5. 计算积分$\oint_C\frac{z}{z^4-1}dz$，其中 C 为正向圆周：$|z|=2$.

6. 计算积分$\oint_C\frac{ze^z}{z^2-1}dz$，其中 C 为正向圆周：$|z|=2$.

第6章

共形映射

前面借助于导数、积分、级数等方法研究了解析函数的性质，这一章将用几何的思想来讨论解析函数的性质和应用.

从几何上看：复变函数 $w=f(z)$是从复平面 z 到复平面 w 的一个映射. 而解析函数所确定的映射(解析变换)是复变函数论中最重要的概念之一，它在物理学的许多领域(如流体力学、空气动力学、弹性力学、磁场、电场、热场理论等)都有重要的应用. 不但如此，20世纪中叶，音速及超音速飞机的研制促成了从保形映射理论到拟保形映射理论的发展.

本章首先分析解析函数所构成的映射的特性，给出共形映射的概念；然后在此基础上研究了分式线性函数和几个初等函数所构成的共形映射的性质.

6.1 共形映射的概念

前几章我们用分析的方法研究了解析函数的性质和应用，而通常所说的解析函数的几何理论是从映射的角度来研究解析函数的性质及其应用. 共形映射的理论是几何理论中最基本的内容，下面将介绍共形映射的概念及基本原理.

6.1.1 有向曲线的切向量

如图 6.1 所示，设 C 是 z 平面内过 z_0 点的一条有向连续曲线，其参数方程为：$z=z(t)$，$t\in[\alpha,\beta]$，它的正向取 t 增大时点 z 的移动方向.

如果规定：通过曲线 C 上两点 p_0 与 p 的割线 p_0p 的正向对应于 t 增大的方向，则割线 p_0p 与$\dfrac{z(t_0+\Delta t)-z(t_0)}{\Delta t}$同向. 这里，$z(t_0+\Delta t)$与 $z(t_0)$分别为点 p 与 p_0 所对应的复数. 当点 p 沿曲线 C 无限趋向于点 p_0 时，割线 p_0p 的极限位置就是曲线 C 上点 p_0 处的切线. 因此，$z'(t_0)=\dfrac{z(t_0+\Delta t)-z(t_0)}{\Delta t}$的方向与 C 的正向一致. 若 $z'(t_0)\neq 0$，$t_0\in(\alpha,\beta)$，则表示 $z'(t_0)$的向量与 C 相切于点 $z_0=z(t_0)$，如图 6.2 所示.

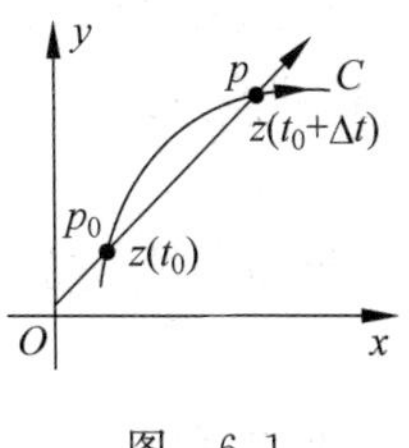

图 6.1

若规定 $z'(t_0)$的方向(起点为 z_0)为 C 上点 z_0 处切线的正方向，则有

(1) $\operatorname{Arg}z'(t_0)$就是 C 上点 z_0 处切线的正向与 x 轴正向之间的夹角，如图 6.3 所示.

(2) 相交于一点的两条曲线 C_1 与 C_2 正向之间的夹角就是 C_1 与 C_2 在交点处的两条

切线正向之间的夹角.若曲线 C_1 与 C_2 的参数方程分别为 C_1：$z=z_1(t)$ 与 C_2：$z=z_2(t)$，且有 $z_0=z_1(t_0)=z_2(t_0)$，则二者之间的夹角为 $\mathrm{Arg}z_2'(t_0)-\mathrm{Arg}z_1'(t_0)$，如图 6.4 所示.

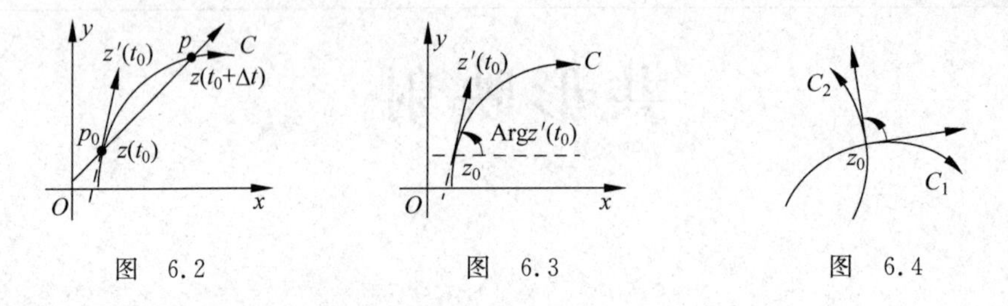

图 6.2　　图 6.3　　图 6.4

下面我们将用上述知识来讨论解析函数导数的几何意义，并由此给出共形映射的概念.

6.1.2 解析函数导数的几何意义

设函数 $w=f(z)$ 是区域 D 内的解析函数.设 $z_0\in D$，$w_0=f(z_0)$，$f'(z_0)\neq 0$.

1. $\mathrm{Arg}f'(z_0)$的几何意义

考虑过 z_0 的一条有向光滑曲线 C(见图 6.5)，其参数方程为：$z=z(t)$，$t\in[\alpha,\beta]$，其正向为 t 增大的方向，且 $z_0=z(t_0)$，$z'(t_0)\neq 0$，$t_0\in(\alpha,\beta)$.这样，映射 $w=f(z)$ 将 z_0 映射成 w_0，即 $w_0=f(z_0)$，并且将 C 映射为过点 w_0 点的曲线 Γ(见图 6.5)，其参数方程是 $w=f[z(t)]$，$t\in[\alpha,\beta]$，其正向为参数 t 增大的方向.

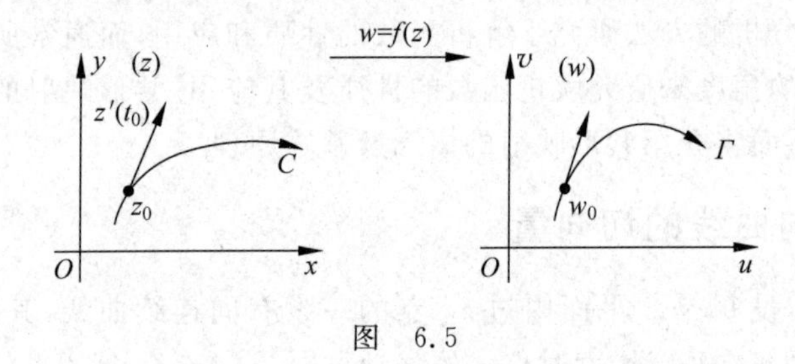

图 6.5

根据复合函数求导法，有 $w'(t_0)=f'(z(t_0))z'(t_0)$，因此，曲线 Γ 在点 w_0 处也有切线，且切线的正向与 u 轴的正向之间的夹角是

$$\mathrm{Arg}w'(t_0)=\mathrm{Arg}f'(z_0)+\mathrm{Arg}z'(t_0)$$

上面的公式亦可写成

$$\mathrm{Arg}w'(t_0)-\mathrm{Arg}z'(t_0)=\mathrm{Arg}f'(z_0) \tag{6.1}$$

若假定图 6.5 中两坐标轴的正向相同，且将原来的切线的正向与映射后的切线的正向之间的夹角理解为曲线 C 在 z_0 处的转动角，那么式(6.1)表明：

(1) $\mathrm{Arg}f'(z_0)$是曲线 C 经过映射 $w=f(z)$后在点 z_0 处的旋转角，也就是导数辐角的几何意义.

(2) 转动角的大小与方向跟曲线 C 的形状与方向无关，因此，此映射具有转动角的不变性.

先假设曲线 C_1 与 C_2 相交于点 z_0，它们的参数方程分别是 $z=z_1(t)$ 与 $z=z_2(t)$，$t\in[\alpha,\beta]$；且 $z_0=z_1(t_0)=z_2(t'_0)$，$z'_1(t_0)\neq 0$，$z'_2(t_0)\neq 0$，$t_0\in(\alpha,\beta)$，$t'_0\in(\alpha,\beta)$. 又设映射 $w=f(z)$将曲线 C_1 与 C_2 分别映射为相交于点 $w_0=f(z_0)$的曲线 Γ_1 及 Γ_2，它们的参数方程分别是 $w=w_1(t)$与 $w=w_2(t)$，$t\in[\alpha,\beta]$，则有

$$\mathrm{Arg}w'_1(t_0)-\mathrm{Arg}z'_1(t_0)=\mathrm{Arg}w'_2(t_0)-\mathrm{Arg}z'_2(t_0)$$

即

$$\mathrm{Arg}w'_2(t_0)-\mathrm{Arg}w'_1(t_0)=\mathrm{Arg}z'_2(t_0)-\mathrm{Arg}z'_1(t_0) \tag{6.2}$$

上式两端分别是曲线 Γ_1 与 Γ_2 以及 C_1 与 C_2 之间的夹角. 因此，由式(6.2)可知，相交于点 z_0 的任何两条曲线 C_1 与 C_2 之间的夹角，其大小和方向都等同于经过映射 $w=f(z)$后的曲线 Γ_1 与 Γ_2 之间的夹角(见图 6.6). 映射 $w=f(z)$具有保持两曲线间夹角大小与方向不变的性质，该性质称为保角性.

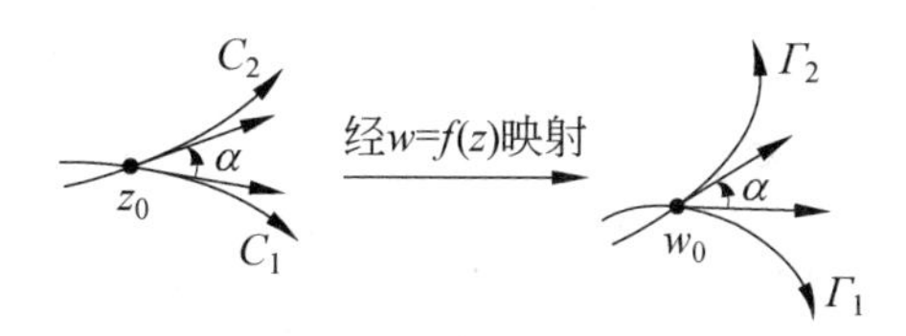

图 6.6

2. $|f'(z_0)|$ 的几何意义

设 $z-z_0=re^{i\theta}$，$w-w_0=\rho e^{i\varphi}$，且用 Δs 表示曲线 C 上点 z_0 与 z 之间的弧长，$\Delta\sigma$ 表示曲线 Γ 上点 w_0 与 w 之间的弧长(见图 6.7).

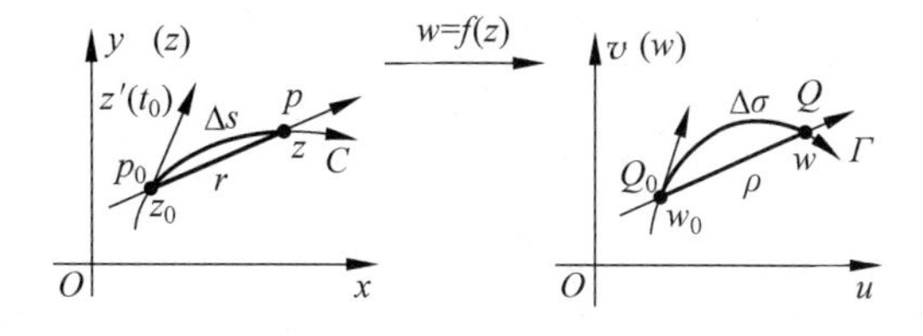

图 6.7

由于$\dfrac{w-w_0}{z-z_0}=\dfrac{f(z)-f(z_0)}{z-z_0}=\dfrac{\rho e^{i\varphi}}{re^{i\theta}}=\dfrac{\Delta\sigma}{\Delta s}\cdot\dfrac{\rho}{\Delta\sigma}\cdot\dfrac{\Delta s}{r}e^{i(\varphi-\theta)}$，且

$$f'(z_0)=\lim_{z\to z_0}\frac{f(z)-f(z_0)}{z-z_0}=\lim_{z\to z_0}\frac{w-w_0}{z-z_0}$$

因此，

$$|f'(z_0)|=\lim_{z\to z_0}\left|\frac{\Delta\sigma}{\Delta s}\cdot\frac{\rho}{\Delta\sigma}\cdot\frac{\Delta s}{r}e^{i(\varphi-\theta)}\right|=\lim_{z\to z_0}\frac{\Delta\sigma}{\Delta s} \tag{6.3}$$

注意到：$\lim\limits_{z\to z_0}\dfrac{\rho}{\Delta\sigma}=1$，$\lim\limits_{z\to z_0}\dfrac{\Delta s}{r}=1$. 我们称这个极限值为曲线 C 在点 z_0 的伸缩率. 因此，式(6.3)表明：

(1) $|f'(z_0)|$是经过映射 $w=f(z)$后通过点 z_0 的任意曲线 C 在 z_0 的伸缩率.

(2) 伸缩率$|f'(z_0)|$只与点 z_0 有关，而与曲线 C 的形状与方向无关.

因此,这种映射具有伸缩率不变性.

综上所述,我们有如下定理:

定理 6.1 设函数 $w=f(z)$在区域 D 内解析,$z_0\in D$,$f'(z_0)\neq 0$,则映射 $w=f(z)$在 z_0 点具有性质:(1)保角性;(2)伸缩率不变性.

【例 6.1】 试求映射 $w=f(z)=z^2$ 在 z_0 处的旋转角与伸缩率:

(1) $z_0=1$;　　　　(2) $z_0=1+\mathrm{i}$.

【解】 由已知条件得,$f'(z)=2z$.

(1) $z_0=1$,$f'(1)=2$,故 $w=z^2$ 在 $z_0=1$ 处的旋转角为 $\mathrm{Arg}f'(1)=0$,伸缩率为 $|f'(1)|=2$.

(2) $z_0=1+\mathrm{i}$,$f'(1)=2+2\mathrm{i}$,故 $w=z^2$ 在 $z_0=1+\mathrm{i}$ 处的旋转角为 $\mathrm{Arg}f'(1+\mathrm{i})=\dfrac{\pi}{4}$,伸缩率为 $|f'(1)|=2\sqrt{2}$.

6.1.3 共形映射的定义

定义 6.1 对于定义在区域 D 内的映射 $w=f(z)$,如果它在 D 内任意一点具有保角性和伸缩率不变性,则称 $w=f(z)$是第一类保角映射.

定理 6.2 设函数 $w=f(z)$在区域 D 内解析,且 $f'(z_0)\neq 0$,则称映射 $w=f(z)$是第一类保角映射.

定义 6.2 如果 $w=f(z)$在区域 D 内是第一类保角映射,并且当 $z\neq z_0$ 时,有 $f(z)\neq f(z_0)$,则称 $w=f(z)$为第一类共形映射(一般称共形映射).

【注】 共形映射的特点:双方单值且在区域内每一点具有保角性和伸缩率不变性.

现在我们用几何图形来直观说明共形映射的意义.

设 $w=f(z)$是在区域 D 内解析的函数,$z_0\in D$,$w_0=f(z_0)$,$f'(z_0)\neq 0$,那么 $w=f(z)$把 z_0 的一个邻域内任一小三角形映射成 w 平面上含 w_0 的一个区域内的曲边三角形.这两个三角形的对应角相等,对应边近似成比例.因此这两个三角形近似地是相似形.此外,$w=f(z)$还把 z 平面上半径充分小的圆 $|z-z_0|=\rho$ 近似地映射成圆 $|w-w_0|=|f'(z_0)|\rho$,$(0<\rho<+\infty)$.

类似地,我们可以给出第二类保角映射和第二类共形映射的定义.

定义 6.3 对于定义在区域 D 内的映射 $w=f(z)$,如果它在 D 内任意一点具有伸缩率不变性,但仅保持夹角的绝对值不变而方向相反,则称映射 $w=f(z)$是第二类保角映射.若 $w=f(z)$在区域 D 内是第二类保角映射,且为一一映射,则称 $w=f(z)$为第二类共形映射.

【例 6.2】 判断关于实轴对称的映射 $w=\bar{z}$ 是否为第一类共形映射?

【解】 不是第一类共形映射.将 z 平面与 w 平面重合观察,如图 6.8 所示.

曲线间夹角的绝对值相同,但方向相反,因此不是第一类共形映射.

【例 6.3】 试求映射 $w=f(z)=z^2+2z$ 在 $z=-1+2\mathrm{i}$ 处的转动角,并说明它将 z 平面上哪部分放大?哪部分缩小了?

【解】 因为 $f'(z)=2z+2$，故在 $z=-1+2i$ 处的转动角为：

$$\mathrm{Arg}f'(-1+2i)=\mathrm{Arg}(4i)=\frac{\pi}{2}$$

设 $z=x+iy$，则伸缩率为：$|f'(z)|=2\sqrt{(x+1)^2+y^2}$. 当 $|f'(z)|<1$ 时，即 $(x+1)^2+y^2<\frac{1}{4}$ 时，被缩小；反之，被放大.

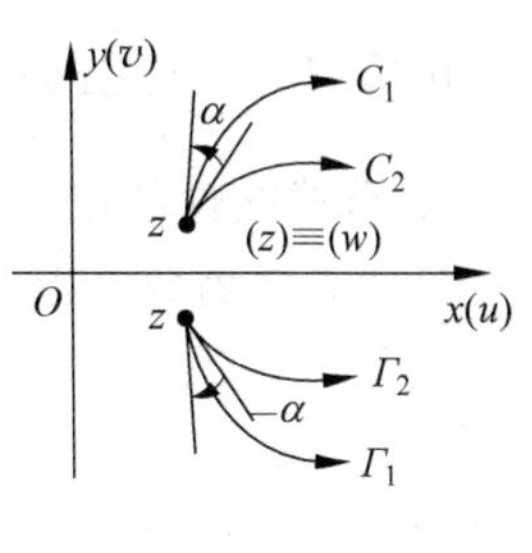

图　6.8

因此在 z 平面上以 $z=-1+2i$ 为中心、半径为 $\frac{1}{2}$ 的圆内的部分被缩小；在以 $z=-1+2i$ 为中心、半径为 $\frac{1}{2}$ 的圆外部分被放大.

习题 6.1

1. 求下列映射在给定点 z_0 处的伸缩率和旋转角：

(1) $w=\sin z\ (z_0=\pi)$；

(2) $w=e^z(z_0=1+i)$.

2. 求映射 $w=\frac{1}{z}$ 下，下列曲线的象：

(1) $x^2+y^2=ax$ ($a\neq0$，a 为实数)；

(2) $y=kx$ (k 为实数).

3. 下列区域在指定的映射下映成什么？

(1) $\mathrm{Im}(z)>0$，$w=(1+i)z$；

(2) $\mathrm{Re}(z)>0$，$0<\mathrm{Im}(z)<1$，$w=\frac{i}{z}$.

4. 求 $w=z^2$ 在 $z=i$ 处的伸缩率和旋转角，问 $w=z^2$ 将经过点 $z=i$ 且平行于实轴正向的曲线的切线方向映成 w 平面上哪一个方向？并作图.

5. 一个解析函数所构成的映射在什么条件下具有伸缩率和旋转角的不变性？映射 $w=z^2$ 在 z 平面上每一点都具有这个性质吗？

6. 在映射 $w=z^2$ 下，求双曲线

$$C_1: x^2-y^2=3;\quad C_2: xy=2$$

的象曲线，并利用该映射的保角性说明 C_1 和 C_2 在点 $z_0=2+i$ 正交.

7. 求下列区域在映射 $w=\frac{i}{z}$ 下的象：

(1) $0<\mathrm{Im}z<\frac{1}{2}$；

(2) $\mathrm{Re}z>1$，$\mathrm{Im}z>0$.

6.2　分式线性映射

分式线性映射是共形映射中比较简单但又很重要的一类映射.

6.2.1 分式线性映射的一般形式

1. 分式线性函数

分式线性函数是指下列形状的函数：

$$w=\frac{az+b}{cz+d}$$

其中，a,b,c,d 是复常数，而且 $ad-bc\neq 0$.

【注】 当 $c=0$ 时，称它为整线性函数.

分式线性函数的反函数为

$$z=\frac{-dw+b}{cw-a}$$

也是分式线性函数，其中 $(-d)(-a)-bc\neq 0$.

2. 分式线性映射的概念

定义 6.4 由分式线性函数

$$w=\frac{az+b}{cz+d}\text{（其中，}a,b,c,d\text{ 为复常数，且 }ad-bc\neq 0\text{）} \tag{6.4}$$

构成的映射，称为分式线性映射.

特别地，若 $c=0$ 时，则称它为(整式)线性映射.

【注】

(1) 两个分式线性映射的复合仍是一个分式线性映射；

(2) 分式线性映射的逆映射也是一个分式线性映射：$z=\frac{-dw+b}{cw-a}$；

(3) 分式线性映射又称双线性映射. 用 $cz+d$ 乘式(6.4)的两边，得 $cwz+dw-az-b=0$. 对每一个固定的 w，上式关于 z 是线性的，而对每一个固定的 z，它关于 w 也是线性的. 因此，我们称上式是双线性的，并称分式线性映射为双线性映射.

6.2.2 分式线性映射的分解

事实上，分式线性函数 $w=\frac{az+b}{cz+d}$ 可改写成：

$$w=\frac{az+b}{d}=\frac{a}{d}\left(z+\frac{b}{a}\right)\quad(c=0)$$

$$w=\frac{az+b}{cz+d}=\frac{a}{c}+\frac{bc-ad}{c}\,\frac{1}{cz+d}\quad(c\neq 0)$$

因此，一个一般形式的分式线性映射可以由下面 4 种最简单的分式线性映射复合而成：

(1) $w=z+b$（b 为一个复数）；

(2) $w=e^{i\theta}z$（θ 为一个实数）；

(3) $w=rz$（r 为一个正数）；

(4) $w=\frac{1}{z}$.

下面将分别对这 4 种映射进行讨论. 为了讨论方便,我们暂且将 w 平面与 z 平面放在同一个平面上.

1) 平移映射: $w=z+b$(b 为复数)

令 $w=u+\mathrm{i}v,z=x+\mathrm{i}y,b=b_1+\mathrm{i}b_2$,则有 $u=x+b_1,v=y+b_2$. 因此,此映射将点 z 沿向量 $\vec{b}$ 的方向平行移动距离 $|b|$ 就得到 w,同样可以将曲线 C 沿 $\vec{b}$ 的方向平行移动距离 $|b|$ 得到曲线 Γ(见图 6.9).

2) 旋转映射: $w=z\mathrm{e}^{\mathrm{i}\theta_0}$ (θ_0 为实数)

设 $z=r\mathrm{e}^{\mathrm{i}\theta}$,则有 $w=r\mathrm{e}^{\mathrm{i}(\theta+\theta_0)}$,因此只需将点 z 绕原点旋转 θ_0 角度即可得到 w,同样将曲线 C 旋转 θ_0 角度得到曲线 Γ(见图 6.10).

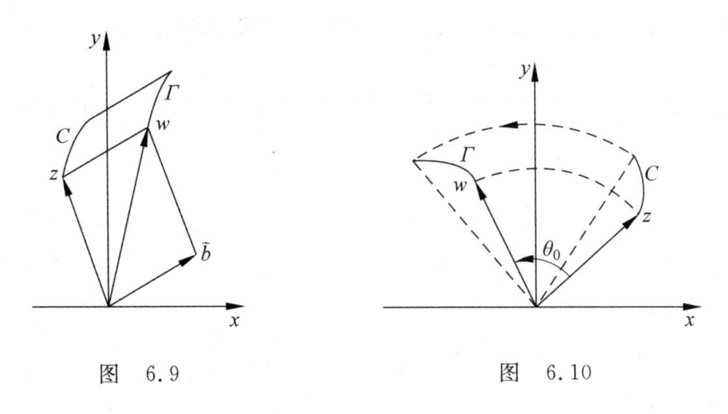

图 6.9 图 6.10

3) 相似映射: $w=rz(r>0)$

设 $z=\rho\mathrm{e}^{\mathrm{i}\theta}$,则 $w=r\rho\mathrm{e}^{\mathrm{i}\theta}$,因此只需将点 z 的模伸长或缩短 r 倍即可得到 w,而辐角不变,也可以将曲线放大或缩小(见图 6.11).

4) 反演(或倒数)映射: $w=\dfrac{1}{z}$

当点 z 在单位圆外部时,$|z|>1$,故 $|w|<1$,即 w 位于单位圆内部.

当点 z 在单位圆内部时,$|z|<1$,故 $|w|>1$,即 w 位于单位圆外部.

所以反演映射的特点是: 将单位圆内部映射到单位圆外部,将单位圆外部映射到单位圆内部(见图 6.12).

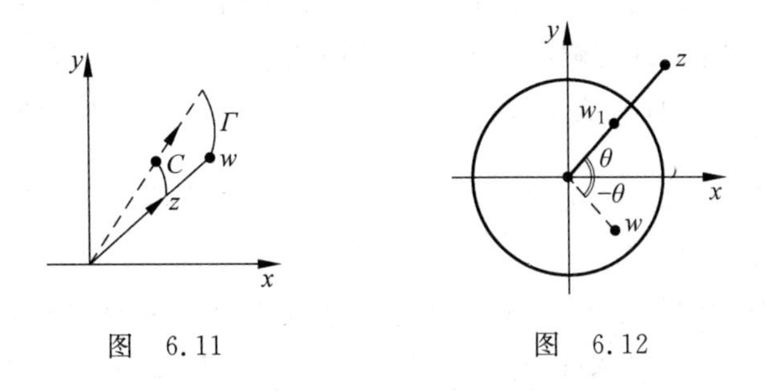

图 6.11 图 6.12

规定: 反演映射 $w=\dfrac{1}{z}$ 将 $z=0$ 映射成 $w=\infty$,将 $z=\infty$ 映射成 $w=0$.

6.2.3 分式线性映射的性质

1）保形性

定理 6.3 分式线性函数在扩充复平面上是共形映射.

也就是说，分式线性函数在扩充复平面上既是保角的，也具有伸缩率不变性.

2）保圆性

约定：直线是作为圆的一个特例，即直线是半径为无限的圆.

定理 6.4 在扩充复平面上，分式线性映射能把圆变成圆(这里的圆包括直线和一般所指的半径为有限的圆周).

【证明】 由于分式线性函数所确定的映射是由平移、旋转、相似映射及 $w=\frac{1}{z}$ 型函数所确定的映射复合而得，但前三个映射显然把圆映射成圆，因此只需证明映射 $w=\frac{1}{z}$ 也把圆映射为圆即可.

【注】 在分式线性映射下，如果 z 平面上的圆 C 上有一点被映射成无穷远点，即这个圆经过无穷远点，那么这条曲线 C 就被映射成直线. 如果圆 C 上没有点被映射成无穷远点，那么圆 C 就被映射成半径为有限的圆.

补充：当一个人沿着区域 D 的边界行走时，区域 D 始终在这个人的左手边，那么这个人行走的方向为边界的正方向.

3）保对称点性

定义 6.5 设某圆的半径为 R，A、B 两点在从圆心出发的射线上且 $\overrightarrow{OA}\cdot\overrightarrow{OB}=R^2$，则称 A 和 B 是关于圆周对称的.

定理 6.5 设 z_1,z_2 关于圆周 C 对称，则在分式线性映射下，它们的象点 w_1,w_2 关于 C 的象曲线 Γ 对称.

6.2.4 唯一决定分式线性映射的条件

分式线性函数中含有 4 个常数，但是如果把分子和分母同除以这 4 个数中的一个，就可以将函数中的 4 个常数化为三个常数. 所以，分式线性函数实际上只有三个独立常数. 因此，只需给定三个条件，就能确定一个分式线性映射.

定义 6.6 扩充复平面上有顺序的 4 个相异点 z_1,z_2,z_3,z_4 构成的量

$$(z_1,z_2z_3,z_4)=\frac{z_4-z_1}{z_4-z_2}:\frac{z_3-z_1}{z_3-z_2}$$

称为交比.

定理 6.6 在分式线性变换下，4 个点的交比不变. 即分式线性函数把扩充 z 平面上任意不同 4 点 z_1,z_2,z_3,z_4 分别映射成扩充 w 平面上 4 点 w_1,w_2,w_3,w_4，那么

$$(z_1,z_2,z_3,z_4)=(w_1,w_2,w_3,w_4)$$

【证明】 设

$$w_i = \frac{az_i + b}{cz_i + d}, \quad i = 1,2,3,4$$

则

$$w_i - w_j = \frac{(az_i + b)(cz_j + d) - (az_j + b)(cz_i + d)}{(cz_i + d)(cz_j + d)} = \frac{(z_i - z_j)(ad - bc)}{(cz_i + d)(cz_j + d)}$$

故定理成立.

定理 6.7　在 z 平面上任给三个不同的点 z_1,z_2,z_3，在 w 平面上也任给三个不同的点 w_1,w_2,w_3，则存在唯一的分式线性映射，把 z_1,z_2,z_3 分别依次地映射为 w_1,w_2,w_3，并且有

$$\frac{w - w_1}{w - w_2} : \frac{w_3 - w_1}{w_3 - w_2} = \frac{z - z_1}{z - z_2} : \frac{z_3 - z_1}{z_3 - z_2} \tag{6.5}$$

推论 6.1　如果 z_k 或 w_k 中有一个为∞，则只须将对应点公式中含有∞的项换为 1.

6.2.5　两个典型区域间的映射

这里的两个典型区域是指上半平面和单位圆域.

1) $w=\dfrac{z-\mathrm{i}}{z+\mathrm{i}}$

此映射能将上半平面 $\mathrm{Im}z>0$ 映射为单位圆内部 $|w|<1$，而它的反函数则将单位圆内部映射成上半平面.

【注】　它同时也将下半平面映射为单位圆外部 $|w|>1$.
判断方法：当 z 取上半平面点 i 时，w 的值为单位圆内部 $|w|<1$.

2) $w=\mathrm{e}^{\mathrm{i}\theta}\dfrac{z-z_0}{z-\bar{z}_0}$（其中 z_0 为上半平面任一点）

此映射能将上半平面映射为单位圆内部 $|w|<1$，而它的反函数则将单位圆内部映射成上半平面.

【注】　上半平面的边界为实轴，被映射为单位圆. z_0 被映射为 $w=0$，$\bar{z}_0$ 被映射为∞. 由于 z_0 与 $\bar{z}_0$ 关于实轴对称，根据保对称点定理 6.5，$w=0$ 与 $w=\infty$关于单位圆对称.

3) $w=\mathrm{e}^{\mathrm{i}\theta}\dfrac{z-z_0}{1-\bar{z}_0 z}$　（其中 z_0 为单位圆 $|z|<1$ 内任一点）

此映射把单位圆内部 $|z|<1$ 映射为单位圆内部 $|w|<1$.

【注】　映射 w 将单位圆 $|z|=1$ 映射为单位圆 $|w|=1$. $z=z_0$ 被映射为 $w=0$. $z=\dfrac{1}{\bar{z}_0}$被映射为 $w=\infty$. $z=z_0$ 与 $z=\dfrac{1}{\bar{z}_0}$关于单位圆 $|z|=1$ 对称，所以根据保对称点定理 6.5，$w=0$ 与 $w=\infty$关于单位圆 $|w|=1$ 对称.

上面三种映射是比较重要的，在将一些其他区域映射成单位圆的内部时，常常先将其映射成上半平面，然后再变为单位圆内部.

【例 6.4】　求一分式线性映射 $w=f(z)$，将区域 $\mathrm{Re}z>0$ 映射为区域 $|w|<2$，并满足

$f(1)=\mathrm{i}, \arg f'(0)=\frac{\pi}{2}$.

分析：我们已经知道上半平面到单位圆内部的映射，而右半平面 $\mathrm{Re}z>0$ 可以通过旋转映射成上半平面.

【解】 因为

$w_1=\mathrm{e}^{\mathrm{i}\frac{\pi}{2}}z=\mathrm{i}z$：将右半平面 $\mathrm{Re}z>0$ 映射成上半平面.

$w_2=\mathrm{e}^{\mathrm{i}\theta}\frac{w_1-a}{w_1-\bar{a}}$：将上半平面映射成单位圆内部 $|w_2|<1$.

$w=2w_2$：将单位圆内部 $|w_2|<1$ 映射成 $|w|<2$.

所以，$w=f(z)=2\mathrm{e}^{\mathrm{i}\theta}\frac{\mathrm{i}z-a}{\mathrm{i}z-\bar{a}}$ 将区域 $\mathrm{Re}z>0$ 映射为区域 $|w|<2$.

因为 $f(1)=0$，有 $0=2\mathrm{e}^{\mathrm{i}\theta}\frac{\mathrm{i}-a}{\mathrm{i}-\bar{a}}$，得 $a=\mathrm{i}$，从而

$$w=f(z)=2\mathrm{e}^{\mathrm{i}\theta}\frac{\mathrm{i}z-\mathrm{i}}{\mathrm{i}z+\mathrm{i}}=2\mathrm{e}^{\mathrm{i}\theta}\frac{z-1}{z+1}$$

所以 $f'(z)=\frac{4\mathrm{e}^{\mathrm{i}\theta}}{(z+1)^2}$，$f'(0)=4\mathrm{e}^{\mathrm{i}\theta}$. 又因为 $\arg f'(0)=\frac{\pi}{2}$，所以 $\theta=\frac{\pi}{2}$. 从而

$$w=f(z)=2\mathrm{e}^{\mathrm{i}\frac{\pi}{2}}\frac{z-1}{z+1}=2\mathrm{i}\frac{z-1}{z+1}$$

【例 6.5】 求将圆 $|z|<2$ 映射到右半平面，且 $w(0)=1$，$\arg w'(0)=\frac{\pi}{2}$ 的分式线性映射.

【解】 令 $w=\frac{ax+b}{z+b}$，则 $w'=\frac{ab-b}{(z+b)^2}$.

由于 $\arg w'(0)=\frac{\pi}{2}$，可令 $w'(0)=\frac{ab-b}{b^2}=\frac{a-1}{b}=\mathrm{i}$，得 $a=1+b\mathrm{i}$，于是

$$w=\frac{(1+b\mathrm{i})z+b}{z+b}$$

由于圆 $|z|<2$ 被映射为虚轴，故又令 $w(2)=\mathrm{i}$，则

$$2+2b\mathrm{i}+b=2\mathrm{i}+b\mathrm{i}$$

解得

$$b=\frac{-2(1-\mathrm{i})}{1+\mathrm{i}}=2\mathrm{i}$$

所以，所求的映射为

$$w=\frac{-2+2\mathrm{i}}{z+2\mathrm{i}}\quad\text{（这时圆上点 } z=-2\mathrm{i} \text{ 映射为 } \infty \text{ 点，故满足所求）}$$

【例 6.6】 求把上半平面 $\mathrm{Im}(z)>0$ 映射成单位圆 $|w|<1$ 且满足条件 $w(\mathrm{i})=0$，$w(-1)=1$ 的分式线性映射.

【解】 令 $w=\frac{z-\mathrm{i}}{cz+d}$，则 $w(-1)=\frac{-1-\mathrm{i}}{-c+d}=1$，即

$$-1-\mathrm{i}=-c+d$$

令 $z=\infty$ 时，$w=-\mathrm{i}$，得 $c=\mathrm{i}$，$d=-1$. 从而可得到一个满足要求的映射：$w=\frac{z-\mathrm{i}}{\mathrm{i}z-1}$.

【例 6.7】 求将单位圆$|z|<1$映射为单位圆$|w|<1$的分式线性映射.

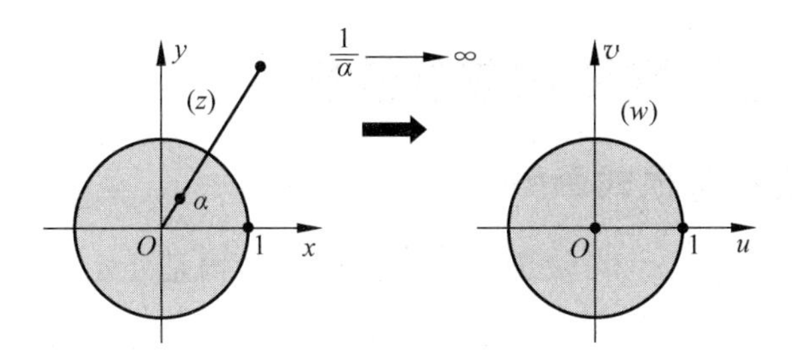

图　6.13

【解】 如图 6.13 所示,设所求的分式线性变换把$|z|<1$内的点α映射为$w=0$,那么,它将$\frac{1}{\bar{\alpha}}$(即与α关于$|z|=1$的对称点)映射为∞,故所求的映射为

$$w=\lambda\frac{z-\alpha}{-z+\dfrac{1}{\bar{\alpha}}}=\lambda\bar{\alpha}\frac{z-\alpha}{-\bar{\alpha}z+1}$$

设$z=1$对应于$|w|=1$上某点,则有

$$1=|\lambda\bar{\alpha}|\left|\frac{1-\alpha}{\bar{\alpha}-1}\right|=|\lambda\bar{\alpha}|$$

故$\lambda\bar{\alpha}=\mathrm{e}^{\mathrm{i}\theta}$,即$w=\mathrm{e}^{\mathrm{i}\theta}\frac{z-\alpha}{1-\bar{\alpha}z}$($|\alpha|<1$,$\theta$为实数).这时,$w'(z)=\mathrm{e}^{\mathrm{i}\theta}\frac{1-\alpha\bar{\alpha}}{(1-\bar{\alpha}z)^2}$,则

$$w'(\alpha)=\mathrm{e}^{\mathrm{i}\theta}\frac{1}{1-\alpha\bar{\alpha}}$$

故θ是$z=\alpha$点变换时的旋转角.

同样,将z平面上$|z|<1$映射为w平面上$|w|>1$的分式线性变换是$w=\mathrm{e}^{\mathrm{i}\theta}\frac{z-\alpha}{1-\bar{\alpha}z}$($|\alpha|>1$,$\theta$是实数).

习题 6.2

1. 求分式线性映射将点$z=1,\mathrm{i}$和$-\mathrm{i}$分别映射为$w=\mathrm{i},1$和-1,并求单位圆$|z|<1$在该映射下的象区域.

2. 求将右半平面$\mathrm{Re}(z)>0$映射成单位圆$|w|<1$的分式线性映射.

3. 求满足下列条件的分式线性映射$w=f(z)$:

(1) 使$\mathrm{Im}(z)>0$映射为$|w|<1$,且满足$f(\mathrm{i})=0,f(-1)=1$.

(2) 使$\mathrm{Im}(z)>0$映射为$|w|<1$,且满足$f(\mathrm{i})=0,\arg f'(\mathrm{i})=\pi$.

(3) 使$|z|<1$映射为$|w|<1$,且满足$f\left(\frac{1}{2}\right)=0,f(-1)=\mathrm{i}$.

(4) $f(-1)=0,f(0)=\infty,f(1)=-1$.

4. 求将顶点在$0,1,\mathrm{i}$的三角形式的内部映射为顶点依次为$0,2,1+\mathrm{i}$的三角形内部的分式线性映射.

5. 求出将圆环域$2<|z|<5$映射为圆环域$4<|w|<10$且使$f(5)=-4$的分式线性

映射.

6.3 几个初等函数所构成的映射

6.3.1 幂函数与根式函数

我们知道,幂函数 $w=z^n$($n\geqslant 2$ 为自然数)在 z 平面内是处处可导的,且它的导数是

$$\frac{\mathrm{d}w}{\mathrm{d}z}=nz^{n-1}$$

因而,当 $z\neq 0$ 时,$\frac{\mathrm{d}w}{\mathrm{d}z}\neq 0$. 所以,在 z 平面内除去原点外,由 $w=z^n$ 所构成的映射是处处共性的.

下面讨论该映射在 $z=0$ 处的性质. 若令 $z=r\mathrm{e}^{\mathrm{i}\theta}$,$w=p\mathrm{e}^{\mathrm{i}\varphi}$,则由 $\rho\mathrm{e}^{\mathrm{i}\varphi}=r^n\mathrm{e}^{\mathrm{i}n\theta}$ 可得,

$$p=r^n,\quad \varphi=n\theta$$

由此可见,在 $w=z^n$ 映射下,z 平面上的圆周 $|z|=r$ 映射成 w 平面上的圆周 $|w|=r^n$,特别是单位圆周 $|z|=1$ 映射成单位圆周 $|w|=1$;射线 $\theta=\theta_0$ 映射成射线 $\varphi=n\theta_0$;正实轴 $\theta=0$映射成正实轴 $\varphi=0$;角形域 $0<\theta<\theta_0\left(\theta_0<\frac{2\pi}{n}\right)$映射成角形域 $0<\varphi<n\theta_0$(见图 6.14). 从这里可以看出,在 $z=0$ 处角形域的张角经过这一映射后变成了原来的 n 倍. 因此,当 $n\geqslant 2$ 时,映射 $w=z^n$ 在 $z=0$ 处没有保角性.

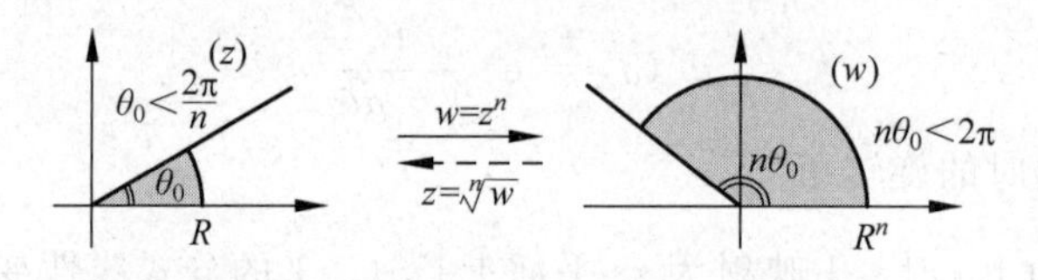

图 6.14

显然,角形域 $0<\theta<\frac{2\pi}{n}$映射成沿正实轴剪开的 w 平面 $0<\varphi<2\pi$(见图 6.15),它的一边 $\theta=0$ 映射成 w 平面正实轴的上岸 $\varphi=0$;另外一边 $\theta=\frac{2\pi}{n}$映射成 w 平面正实轴的下岸 $\varphi=2\pi$. 这样两个域上的点在所给的映射($w=z^n$ 或 $z=\sqrt[n]{w}$)下是一一对应的.

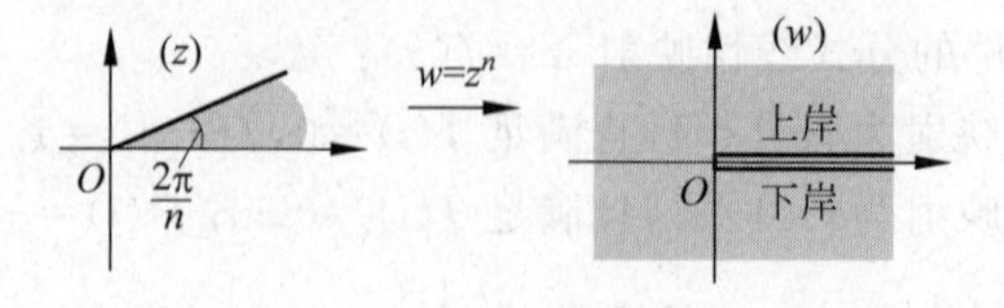

图 6.15

幂函数 $w=z^n$ 所构成的映射的特点是:把以原点为顶点的角形域映射成以原点为顶点的角形域,但张角变成了原来的 n 倍. 因此,如果要把角形域映射成角形域,我们经常利用幂函数.

根式函数 $w=\sqrt[n]{z}$ 是幂函数的逆映射，则将角形域 $0<\theta<n\theta_0\left(\theta_0<\dfrac{2\pi}{n}\right)$ 共形映射为角形域$(0<\varphi<\theta_0)$.

【例 6.8】 已知区域 $D=\left\{z\,\middle|\,\dfrac{\pi}{4}<\arg z<\dfrac{\pi}{2},0<|z|<2\right\}$，求区域 D 在映射 $w=(ze^{-\frac{\pi}{4}i})^4$ 下的象区域 G.

【解】 令 $w_1=ze^{-\frac{\pi}{4}i}$，则 $w=w_1^4$，如图 6.16 所示.

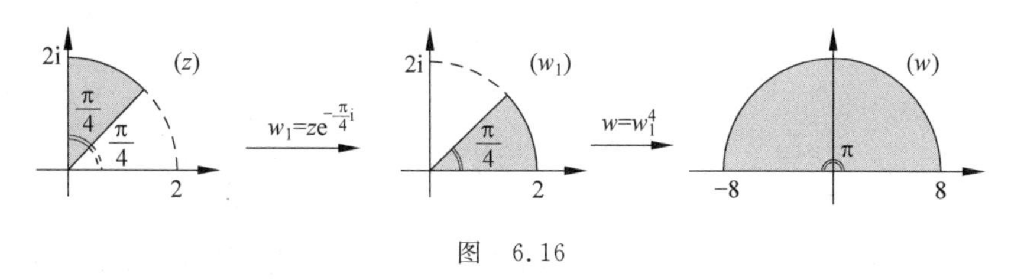

图 6.16

如图所示，所求的象区域 G 为：$G=\{z\,|\,|z|<8,\mathrm{Im}z>0\}$.

【例 6.9】 求把角形域 $0<\arg z<\dfrac{\pi}{4}$ 映射成单位圆 $|w|<1$ 的一个映射.

【解】 $\xi=z^4$ 将所给的角形域 $0<\arg z<\dfrac{\pi}{4}$ 映射成上半平面 $\mathrm{Im}(\xi)>0$，且映射 $w=\dfrac{\xi-i}{\xi+i}$ 将上半平面映射成单位圆 $|w|<1$(见图 6.17). 因此，所求的映射为 $w=\dfrac{z^4-i}{z^4+i}$.

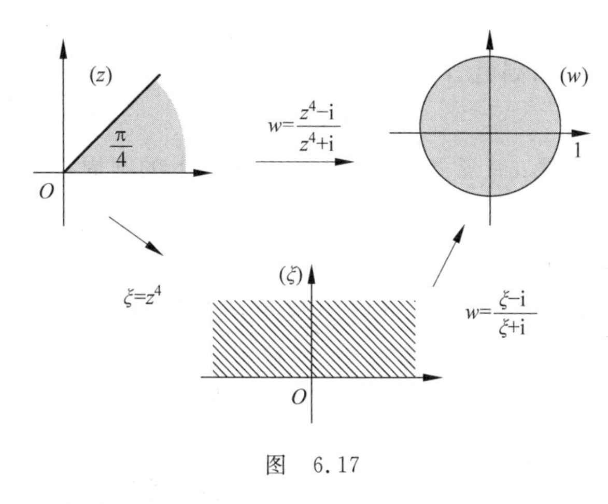

图 6.17

【例 6.10】 求一个映射，它把半月形域：$|z|<2,\mathrm{Im}z>1$ 保角地映射成上半平面.

【解】 设 $|z=2|$ 和 $\mathrm{Im}z=1$ 的交点分别为 z_1,z_2，解方程组

$$\begin{cases}x^2+y^2=4\\ y=1\end{cases}$$

得 $x=\pm\sqrt{3}$，即 $z_1=-\sqrt{3}+i,z_2=\sqrt{3}+i$，并且可知在点 z_1 处 $|z=2|$ 和 $\mathrm{Im}z=1$ 的交角$\alpha=\dfrac{\pi}{3}$.

先将圆弧和直线段映射成从原点出发的两条射线，这样半月形域就被映射成角形域，z_1 和 z_2 分别映射成 $w_1=0$ 和 $w_1=\infty$，作分式线性映射

$$w_1 = k\frac{z-z_1}{z-z_2} = k\frac{z-(-\sqrt{3}+\mathrm{i})}{z-(\sqrt{3}+\mathrm{i})} \quad (k\ 为常数)$$

若取 $k=-1$,则可将半月形域保角映射成角形域 $0<\arg w_1<\dfrac{\pi}{3}$($k$ 的值可用线段 $\mathrm{i}<y<2\mathrm{i}$ 在角形域内确定). 再通过幂函数 $w=w_1^3$ 将角形域 $0<\arg w_1<\dfrac{\pi}{3}$ 映射成上半平面(见图 6.18). 因此所求的映射为:

$$w=-\left(\frac{z+\sqrt{3}-\mathrm{i}}{z-\sqrt{3}-\mathrm{i}}\right)^3$$

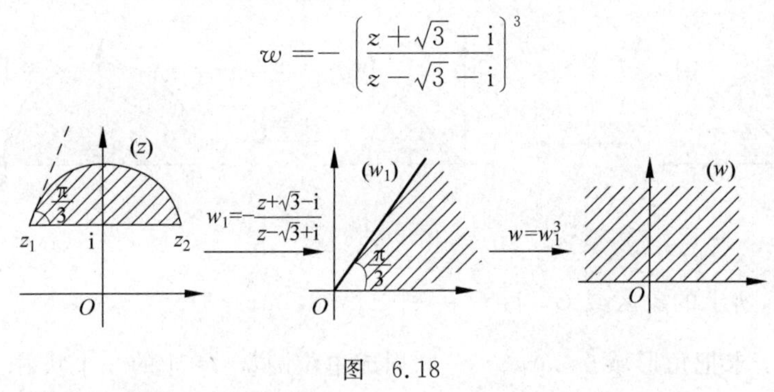

图 6.18

6.3.2 指数函数与对数函数

指数函数 $w=\mathrm{e}^z$ 在 z 平面内解析,且 $w'=(\mathrm{e}^z)'=\mathrm{e}^z\neq 0$,因此,由 $w=\mathrm{e}^z$ 所构成的映射是全平面上的共形映射.

设 $z=x+\mathrm{i}y, w=\rho\mathrm{e}^{\mathrm{i}\varphi}$,则由 $\rho\mathrm{e}^{\mathrm{i}\varphi}=\mathrm{e}^x\cdot\mathrm{e}^{\mathrm{i}y}$,得

$$\rho=\mathrm{e}^x, \quad \varphi=y$$

由此可知,z 平面上的直线 $x=$ 常数,被映射成 w 平面上的圆周 $\rho=$ 常数;而直线 $y=$ 常数,被映射成射线 $\varphi=$ 常数.

当实轴 $y=0$ 平行移动到直线 $y=a(0<a\leqslant 2\pi)$时,带形域 $0<\mathrm{Im}(z)<a$ 映射成角形域 $0<\arg w<a$. 特别地,带形域 $0<\mathrm{Im}(z)<2\pi$ 映射成沿正实轴剪开的 w 平面:$0<\arg w<2\pi$(见图 6.19),它们之间的点是一一对应的.

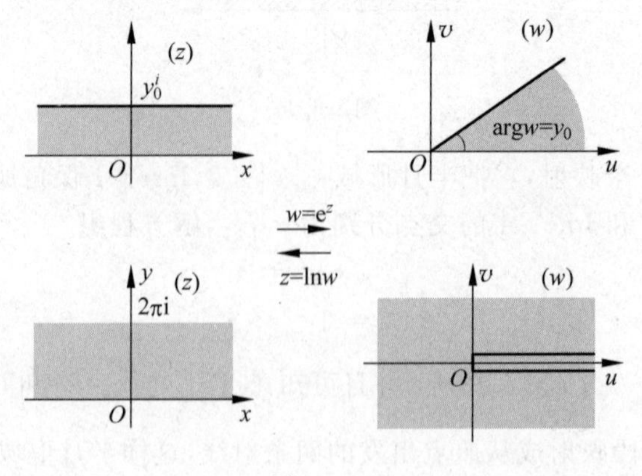

图 6.19

由指数函数 $w=\mathrm{e}^z$ 所构成的映射的特点是：把水平的带形域 $0<\mathrm{Im}(z)<a(a\leqslant 2\pi)$ 映射成角形域 $0<\arg w<a$.

对数函数 $w=\ln z$ 是指数函数 $z=\mathrm{e}^w$ 的反函数，它在区域 D：$-\pi<\arg z<\pi$ 内解析，在 D 内

$$w=\ln z=\ln|z|+\mathrm{i}\arg z,\quad (\ln z)'=\frac{1}{z}\neq 0$$

因此，它在 D 内是保角映射.

【例 6.11】 求把带形域 $0<\mathrm{Im}(z)<\pi$ 映射成单位圆 $|w|<1$ 的一个映射.

【解】 由于映射 $\xi=\mathrm{e}^z$ 将所给的带形域映射成 ξ 平面的上半平面 $\mathrm{Im}(\xi)>0$，又由于映射 $w=\frac{\xi-\mathrm{i}}{\xi+\mathrm{i}}$ 将上半平面 $\mathrm{Im}(\xi)>0$ 映射成单位圆 $|w|<1$（见图 6.20）. 因此所求的映射为

$$w=\frac{\mathrm{e}^z-\mathrm{i}}{\mathrm{e}^z+\mathrm{i}}$$

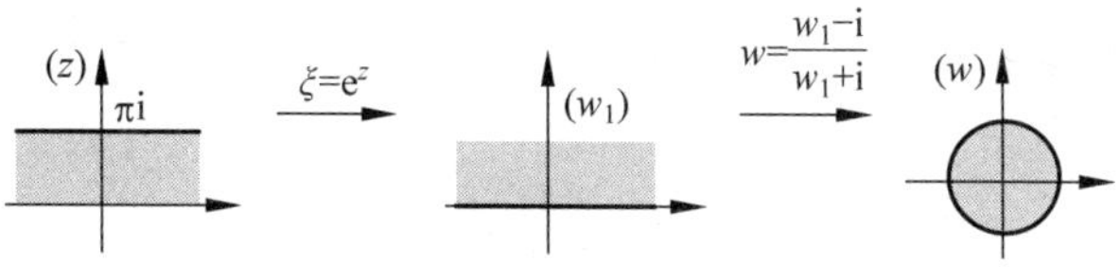

图　6.20

【例 6.12】 把带形域 $a<\mathrm{Re}(z)<b$ 映射成上半平面 $\mathrm{Im}(w)>0$ 的一个映射.

【解】 带形域 $a<\mathrm{Re}(z)<b$ 经过平行移动、放大（或缩小）及旋转映射

$$\xi=\frac{\pi\mathrm{i}}{b-a}(z-a)$$

后可映射成带形域 $0<\mathrm{Im}(\xi)<\pi$. 再用映射 $w=\mathrm{e}^\xi$，就可以把带形域 $0<\mathrm{Im}(\xi)<\pi$ 映射成上半平面 $\mathrm{Im}(w)>0$（见图 6.21）. 因此所求的映射为

$$w=\mathrm{e}^{\frac{\pi\mathrm{i}}{b-a}}(z-a)$$

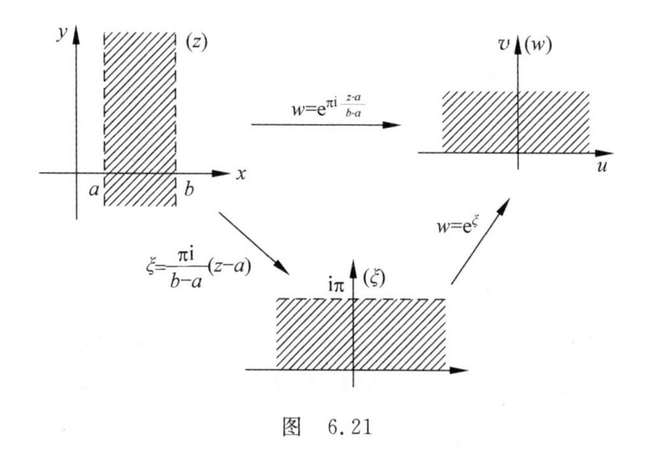

图　6.21

【例 6.13】 求把具有割痕$-\infty\leqslant \mathrm{Re}(z)\leqslant a,\mathrm{Im}(z)=H$的带形域$0<\mathrm{Im}(z)<2H$映射成带形域$0<\mathrm{Im}(w)<2H$的一个映射.

【解】 不难验证,函数

$$z_1 = \mathrm{e}^{\frac{\pi z}{2h}}$$

把z平面内具有所设割痕的带形域映射成去掉了虚轴上一段线段$0<\mathrm{Im}(z)\leqslant b$的上半$z_1$平面,其中$b=\mathrm{e}^{\frac{\pi z}{2h}}$.因为

$$\arg z_1 = \arg \mathrm{e}^{\frac{\pi z}{2H}} = \frac{\pi}{2H}y \quad (x = x + \mathrm{i}y)$$

所以当直线$y=$常数从$y=2H$开始,经过$y=H$,平行下移到$y=0$时,射线$\arg z_1=\frac{\pi}{2H}y$从$\arg z_1=\pi$开始,经过$\arg z_1=\frac{\pi}{2}$变到$\arg z_1=0$.而点$z=a+H\mathrm{i}$被$z_1=\mathrm{e}^{\frac{\pi z}{2h}}$映射成点$z_1=\mathrm{i}\mathrm{e}^{\frac{\pi z}{2h}}=\mathrm{i}b$.又因为映射

$$z_2 = \sqrt{z_1^2 + b^2}$$

把去掉了虚轴上一段线段的上半z_1平面映射成上半z_2平面(见图 6.22).再利用对数函数

$$w = \frac{2H}{\pi}\ln z_2$$

便得到了所求的映射:

$$w = \frac{2H}{\pi}\ln \sqrt{\mathrm{e}^{\frac{\pi z}{H}} + \mathrm{e}^{\frac{\pi a}{H}}}$$

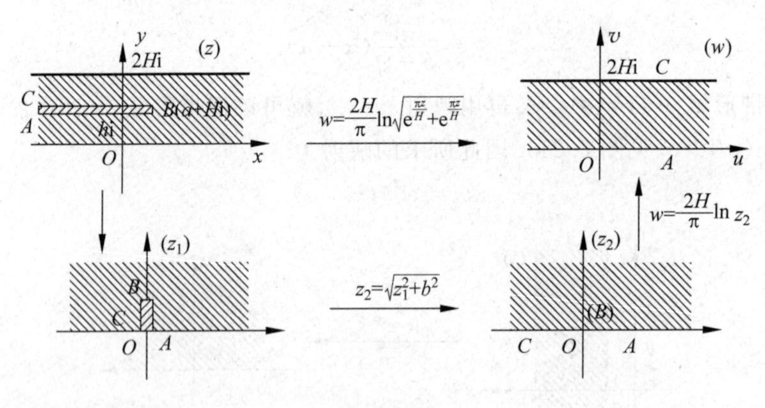

图 6.22

习题 6.3

1. 求一个函数,它将裂缝$x=a,1\leqslant y\leqslant h$的上半平面保角地映射成上半平面.

2. 求将单位圆的外部$|z|>1$保形映射为全平面除去线段$-1<\mathrm{Re}(w)<1$,$\mathrm{Im}(w)=0$的映射.

3. 求将割去负实轴 $-\infty<\mathrm{Re}(z)\leqslant 0, \mathrm{Im}(z)=0$ 的带形区域 $-\frac{\pi}{2}<\mathrm{Im}(z)<\frac{\pi}{2}$ 映射为半带形区域 $-\pi<\mathrm{Im}(w)<\pi, \mathrm{Re}(w)>0$ 的映射.

4. 求将由 $|z|<1$ 及 $|z-1|<1$ 所确定的区域保角地映射为上半平面 $\mathrm{Im}(w)>0$ 的映射.

5. 求将沿虚轴有割痕从 $z=0$ 至 $z=2\mathrm{i}$ 的上半平面保角地映射为上半平面 $\mathrm{Im}(w)>0$ 的映射.

第7章

傅里叶变换

在自然科学和工程技术中为了把较复杂的运算转化为较简单的运算，人们经常要采用变换. 例如在初等数学中，数的乘法和除法运算可以通过取对数变换为较简单的加法和减法运算. 在工程数学中，积分变换能够将分析运算(如微分、积分)转化为代数运算，正是积分变换的这一特性，使得它在微分方程、偏微分方程的求解中成为重要的方法之一. 积分变换的理论方法不仅在数学的诸多分支中得到广泛的应用，而且在许多科学技术领域(如物理、力学、现代光学、无线电技术以及信号处理等方面)发挥着十分重要的作用.

傅里叶变换就是一种重要的积分变换，其基本思想首先由法国学者傅里叶系统提出，所以以他名字来命名以示纪念. 本章主要介绍傅里叶变换的概念与性质、δ-函数及傅里叶变换的应用.

7.1 傅里叶积分

在高等数学中，已经介绍过傅里叶级数，本节将从周期函数的傅里叶级数出发，推导一般函数 $f(t)$的傅里叶积分表达式，即傅里叶积分公式.

7.1.1 周期函数的傅里叶级数

在高等数学中可知，在傅里叶级数中，如果一个以 T 为周期的周期函数 $f_T(t)$满足狄利克雷条件，即函数 $f_T(t)$在$\left[-\frac{T}{2},\frac{T}{2}\right]$上满足：

(1) 连续或只有有限个第一类间断点；

(2) 只有有限个极值点；

则 $f_T(t)$可以展开为傅里叶级数，并且在连续点处有

$$f_T(t)=\frac{a_0}{2}+\sum_{n=1}^{\infty}(a_n\cos nw\,t+b_n\sin nw\,t)$$

其中，

$$w=\frac{2\pi}{T}$$

$$a_0=\frac{2}{T}\int_{-\frac{T}{2}}^{\frac{T}{2}}f_T(t)\,\mathrm{d}t$$

$$a_n = \frac{2}{T}\int_{-\frac{T}{2}}^{\frac{T}{2}} f_T(t)\cos nw\,t\,\mathrm{d}t, \quad n = 1,2,3,\cdots$$

$$b_n = \frac{2}{T}\int_{-\frac{T}{2}}^{\frac{T}{2}} f_T(t)\sin nw\,t\,\mathrm{d}t, \quad n = 1,2,3,\cdots$$

为了方便应用,通常把傅里叶级数的三角形式转换为复指数形式.利用欧拉公式

$$\cos\varphi = \frac{\mathrm{e}^{\mathrm{i}\varphi} + \mathrm{e}^{-\mathrm{i}\varphi}}{2}, \quad \sin\varphi = \frac{\mathrm{e}^{\mathrm{i}\varphi} - \mathrm{e}^{-\mathrm{i}\varphi}}{2\mathrm{i}}$$

于是有

$$\begin{aligned} f_T(t) &= \frac{a_0}{2} + \sum_{n=1}^{\infty}\left(a_n \frac{\mathrm{e}^{\mathrm{i}nw\,t} + \mathrm{e}^{-\mathrm{i}nw\,t}}{2} + b_n \frac{\mathrm{e}^{\mathrm{i}nw\,t} - \mathrm{e}^{-\mathrm{i}nw\,t}}{2\mathrm{i}}\right) \\ &= \frac{a_0}{2} + \sum_{n=1}^{\infty}\left[\frac{a_n - \mathrm{i}b_n}{2}\mathrm{e}^{\mathrm{i}nw\,t} + \frac{a_n + \mathrm{i}b_n}{2}\mathrm{e}^{-\mathrm{i}nw\,t}\right] \end{aligned}$$

如果令

$$c_0 = \frac{a_0}{2} = \frac{1}{T}\int_{-\frac{T}{2}}^{\frac{T}{2}} f_T(t)\,\mathrm{d}t$$

$$c_n = \frac{a_n - \mathrm{i}b_n}{2} = \frac{1}{T}\int_{-\frac{T}{2}}^{\frac{T}{2}} f_T(t)\mathrm{e}^{-\mathrm{i}nw\,t}\,\mathrm{d}t, \quad n = 1,2,3,\cdots$$

$$c_{-n} = \frac{a_n + \mathrm{i}b_n}{2} = \frac{1}{T}\int_{-\frac{T}{2}}^{\frac{T}{2}} f_T(t)\mathrm{e}^{\mathrm{i}nw\,t}\,\mathrm{d}t, \quad n = 1,2,3,\cdots$$

则上述几个表达式可以合并为一个式子,即

$$c_n = \frac{1}{T}\int_{-\frac{T}{2}}^{\frac{T}{2}} f_T(t)\mathrm{e}^{-\mathrm{i}nw\,t}\,\mathrm{d}t, \quad n = 0, \pm 1, \pm 2, \pm 3,\cdots$$

若令

$$w_n = nw, \quad n = 0, \pm 1, \pm 2,\cdots$$

则有

$$f_T(t) = c_0 + \sum_{n=1}^{\infty}\left[c_n\mathrm{e}^{\mathrm{i}w_n t} + c_{-n}\mathrm{e}^{-\mathrm{i}w_n t}\right] = \sum_{n=-\infty}^{+\infty} c_n \mathrm{e}^{\mathrm{i}w_n t}$$

这就是傅里叶级数的复指数形式,或者写为

$$f_T(t) = \frac{1}{T}\sum_{n=-\infty}^{+\infty}\left[\int_{-\frac{T}{2}}^{\frac{T}{2}} f_T(\tau)\mathrm{e}^{-\mathrm{i}w_n\tau}\,\mathrm{d}\tau\right]\mathrm{e}^{\mathrm{i}w_n t}$$

7.1.2 非周期函数的傅里叶积分公式

对定义在$(-\infty,+\infty)$上的非周期函数 $f(t)$,可视其周期为$+\infty$.于是令 $T\to+\infty$,便有

$$\begin{aligned} f(t) &= \lim_{T\to+\infty} f_T(t) \\ &= \lim_{T\to\pm\infty}\frac{1}{T}\sum_{n=-\infty}^{+\infty}\left[\int_{-\frac{T}{2}}^{\frac{T}{2}} f_T(\tau)\mathrm{e}^{-\mathrm{i}w_n\tau}\,\mathrm{d}\tau\right]\mathrm{e}^{\mathrm{i}w_n t} \end{aligned}$$

当 n 取一切整数时,w_n 所对应的点便均匀地分布在整个数轴上,将相邻两点间的距离记为 Δw_n,即 $\Delta w_n = w_n - w_{n-1} = nw - (n-1)w = w = \frac{2\pi}{T}$,则

$$f(t)=\lim_{\Delta w_n\to 0}\frac{1}{2\pi}\sum_{n=-\infty}^{+\infty}\left[\int_{-\frac{T}{2}}^{\frac{T}{2}}f_T(\tau)\mathrm{e}^{-\mathrm{i}w_n\tau}\mathrm{d}\tau\right]\mathrm{e}^{\mathrm{i}w_n t}\Delta w_n$$

当 t 固定时,记

$$\Phi_T(w_n)=\frac{1}{2\pi}\left[\int_{-\frac{T}{2}}^{\frac{T}{2}}f_T(\tau)\mathrm{e}^{-\mathrm{i}w_n\tau}\mathrm{d}\tau\right]\mathrm{e}^{\mathrm{i}w_n t}$$

于是有

$$f(t)=\lim_{\Delta w_n\to 0}\sum_{n=-\infty}^{+\infty}\Phi_T(w_n)\Delta w_n$$

很明显,当 $\Delta w_n\to 0$,即 $T\to+\infty$时,$\Phi_T(w_n)\to\Phi(w_n)$,这里

$$\Phi(w_n)=\frac{1}{2\pi}\left[\int_{-\infty}^{+\infty}f(\tau)\mathrm{e}^{-\mathrm{i}w_n\tau}\mathrm{d}\tau\right]\mathrm{e}^{\mathrm{i}w_n t}$$

从而,$f(t)$可以看做是 $\Phi(w_n)$在$(-\infty,+\infty)$上的积分

$$f(t)=\int_{-\infty}^{+\infty}\Phi(w_n)\mathrm{d}w_n,$$

即 $f(t)=\int_{-\infty}^{+\infty}\Phi(w)\mathrm{d}\omega$, 亦即

$$f(t)=\frac{1}{2\pi}\int_{-\infty}^{+\infty}\left[\int_{-\infty}^{+\infty}f(\tau)\mathrm{e}^{-\mathrm{i}w\tau}\mathrm{d}\tau\right]\mathrm{e}^{\mathrm{i}wt}\mathrm{d}w$$

这个公式称为函数 $f(t)$的傅里叶积分公式.至于一个非周期函数 $f(t)$在什么条件下可以用傅里叶积分公式来表示,我们看下面的收敛定理.

定理 7.1(傅里叶积分定理) 若函数 $f(t)$在$(-\infty,+\infty)$上满足下列条件:

(1) $f(t)$在任一有限子区间上满足狄利克雷条件;

(2) $f(t)$在无限区间$(-\infty,+\infty)$上绝对可积$\left(\text{即积分}\int_{-\infty}^{+\infty}|f(t)|\mathrm{d}t\text{ 收敛}\right)$,

则有

$$f(t)=\frac{1}{2\pi}\int_{-\infty}^{+\infty}\left[\int_{-\infty}^{+\infty}f(\tau)\mathrm{e}^{-\mathrm{i}w\tau}\mathrm{d}\tau\right]\mathrm{e}^{\mathrm{i}wt}\mathrm{d}w$$

成立,而左端的 $f(t)$在它的间断点 t 处,应以$\dfrac{f(t+0)+f(t-0)}{2}$代替.

【注】 这个定理的条件是充分的,它的证明要用到较多的基础理论,这里从略.

7.1.3 傅里叶积分公式的变形形式

1. 三角形式

由傅里叶积分公式的复数形式,即

$$\begin{aligned}f(t)&=\frac{1}{2\pi}\int_{-\infty}^{+\infty}\left[\int_{-\infty}^{+\infty}f(\tau)\mathrm{e}^{-\mathrm{i}w\tau}\mathrm{d}\tau\right]\mathrm{e}^{\mathrm{i}wt}\mathrm{d}w\\&=\frac{1}{2\pi}\int_{-\infty}^{+\infty}\left[\int_{-\infty}^{+\infty}f(\tau)\mathrm{e}^{\mathrm{i}w(t-\tau)}\mathrm{d}\tau\right]\mathrm{d}w\\&=\frac{1}{2\pi}\int_{-\infty}^{+\infty}\left[\int_{-\infty}^{+\infty}f(\tau)\cos w(t-\tau)\mathrm{d}\tau+\mathrm{i}\int_{-\infty}^{+\infty}f(\tau)\sin w(t-\tau)\mathrm{d}\tau\right]\mathrm{d}w\end{aligned}$$

考虑到积分 $\int_{-\infty}^{+\infty}f(\tau)\sin w(t-\tau)\mathrm{d}\tau$ 是 w 的奇函数,所以有

$$\int_{-\infty}^{+\infty}\left[\int_{-\infty}^{+\infty}f(\tau)\sin w(t-\tau)\mathrm{d}\tau\right]\mathrm{d}w=0$$

从而

$$f(t)=\frac{1}{2\pi}\int_{-\infty}^{+\infty}\left[\int_{-\infty}^{+\infty}f(\tau)\cos w(t-\tau)\mathrm{d}\tau\right]\mathrm{d}w$$

又考虑到积分 $\int_{-\infty}^{+\infty}f(\tau)\cos w(t-\tau)\mathrm{d}\tau$ 是 w 的偶函数，于是有

$$f(t)=\frac{1}{\pi}\int_{0}^{+\infty}\left[\int_{-\infty}^{+\infty}f(\tau)\cos w(t-\tau)\mathrm{d}\tau\right]\mathrm{d}w$$

上式称为 $f(t)$的傅里叶积分公式的三角形式.

2. 傅里叶正弦积分公式

在实际应用中，常常要考虑奇函数和偶函数的傅里叶积分公式. 当 $f(t)$为奇函数时，利用三角函数的和差公式，有

$$\begin{aligned}f(t)&=\frac{1}{\pi}\int_{0}^{+\infty}\left[\int_{-\infty}^{+\infty}f(\tau)\cos w(t-\tau)\mathrm{d}\tau\right]\mathrm{d}w\\&=\frac{1}{\pi}\int_{0}^{+\infty}\left[\int_{-\infty}^{+\infty}f(\tau)\cos w\tau\cos wt\,\mathrm{d}\tau\right]\mathrm{d}w+\frac{1}{\pi}\int_{0}^{+\infty}\left[\int_{-\infty}^{+\infty}f(\tau)\sin w\tau\sin wt\,\mathrm{d}\tau\right]\mathrm{d}w\end{aligned}$$

由于 $f(t)$为奇函数，则 $f(z)\cos w\tau$ 和 $f(z)\sin w\tau$ 分别是关于 z 的奇函数和偶函数. 因此

$$f(t)=\frac{2}{\pi}\int_{0}^{+\infty}\left[\int_{0}^{+\infty}f(\tau)\sin w\tau\,\mathrm{d}\tau\right]\sin wt\,\mathrm{d}w$$

3. 傅里叶余弦积分公式

同理，当 $f(t)$为偶函数时，利用三角函数的和差公式，有

$$\begin{aligned}f(t)&=\frac{1}{\pi}\int_{0}^{+\infty}\left[\int_{-\infty}^{+\infty}f(\tau)\cos w(t-\tau)\mathrm{d}\tau\right]\mathrm{d}w\\&=\frac{1}{\pi}\int_{0}^{+\infty}\left[\int_{-\infty}^{+\infty}f(\tau)\cos w\tau\cos wt\,\mathrm{d}\tau\right]\mathrm{d}w+\frac{1}{\pi}\int_{0}^{+\infty}\left[\int_{-\infty}^{+\infty}f(\tau)\sin w\tau\sin wt\,\mathrm{d}\tau\right]\mathrm{d}w\\&=\frac{2}{\pi}\int_{0}^{+\infty}\left[\int_{0}^{+\infty}f(\tau)\cos w\tau\,\mathrm{d}\tau\right]\cos wt\,\mathrm{d}w\end{aligned}$$

特别地，如果 $f(t)$仅在$(0,+\infty)$上有定义，且满足傅里叶积分存在定理的条件，我们可以采用类似于傅里叶级数中奇延拓或偶延拓的方法，得到 $f(t)$相应的傅里叶正弦积分展开式或傅里叶余弦积分展开式.

【例 7.1】 求函数 $f(t)=\begin{cases}1, & |t|\leqslant 1\\ 0, & \text{其他}\end{cases}$的傅里叶积分表达式.

【解法 1】 利用傅里叶积分公式的复数形式，在 $f(t)$的连续点处，有

$$\begin{aligned}f(t)&=\frac{1}{2\pi}\int_{-\infty}^{+\infty}\left[\int_{-\infty}^{+\infty}f(\tau)\mathrm{e}^{-\mathrm{i}w\tau}\mathrm{d}\tau\right]\mathrm{e}^{\mathrm{i}wt}\mathrm{d}w\\&=\frac{1}{2\pi}\int_{-\infty}^{+\infty}\left[\int_{-1}^{1}(\cos w\tau-\mathrm{i}\sin w\tau)\mathrm{d}\tau\right]\mathrm{e}^{\mathrm{i}wt}\mathrm{d}w\\&=\frac{1}{\pi}\int_{-\infty}^{+\infty}\left[\int_{0}^{1}\cos w\tau\,\mathrm{d}\tau\right]\mathrm{e}^{\mathrm{i}wt}\mathrm{d}w\end{aligned}$$

$$
\begin{aligned}
&= \frac{1}{\pi}\int_{-\infty}^{+\infty} \frac{\sin w}{w}(\cos wt + \mathrm{i}\sin wt)\,\mathrm{d}w \\
&= \frac{2}{\pi}\int_{0}^{+\infty} \frac{\sin w\cos wt}{w}\,\mathrm{d}w \quad (t \neq \pm 1)
\end{aligned}
$$

当 $t=\pm 1$ 时，$f(t)=\dfrac{f(\pm 1+0)+f(\pm 1-0)}{2}=\dfrac{1}{2}$.

【解法 2】 利用傅里叶积分公式的三角形式，在 $f(t)$ 的连续点处，有

$$
\begin{aligned}
f(t) &= \frac{1}{\pi}\int_{0}^{+\infty}\left[\int_{-\infty}^{+\infty} f(\tau)\cos w(t-\tau)\,\mathrm{d}\tau\right]\mathrm{d}w \\
&= \frac{1}{\pi}\int_{0}^{+\infty}\left[\int_{-1}^{1} \cos w(t-\tau)\,\mathrm{d}\tau\right]\mathrm{d}w \\
&= \frac{1}{\pi}\int_{0}^{+\infty}\left[\int_{-1}^{1} (\cos wt\cos w\tau - \sin wt\sin w\tau)\,\mathrm{d}\tau\right]\mathrm{d}w \\
&= \frac{1}{\pi}\int_{0}^{+\infty}\left[\int_{-1}^{1} \cos wt\cos w\tau\,\mathrm{d}\tau\right]\mathrm{d}w \\
&= \frac{2}{\pi}\int_{0}^{+\infty}\left[\int_{0}^{1} \cos w\tau\,\mathrm{d}\tau\right]\cos wt\,\mathrm{d}w \\
&= \frac{2}{\pi}\int_{0}^{+\infty} \frac{\sin w\cos wt}{w}\,\mathrm{d}w \quad (t \neq \pm 1)
\end{aligned}
$$

当 $t=\pm 1$ 时，$f(t)=\dfrac{f(\pm 1+0)+f(\pm 1-0)}{2}=\dfrac{1}{2}$.

【解法 3】 利用傅里叶余弦积分公式，在 $f(t)$ 的连续点处，有

$$
\begin{aligned}
f(t) &= \frac{2}{\pi}\int_{0}^{+\infty}\left[\int_{0}^{+\infty} f(\tau)\cos w\tau\,\mathrm{d}\tau\right]\cos wt\,\mathrm{d}w \\
&= \frac{2}{\pi}\int_{0}^{+\infty}\left[\int_{0}^{1} \cos w\tau\,\mathrm{d}\tau\right]\cos wt\,\mathrm{d}w \\
&= \frac{2}{\pi}\int_{0}^{+\infty} \frac{\sin w\cos wt}{w}\,\mathrm{d}w \quad (t \neq \pm 1)
\end{aligned}
$$

当 $t=\pm 1$ 时，$f(t)=\dfrac{f(\pm 1+0)+f(\pm 1-0)}{2}=\dfrac{1}{2}$.

根据上述的结果，有

$$
\frac{2}{\pi}\int_{0}^{+\infty} \frac{\sin w\cos wt}{w}\,\mathrm{d}w = \begin{cases} f(t), & |t| \neq 1 \\ \dfrac{1}{2}, & |t| = 1 \end{cases}
$$

即

$$
\int_{0}^{+\infty} \frac{\sin w\cos wt}{w}\,\mathrm{d}w = \begin{cases} \dfrac{\pi}{2}, & |t| < 1 \\ \dfrac{\pi}{4}, & |t| = 1 \\ 0, & |t| > 1 \end{cases}
$$

由此可以看出，利用 $f(t)$ 的傅里叶积分表达式可以推证一些广义积分的结果，这里，当 $t=0$时，有

$$\int_0^{+\infty} \frac{\sin w}{w} \mathrm{d}w = \frac{\pi}{2}$$

这就是著名的狄利克雷积分.

习题 7.1

1. 若 $f(t)$满足傅里叶积分定理条件,则有

$$f(t) = \int_0^{+\infty} a(w)\cos wt\,\mathrm{d}w + \int_0^{+\infty} b(w)\sin wt\,\mathrm{d}w$$

其中,$a(w)=$________________,$b(w)=$________________.

2. 试求下列函数的傅里叶积分表达式:

(1) $f(t)=\begin{cases} t, & |t|\leqslant 1 \\ 0, & |t|>1 \end{cases}$;　　(2) $f(t)=\begin{cases} 0, & -\infty<t<-1 \\ -1, & -1<t<0 \\ 1, & 0<t<1 \\ 0, & 1<t<+\infty \end{cases}$.

3. 求函数 $f(t)=\begin{cases} \sin t, & |t|\leqslant\pi \\ 0 & |t|>\pi \end{cases}$的傅里叶积分,并证明:

$$\int_0^{+\infty} \frac{\sin w\pi \sin wt}{1-w^2}\mathrm{d}w = \begin{cases} \dfrac{\pi}{2}\sin t, & |t|\leqslant\pi \\ 0, & |t|>\pi \end{cases}$$

4. 求函数 $f(t)=\mathrm{e}^{-\beta t}(\beta>0,t\geqslant 0)$的傅里叶正弦积分表达式和傅里叶余弦积分表达式.

7.2　傅里叶变换的概念

7.2.1　傅里叶变换的定义

由傅里叶积分定理知,若函数 $f(t)$满足一定条件,则在其连续点处,有

$$f(t) = \frac{1}{2\pi}\int_{-\infty}^{+\infty}\left[\int_{-\infty}^{+\infty} f(\tau)\mathrm{e}^{-\mathrm{i}w\tau}\mathrm{d}\tau\right]\mathrm{e}^{\mathrm{i}wt}\mathrm{d}w$$

若令

$$F(w) = \int_{-\infty}^{+\infty} f(t)\mathrm{e}^{-\mathrm{i}wt}\mathrm{d}t$$

则

$$f(t) = \frac{1}{2\pi}\int_{-\infty}^{+\infty} F(w)\mathrm{e}^{\mathrm{i}wt}\mathrm{d}w$$

由此可见,函数 $f(t)$和 $F(w)$通过上述积分运算可以相互表达.

定义 7.1　设 $f(t)$为定义在$(-\infty,+\infty)$上的函数,并且满足傅里叶积分定理条件,则由积分

$$F(w) = \int_{-\infty}^{+\infty} f(t)\mathrm{e}^{-\mathrm{i}wt}\mathrm{d}t$$

建立的从 $f(t)$到 $F(w)$的对应称为傅里叶变换(简称傅氏变换),用字母 $\mathscr{F}$ 表示,即

$$F(w)=\mathscr{F}[f(t)]=\int_{-\infty}^{+\infty}f(t)\mathrm{e}^{-\mathrm{i}wt}\mathrm{d}t$$

积分

$$f(t)=\frac{1}{2\pi}\int_{-\infty}^{+\infty}F(w)\mathrm{e}^{\mathrm{i}wt}\mathrm{d}w$$

建立的从 $F(w)$ 到 $f(t)$ 的对应称为傅里叶逆变换(简称傅氏逆变换),用字母 $\mathscr{F}^{-1}$ 表示,即

$$f(t)=\mathscr{F}^{-1}[F(w)]=\frac{1}{2\pi}\int_{-\infty}^{+\infty}F(w)\mathrm{e}^{\mathrm{i}wt}\mathrm{d}w$$

此时,$f(t)$ 称为傅里叶变换的象原函数,$F(w)$ 称为傅里叶变换的象函数,象原函数与象函数构成一组傅氏变换对.

【注】 傅里叶变换和频谱概念有着非常密切的关系,在频谱分析中,傅氏变换 $F(w)$ 又称为 $f(t)$ 的频谱函数,而频谱函数的模 $|F(w)|$ 称为 $f(t)$ 的振幅频谱(简称频谱).对一个时间函数做傅氏变换,就相当于求这个函数的频谱函数.

【例 7.2】 求函数 $f(t)=\begin{cases}0, & t<0\\ \mathrm{e}^{-\beta t}, & t\geqslant 0\end{cases}$ $(\beta>0)$ 的傅里叶变换及其积分表达式.

【解】 $f(t)$ 的傅里叶变换为:

$$\begin{aligned}F(w)=\mathscr{F}[f(t)]&=\int_{-\infty}^{+\infty}f(t)\mathrm{e}^{-\mathrm{i}wt}\mathrm{d}t\\&=\int_{0}^{+\infty}\mathrm{e}^{-\beta t}\mathrm{e}^{-\mathrm{i}wt}\mathrm{d}t=\int_{0}^{+\infty}\mathrm{e}^{-(\beta+\mathrm{i}w)t}\mathrm{d}t\\&=-\frac{1}{\beta+\mathrm{i}w}\mathrm{e}^{-(\beta+\mathrm{i}w)t}\Big|_{0}^{+\infty}\\&=\frac{1}{\beta+\mathrm{i}w}=\frac{\beta-\mathrm{i}w}{\beta^2+w^2}\end{aligned}$$

$f(t)$ 的积分表达式为:

$$\begin{aligned}f(t)=\mathscr{F}^{-1}[F(w)]&=\frac{1}{2\pi}\int_{-\infty}^{+\infty}F(w)\mathrm{e}^{\mathrm{i}wt}\mathrm{d}w\\&=\frac{1}{2\pi}\int_{-\infty}^{+\infty}\frac{\beta-\mathrm{i}w}{\beta^2+w^2}\mathrm{e}^{\mathrm{i}wt}\mathrm{d}w=\frac{1}{2\pi}\int_{-\infty}^{+\infty}\frac{\beta-\mathrm{i}w}{\beta^2+w^2}(\cos wt+\mathrm{i}\sin wt)\mathrm{d}w\\&=\frac{1}{2\pi}\int_{-\infty}^{+\infty}\frac{\beta\cos wt+w\sin wt}{\beta^2+w^2}\mathrm{d}w+\mathrm{i}\frac{1}{2\pi}\int_{-\infty}^{+\infty}\frac{\beta\sin wt-w\cos wt}{\beta^2+w^2}\mathrm{d}w\\&=\frac{1}{2\pi}\int_{-\infty}^{+\infty}\frac{\beta\cos wt+w\sin wt}{\beta^2+w^2}\mathrm{d}w\\&=\frac{1}{\pi}\int_{0}^{+\infty}\frac{\beta\cos wt+w\sin wt}{\beta^2+w^2}\mathrm{d}w\end{aligned}$$

【注】

(1) 例 7.2 中的 $f(t)$ 叫做指数衰减函数,是工程技术中常遇到的一个函数;

(2) 从例 7.2 的结果中,我们顺便得到一个含参量的广义积分的结果:

$$\int_{0}^{+\infty}\frac{\beta\cos wt+w\sin wt}{\beta^2+w^2}\mathrm{d}w=\begin{cases}0, & t<0\\ \dfrac{\pi}{2}, & t=0\\ \pi\mathrm{e}^{-\beta t}, & t>0\end{cases}$$

【例 7.3】 解积分方程 $\int_0^{+\infty} f(x)\cos wx\,\mathrm{d}x = \begin{cases} 1-w, & 0\leqslant w\leqslant 1 \\ 0, & w>1 \end{cases}$.

【解】 补充函数 $f(x)$ 在区间 $(-\infty,0)$ 上的定义,使 $f(x)$ 在 $(-\infty,+\infty)$ 上为偶函数,则利用傅里叶余弦积分公式,有

$$\begin{aligned} f(t) &= \frac{2}{\pi}\int_0^{+\infty}\left[\int_0^{+\infty} f(x)\cos wx\,\mathrm{d}x\right]\cos wt\,\mathrm{d}w \\ &= \frac{2}{\pi}\int_0^1 (1-w)\cos wt\,\mathrm{d}w \\ &= \frac{2(1-\cos t)}{\pi t^2} \quad (t>0) \end{aligned}$$

即

$$f(x) = \frac{2(1-\cos x)}{\pi x^2} \quad (x>0)$$

7.2.2 单位脉冲函数及其傅里叶变换

1. δ-函数的定义

δ-函数是一个极为重要的函数,它的概念中所包含的思想在数学领域中流行了一个多世纪.由于它可表示许多函数的傅里叶变换,因此,利用 δ-函数可使傅里叶分析中的许多论证变得极为简单.在物理和工程技术中,常将 δ-函数称为单位脉冲函数.这是因为许多物理现象具有脉冲性质,例如,在电学中,要研究线性电路受到具有脉冲性质的电势作用后产生的电流;在力学中,要研究机械系统受冲击力作用后的运动情况等,而研究此类问题都要用到单位脉冲函数.

引例 设在原来电流为 0 的电路中,在时间 $t=0$ 时进入一单位电量脉冲,现在需要确定电路上的电流 $i(t)$.

用 $q(t)$ 表示上述电路中到时刻 t 为止通过导体截面的电荷函数(即累积电量),则

$$q(t) = \begin{cases} 0, & t\leqslant 0 \\ 1, & t>0 \end{cases}$$

由于电流强度是电荷函数对时间的变化率,即

$$i(t) = q'(t) = \lim_{\Delta t\to 0}\frac{q(t+\Delta t)-q(t)}{\Delta t}$$

所以,当 $t\neq 0$ 时,$i(t)=0$;当 $t=0$ 时,由于 $q(t)$ 是不连续的,从而在普通导数的意义下,$q(t)$ 在这一点导数不存在.如果我们形式地计算这个导数,则有

$$i(0) = \lim_{\Delta t\to 0}\frac{q(0+\Delta t)-q(0)}{\Delta t} = \lim_{\Delta t\to 0}\frac{1}{\Delta t} = \infty$$

这就表明,在通常意义下的函数类中找不到一个函数能够用来表示上述电路的电流强度,为了确定这种电路上的电流强度,必须引入一个新的函数,这个函数称为狄拉克(Dirac)函数,简称 δ-函数.

定义 7.2 满足条件

$$\delta(t)=\begin{cases}0, & t\neq 0\\ \infty, & t=0\end{cases} \quad 与 \quad \int_{-\infty}^{+\infty}\delta(t)\mathrm{d}t=1$$

的函数称为 δ-函数.

【注】 δ-函数是一个广义函数,它没有通常意义下的"函数值",也不能用通常意义下的"值的对应关系"来定义.形式上,δ-函数可以看成普通函数序列的极限,即

$$\delta(t)=\lim_{\varepsilon\to 0}\delta_{\varepsilon}(t)$$

其中

$$\delta_{\varepsilon}(t)=\begin{cases}0, & t<0\\ \dfrac{1}{\varepsilon}, & 0\leqslant t\leqslant\varepsilon\\ 0, & t>\varepsilon\end{cases}$$

对任何 $\varepsilon>0$,显然有 $\int_{-\infty}^{+\infty}\delta(t)\mathrm{d}t=\lim\limits_{\varepsilon\to 0}\int_{-\infty}^{+\infty}\delta_{\varepsilon}(t)\mathrm{d}t=\lim\limits_{\varepsilon\to 0}\int_{0}^{\varepsilon}\frac{1}{\varepsilon}\mathrm{d}t=1$. 即

$$\int_{-\infty}^{+\infty}\delta(t)\mathrm{d}t=1$$

2. δ-函数的性质

性质 7.1(筛选性质) 若 $f(t)$是无穷次可微函数,则有

$$\int_{-\infty}^{+\infty}\delta(t)f(t)\mathrm{d}t=f(0)$$

一般地,有

$$\int_{-\infty}^{+\infty}\delta(t-t_0)f(t)\mathrm{d}t=f(t_0)$$

【例 7.4】 求函数 $f(t)=\frac{1}{2}\left[\delta(t+\alpha)+\delta(t-\alpha)+\delta\left(t+\frac{\alpha}{2}\right)+\delta\left(t-\frac{\alpha}{2}\right)\right]$.

【解】 利用 δ-函数的筛选性质,有

$$\begin{aligned}F(w)=\mathscr{F}[f(t)]&=\int_{-\infty}^{+\infty}f(t)\mathrm{e}^{-\mathrm{i}wt}\mathrm{d}t\\&=\frac{1}{2}\left[\int_{-\infty}^{+\infty}\delta(t+a)\mathrm{e}^{-\mathrm{i}wt}\mathrm{d}t+\int_{-\infty}^{+\infty}\delta(t-a)\mathrm{e}^{-\mathrm{i}wt}\mathrm{d}t\right.\\&\quad\left.+\int_{-\infty}^{+\infty}\delta\left(t+\frac{a}{2}\right)\mathrm{e}^{-\mathrm{i}wt}\mathrm{d}t+\int_{-\infty}^{+\infty}\delta\left(t-\frac{a}{2}\right)\mathrm{e}^{-\mathrm{i}wt}\mathrm{d}t\right]\\&=\frac{1}{2}\left(\mathrm{e}^{-\mathrm{i}wt}\big|_{t=-a}+\mathrm{e}^{-\mathrm{i}wt}\big|_{t=a}+\mathrm{e}^{-\mathrm{i}wt}\big|_{t=\frac{a}{2}}+\mathrm{e}^{-\mathrm{i}wt}\big|_{t=-\frac{a}{2}}\right)\\&=\frac{1}{2}\left(\mathrm{e}^{\mathrm{i}wa}+\mathrm{e}^{-\mathrm{i}wa}+\mathrm{e}^{\mathrm{i}w\frac{a}{2}}+\mathrm{e}^{-\mathrm{i}w\frac{a}{2}}\right)\\&=\cos wa+\cos\frac{wa}{2}\end{aligned}$$

性质 7.2 δ-函数为偶函数,即 $\delta(t)=\delta(-t)$.

【证明】 因为 $F(w)=\mathscr{F}[\delta(t)]=\int_{-\infty}^{+\infty}\delta(t)\mathrm{e}^{-\mathrm{i}wt}\mathrm{d}t=\mathrm{e}^{-\mathrm{i}wt}\big|_{t=0}=1$,所以

$$\begin{aligned}\delta(t) &= \frac{1}{2\pi}\int_{-\infty}^{+\infty} 1 \cdot e^{iwt}\,dw \\ &= \frac{1}{2\pi}\int_{-\infty}^{+\infty} \cos wt\,dw \\ &= \frac{1}{2\pi}\int_{-\infty}^{+\infty} 1 \cdot e^{iw(-t)}\,dw \\ &= \delta(-t)\end{aligned}$$

性质 7.3　δ-函数是单位阶跃函数的导数，即 $\delta(t)=u'(t)$，其中 $u(t)=\begin{cases}1, & t>0\\ 0, & t<0\end{cases}$ 称为单位阶跃函数.

性质 7.4　设函数 $f(t)$ 有连续 n 阶导数，则有

$$\int_{-\infty}^{+\infty}\delta^{(n)}(t-t_0)f(t)\,dt=(-1)^n f^{(n)}(t_0),\quad n=0,1,2,\cdots$$

特别地，当 $t_0=0$ 时，有

$$\int_{-\infty}^{+\infty}\delta^{(n)}(t)f(t)\,dt=(-1)^n f^{(n)}(0),\quad n=0,1,2,\cdots$$

【证明】　用数学归纳法证明. 当 $n=0$ 时，上式显然成立.

当 $n=1$ 时，由于当 $t\neq t_0$ 时，$\delta(t)=0$，利用筛选性质，有

$$\int_{-\infty}^{+\infty}\delta'(t-t_0)f(t)\,dt=\delta(t-t_0)f(t)\Big|_{-\infty}^{+\infty}-\int_{-\infty}^{+\infty}\delta(t-t_0)f'(t)\,dt=-f'(t_0)$$

假设当 $n=k(k\geqslant 2)$ 时结论成立，即

$$\int_{-\infty}^{+\infty}\delta^{(k)}(t-t_0)f(t)\,dt=(-1)^k f^{(k)}(t_0)$$

则当 $n=k+1$ 时，有

$$\begin{aligned}\int_{-\infty}^{+\infty}\delta^{(k+1)}(t-t_0)f(t)\,dt &= \delta^{(k)}(t-t_0)f(t)\Big|_{-\infty}^{+\infty}-\int_{-\infty}^{+\infty}\delta^{(k)}(t-t_0)f'(t)\,dt \\ &= -(-1)^k f^{(k+1)}(t_0)=(-1)^{k+1}f^{(k+1)}(t_0)\end{aligned}$$

综上，结论成立.

3. δ-函数的傅里叶变换

根据 δ-函数的筛选性质，显然有

$$F(w)=\mathscr{F}[\delta(t)]=\int_{-\infty}^{+\infty}\delta(t)e^{-iwt}\,dt=e^{-iwt}\Big|_{t=0}=1$$

$$F(w)=\mathscr{F}[\delta(t-t_0)]=\int_{-\infty}^{+\infty}\delta(t-t_0)e^{-iwt}\,dt=e^{-iwt}\Big|_{t=t_0}=e^{-iwt_0}$$

所以，$\delta(t)$ 和 1，$\delta(t-t_0)$ 和 e^{-iwt_0} 分别构成了傅氏变换对.

【注】　上面这些积分不是通常意义下的积分，它们是根据 δ-函数的定义及性质从形式上推导出来的，在工程技术中，有许多重要的函数，如单位阶跃函数、常数函数、正余弦函数等都不满足傅里叶积分定理中绝对可积条件，但引入 δ-函数后便可以很方便地得到这些函数的傅氏变换.

【例 7.5】　证明：单位阶跃函数 $u(t)$ 在 $t\neq 0$ 时的傅里叶变换为

$$F(w)=\frac{1}{\mathrm{i}w}+\pi\delta(w)$$

【证明】 因为

$$\begin{aligned}\frac{1}{2\pi}\int_{-\infty}^{+\infty}F(w)\mathrm{e}^{\mathrm{i}wt}\mathrm{d}w&=\frac{1}{2\pi}\int_{-\infty}^{+\infty}\left[\frac{1}{\mathrm{i}w}+\pi\delta(w)\right]\mathrm{e}^{\mathrm{i}wt}\mathrm{d}w\\&=\frac{1}{2}\int_{-\infty}^{+\infty}\delta(w)\mathrm{e}^{\mathrm{i}wt}\mathrm{d}w+\frac{1}{2\pi\mathrm{i}}\int_{-\infty}^{+\infty}\frac{\mathrm{e}^{\mathrm{i}wt}}{w}\mathrm{d}w\\&=\frac{1}{2}+\frac{1}{\pi}\int_{0}^{+\infty}\frac{\sin wt}{w}\mathrm{d}w\end{aligned}$$

而

$$\int_{0}^{+\infty}\frac{\sin wt}{w}\mathrm{d}w=\begin{cases}\dfrac{\pi}{2}, & t>0\\0, & t=0\\-\dfrac{\pi}{2}, & t<0\end{cases}$$

当 $t=0$ 时,结果是显然的. 当 $t\neq 0$ 时,有

$$\frac{1}{2\pi}\int_{-\infty}^{+\infty}F(w)\mathrm{e}^{\mathrm{i}wt}\mathrm{d}w=\begin{cases}1, & t\geqslant 0\\0, & t<0\end{cases}=u(t)$$

即当 $t\neq 0$ 时,单位阶跃函数 $u(t)$ 和 $F(w)=\frac{1}{\mathrm{i}w}+\pi\delta(w)$ 构成一组傅氏变换对.

【例 7.6】 证明:

(1) $f(t)=1$ 和 $F(w)=2\pi\delta(w)$ 是一组傅氏变换对.

(2) $f(t)=\mathrm{e}^{\mathrm{i}w_0t}$ 和 $F(w)=2\pi\delta(w-w_0)$ 是一组傅氏变换对.

【证明】

(1) 因为

$$\frac{1}{2\pi}\int_{-\infty}^{+\infty}F(w)\mathrm{e}^{\mathrm{i}wt}\mathrm{d}w=\frac{1}{2\pi}\int_{-\infty}^{+\infty}[2\pi\delta(w)]\mathrm{e}^{\mathrm{i}wt}\mathrm{d}w=\mathrm{e}^{\mathrm{i}wt}\big|_{w=0}=1$$

所以

$$f(t)=1\quad 和\quad F(w)=2\pi\delta(w)$$

构成一组傅氏变换对.

(2) 因为

$$\frac{1}{2\pi}\int_{-\infty}^{+\infty}F(w)\mathrm{e}^{\mathrm{i}wt}\mathrm{d}w=\frac{1}{2\pi}\int_{-\infty}^{+\infty}[2\pi\delta(w-w_0)]\mathrm{e}^{\mathrm{i}wt}\mathrm{d}w=\mathrm{e}^{\mathrm{i}wt}\big|_{w=w_0}=\mathrm{e}^{\mathrm{i}w_0t}$$

所以

$$f(t)=\mathrm{e}^{\mathrm{i}w_0t}\quad 和\quad F(w)=2\pi\delta(w-w_0)$$

构成一组傅氏变换对.

【注】 例 7.6 说明:

$$\int_{-\infty}^{+\infty}\mathrm{e}^{-\mathrm{i}wt}\mathrm{d}t=2\pi\delta(w)$$

$$\int_{-\infty}^{+\infty} \mathrm{e}^{-\mathrm{i}(w-w_0)t}\mathrm{d}t = 2\pi\delta(w-w_0)$$

【例 7.7】 求余弦函数 $f(t)=\cos w_0 t$ 的傅里叶变换.

【解】 因为 $\cos w_0 t=\dfrac{\mathrm{e}^{\mathrm{i}w_0 t}+\mathrm{e}^{-\mathrm{i}w_0 t}}{2}$,由傅里叶变换的定义,有

$$\begin{aligned}F(w) &= \mathscr{F}[f(t)] = \mathscr{F}[\cos w_0 t] \\ &= \int_{-\infty}^{+\infty} \frac{\mathrm{e}^{\mathrm{i}w_0 t}+\mathrm{e}^{-\mathrm{i}w_0 t}}{2}\mathrm{e}^{-\mathrm{i}wt}\mathrm{d}t \\ &= \frac{1}{2}\int_{-\infty}^{+\infty}[\mathrm{e}^{-\mathrm{i}(w-w_0)t}+\mathrm{e}^{-\mathrm{i}(w+w_0)t}]\mathrm{d}t \\ &= \frac{1}{2}[2\pi\delta(w-w_0)+2\pi\delta(w+w_0)] \\ &= \pi[\delta(w+w_0)+\delta(w-w_0)]\end{aligned}$$

同理可得,

$$F(w) = \mathscr{F}[\sin w_0 t] = \mathrm{i}\pi[\delta(w+w_0)-\delta(w-w_0)]$$

通过上述讨论,可以看出引进 δ-函数的重要性.它使得在普通意义下的一些不存在的积分,有了确定的数值;而且利用 δ-函数及其傅里叶变换可以很方便地得到工程技术上许多重要函数的傅里叶变换;并且使得许多变换的推导大大地简化.因此,本书介绍 δ-函数的目的主要是提供一个有用的数学工具,而不去追求它在数学上的严谨叙述或证明.关于 δ-函数理论的详尽讨论,有兴趣的读者可以阅读相关的参考书.

习题 7.2

1. 求矩形脉冲函数 $f(t)=\begin{cases}A, & 0\leqslant t\leqslant \tau \\ 0, & \text{其他}\end{cases}$ 的傅里叶变换.

2. 已知某函数的傅里叶变换为 $F(w)=\dfrac{\sin w}{w}$,求该函数 $f(t)$.

3. 已知某函数的傅里叶变换为 $F(w)=\pi[\delta(w+w_0)+\delta(w-w_0)]$,求该函数 $f(t)$.

4. 求符号函数(又称正负号函数) $\mathrm{sgn}t=\dfrac{t}{|t|}=\begin{cases}-1, & t<0 \\ 1, & t>0\end{cases}$ 的傅里叶变换.

5. 求函数 $f(t)=\sin t\cos t$ 的傅里叶变换.

6. 求函数 $f(t)=\sin\left(5t+\dfrac{\pi}{3}\right)$ 的傅里叶变换.

7.3 傅里叶变换的性质

为了叙述方便,假设需要求傅里叶变换的函数都满足傅里叶积分定理条件,且记 $F_1(w)=\mathscr{F}[f_1(t)]$, $F_2(w)=\mathscr{F}[f_2(t)]$.

7.3.1 线性性质

设 $F_1(w)=\mathscr{F}[f_1(t)]$，$F_2(w)=\mathscr{F}[f_2(t)]$，$\alpha,\beta$ 是常数，则

$$\mathscr{F}[\alpha f_1(t)+\beta f_2(t)]=\alpha F_1(w)+\beta F_2(w)$$

这个性质的证明只需根据定义就可以推出.

同样，傅里叶逆变换亦具有类似的线性性质，即

$$\mathscr{F}^{-1}[\alpha F_1(w)+\beta F_2(w)]=\alpha f_1(t)+\beta f_2(t)$$

这个性质的作用是很显然的. 它表明了函数的线性组合的傅里叶变换等于各函数傅里叶变换的线性组合.

【例 7.8】 求函数 $f(t)=\sin^3 t$ 的傅里叶变换.

【解】 因为$\sin^3 t=\left(\dfrac{e^{it}-e^{-it}}{2i}\right)^3=\dfrac{3}{4}\sin t-\dfrac{1}{4}\sin 3t$

利用正弦函数的傅里叶变换，即

$$\mathscr{F}[\sin w_0 t]=i\pi[\delta(w+w_0)-\delta(w-w_0)]$$

再利用傅里叶变换的线性性质，有

$$\begin{aligned}\mathscr{F}[\sin^3 t]&=\mathscr{F}\left[\frac{3}{4}\sin t-\frac{1}{4}\sin 3t\right]=\frac{3}{4}\mathscr{F}[\sin t]-\frac{1}{4}\mathscr{F}[\sin 3t]\\&=\frac{3}{4}i\pi[\delta(w+1)-\delta(w-1)]-\frac{1}{4}i\pi[\delta(w+3)-\delta(w-3)]\end{aligned}$$

【注】 线性性质可以推广到有限多个函数的情况，即

$$\mathscr{F}\left[\sum_{k=1}^{n}a_k f_k(t)\right]=\sum_{k=1}^{n}a_k\mathscr{F}[f_k(t)]$$

$$\mathscr{F}^{-1}\left[\sum_{k=1}^{n}a_k F_k(w)\right]=\sum_{k=1}^{n}a_k\mathscr{F}^{-1}[F_k(w)]$$

7.3.2 对称性质

设 $\mathscr{F}[f(t)]=F(w)$，则 $\mathscr{F}[F(t)]=2\pi f(-w)$.

【证明】 由傅氏逆变换公式，有

$$f(t)=\frac{1}{2\pi}\int_{-\infty}^{+\infty}F(w)e^{iwt}\,dw=\frac{1}{2\pi}\int_{-\infty}^{+\infty}F(u)e^{iut}\,du$$

令 $t=-w$，则

$$f(-w)=\frac{1}{2\pi}\int_{-\infty}^{+\infty}F(u)e^{-iuw}\,du=\frac{1}{2\pi}\int_{-\infty}^{+\infty}F(t)e^{-iwt}\,dt$$

故

$$\mathscr{F}[F(t)]=2\pi f(-w)$$

【注】 事实上，利用上述证明方法，可以得到如下结论：

$$\mathscr{F}[F(\mp t)]=2\pi f(\pm w)$$

【例 7.9】 设 $f(t)=\begin{cases}1, & |t|<1\\ 0, & |t|>1\end{cases}$,利用傅里叶变换证明 $\int_0^{+\infty}\frac{\sin t}{t}\mathrm{d}t=\frac{\pi}{2}$.

【证明】 因为

$$F(w)=\int_{-\infty}^{+\infty}f(t)\mathrm{e}^{-\mathrm{i}wt}\mathrm{d}t=\int_{-1}^{1}\mathrm{e}^{-\mathrm{i}wt}\mathrm{d}t=\begin{cases}\frac{2\sin w}{w}, & w\neq 0\\ 2, & w=0\end{cases}$$

由对称性,得

$$\mathscr{F}[F(t)]=\mathscr{F}\left[\frac{2\sin t}{t}\right]=2\pi f(-w)=\begin{cases}2\pi, & |w|<1\\ 0, & |w|>1\end{cases}$$

即

$$\int_{-\infty}^{+\infty}\frac{\sin t}{t}\mathrm{e}^{-\mathrm{i}wt}\mathrm{d}t=2\int_0^{+\infty}\frac{\sin t}{t}\cos wt\,\mathrm{d}t=\mathscr{F}\left[\frac{\sin t}{t}\right]=\begin{cases}\pi, & |w|<1\\ 0, & |w|>1\end{cases}$$

令 $w=0$,则有

$$\int_0^{+\infty}\frac{\sin t}{t}\mathrm{d}t=\frac{\pi}{2}$$

7.3.3 相似性质

设 $\mathscr{F}[f(t)]=F(w)$,$a\neq 0$,则 $\mathscr{F}[f(at)]=\frac{1}{|a|}F\left(\frac{w}{a}\right)$.

【证明】 令 $u=at$,则当 $a>0$ 时,

$$\mathscr{F}[f(at)]=\int_{-\infty}^{+\infty}f(at)\mathrm{e}^{-\mathrm{i}wt}\mathrm{d}t=\frac{1}{a}\int_{-\infty}^{+\infty}f(u)\mathrm{e}^{-\mathrm{i}\frac{w}{a}u}\mathrm{d}u=\frac{1}{a}F\left(\frac{w}{a}\right)$$

当 $a<0$ 时,

$$\mathscr{F}[f(at)]=\int_{-\infty}^{+\infty}f(at)\mathrm{e}^{-\mathrm{i}wt}\mathrm{d}t=-\frac{1}{a}\int_{-\infty}^{+\infty}f(u)\mathrm{e}^{-\mathrm{i}\frac{w}{a}u}\mathrm{d}u=-\frac{1}{a}F\left(\frac{w}{a}\right)$$

综上所述,有

$$\mathscr{F}[f(at)]=\frac{1}{|a|}F\left(\frac{w}{a}\right)$$

【例 7.10】 求函数 $f(t)=2u(3t)+\sin t\cos t$ 的傅里叶变换.

【解】 利用傅里叶变换的线性性质和相似性质,有

$$\mathscr{F}[f(t)]=\mathscr{F}[2u(3t)+\sin t\cos t]=2\mathscr{F}[u(3t)]+\frac{1}{2}\mathscr{F}[\sin 2t]$$

利用单位阶跃函数和正弦函数的傅里叶变换,有

$$\mathscr{F}[f(t)]=2\times\frac{1}{3}\mathscr{F}[u(t)]\Big|_{w=\frac{w}{3}}+\frac{1}{2}\{\mathrm{i}\pi[\delta(w+w_0)-\delta(w-w_0)]\}\Big|_{w_0=2}$$

$$=\frac{2}{3}\left[\frac{3}{\mathrm{i}w}+\pi\delta\left(\frac{w}{3}\right)\right]+\frac{1}{2}\{\mathrm{i}\pi[\delta(w+2)-\delta(w-2)]\}$$

7.3.4 位移性质

设 $\mathscr{F}[f(t)]=F(w)$,则

$$\mathscr{F}[f(t\pm t_0)]=e^{\pm i w t_0}F(w) \quad \text{（傅里叶变换位移性质）}$$

$$\mathscr{F}^{-1}[F(w\mp w_0)]=f(t)e^{\pm i w_0 t} \quad \text{（象函数位移性质）}$$

其中 t_0 和 w_0 是实常数.

【证明】 由傅里叶变换公式，有

$$\mathscr{F}[f(t\pm t_0)]=\int_{-\infty}^{+\infty} f(t\pm t_0)e^{-i w t}\,dt$$

令 $u=t\pm t_0$，$\Rightarrow t=u\mp t_0$，有

$$\mathscr{F}[f(t\pm t_0)]=\int_{-\infty}^{+\infty} f(u)e^{-i w(u\mp t_0)}\,du=e^{\pm i w t_0}\int_{-\infty}^{+\infty} f(u)e^{-i w u}\,du$$

$$=e^{\pm i w t_0}F(w)$$

同理可证：

$$\mathscr{F}^{-1}[F(w\mp w_0)]=f(t)e^{\pm i w_0 t}$$

【例 7.11】 设 $\mathscr{F}[f(t)]=F(w)$，求函数 $f(3t-4)$ 的傅里叶变换.

【解】 构造辅助函数 $g(t)=f(3t)$，于是有

$$\mathscr{F}[f(3t-4)]=\mathscr{F}\left\{f\left[3\left(t-\frac{4}{3}\right)\right]\right\}=\mathscr{F}\left[g\left(t-\frac{4}{3}\right)\right]$$

利用傅里叶变换的位移性质，有

$$\mathscr{F}[f(3t-4)]=e^{-\frac{4}{3}iw}\mathscr{F}[g(t)]=e^{-\frac{4}{3}iw}\mathscr{F}[f(3t)]$$

利用傅里叶变换的相似性质，有

$$\mathscr{F}[f(3t-4)]=\frac{1}{3}e^{-\frac{4}{3}iw}F\left(\frac{w}{3}\right)$$

【例 7.12】 设 $\mathscr{F}[f(t)]=F(w)$，求 $f(t)\cos w_0 t$ 和 $f(t)\sin w_0 t$ 的傅里叶变换.

【解】 因为 $f(t)\cos w_0 t=f(t)\dfrac{e^{i w_0 t}+e^{-i w_0 t}}{2}$，利用线性性质，有

$$\mathscr{F}[f(t)\cos w_0 t]=\mathscr{F}\left[f(t)\,\frac{e^{i w_0 t}+e^{-i w_0 t}}{2}\right]$$

$$=\frac{1}{2}\mathscr{F}[f(t)e^{i w_0 t}]+\frac{1}{2}\mathscr{F}[f(t)e^{-i w_0 t}]$$

再利用象函数位移性质，有

$$\mathscr{F}[f(t)\cos w_0 t]=\frac{1}{2}F(w)\Big|_{w=w-w_0}+\frac{1}{2}F(w)\Big|_{w=w+w_0}$$

$$=\frac{1}{2}[F(w-w_0)+F(w+w_0)]$$

即

$$\mathscr{F}[f(t)\cos w_0 t]=\frac{1}{2}[F(w-w_0)+F(w+w_0)]$$

同理，

$$\mathscr{F}[f(t)\sin w_0 t]=\frac{1}{2i}[F(w-w_0)-F(w+w_0)]$$

7.3.5　微分性质

(1) 象原函数的微分性质

如果 $f(t)$ 在 $(-\infty,+\infty)$ 上连续或只有有限个可去间断点，且当 $|t|\to+\infty$ 时，$f(t)\to 0$，则

$$\mathscr{F}[f'(t)]=\mathrm{i}w\mathscr{F}[f(t)]$$

【证明】 由傅里叶变换公式，有

$$\begin{aligned}\mathscr{F}[f'(t)]&=\int_{-\infty}^{+\infty}f'(t)\mathrm{e}^{-\mathrm{i}wt}\mathrm{d}t=\int_{-\infty}^{+\infty}\mathrm{e}^{-\mathrm{i}wt}\mathrm{d}f(t)\\&=f(t)\mathrm{e}^{-\mathrm{i}wt}\Big|_{-\infty}^{+\infty}+\mathrm{i}w\int_{-\infty}^{+\infty}f(t)\mathrm{e}^{-\mathrm{i}wt}\mathrm{d}t\quad\text{（利用分部积分法）}\\&=\mathrm{i}w\mathscr{F}[f(t)]\end{aligned}$$

推论 7.1 如果 $f^{(k)}(t)$ 在 $(-\infty,+\infty)$ 上连续或只有有限个可去间断点，且

$$\lim_{|t|\to+\infty}f^{(k)}(t)=0,\quad k=0,1,2,\cdots,n-1$$

则有

$$\mathscr{F}[f^{(n)}(t)]=(\mathrm{i}w)^n\mathscr{F}[f(t)]$$

(2) 象函数的微分性质

如果 $\mathscr{F}[f(t)]=F(w)$，则

$$\frac{\mathrm{d}}{\mathrm{d}w}F(w)=(-\mathrm{i})\mathscr{F}[tf(t)]$$

一般地，有

$$\frac{\mathrm{d}^n}{\mathrm{d}w^n}F(w)=(-\mathrm{i})^n\mathscr{F}[t^nf(t)]$$

【注】 事实上，常常利用象函数的微分性质(象函数导数公式)来计算如下傅里叶变换，即

$$\mathscr{F}[t^nf(t)]=\frac{1}{(-\mathrm{i})^n}\frac{\mathrm{d}^n}{\mathrm{d}w^n}F(w)$$

【例 7.13】 设 $\mathscr{F}[f(t)]=F(w)$，求 $tf'(t)$ 的傅里叶变换.

【解】 由傅氏变换微分性质：$\mathscr{F}[f'(t)]=\mathrm{i}w\mathscr{F}[f(t)]$，再利用象函数的微分性质，有

$$\begin{aligned}\mathscr{F}[tf'(t)]&=-\frac{1}{\mathrm{i}}\frac{\mathrm{d}}{\mathrm{d}w}\{\mathscr{F}[f'(t)]\}\\&=-\frac{1}{\mathrm{i}}\frac{\mathrm{d}}{\mathrm{d}w}[\mathrm{i}wF(w)]\\&=-F(w)-wF'(w)\end{aligned}$$

7.3.6　积分性质

如果当 $t\to+\infty$ 时，$g(t)=\int_{-\infty}^{t}f(t)\mathrm{d}t\to 0$，则 $\mathscr{F}\left[\int_{-\infty}^{t}f(t)\mathrm{d}t\right]=\frac{1}{\mathrm{i}w}\mathscr{F}[f(t)]$.

【证明】 因为 $\frac{\mathrm{d}}{\mathrm{d}t}\int_{-\infty}^{t}f(t)\mathrm{d}t=f(t)$，所以

$$\mathscr{F}\left[\frac{\mathrm{d}}{\mathrm{d}t}\int_{-\infty}^{t} f(t)\mathrm{d}t\right] = \mathscr{F}[f(t)]$$

又根据上述微分性质：

$$\mathscr{F}\left[\frac{\mathrm{d}}{\mathrm{d}t}\int_{-\infty}^{t} f(t)\mathrm{d}t\right] = \mathrm{i}w\,\mathscr{F}\left[\int_{-\infty}^{t} f(t)\mathrm{d}t\right]$$

故

$$\mathscr{F}\left[\int_{-\infty}^{t} f(t)\mathrm{d}t\right] = \frac{1}{\mathrm{i}w}\mathscr{F}[f(t)]$$

【注】 运用傅里叶变换的线性性质、微分性质以及积分性质，可以将线性常系数微分方程(包括积分方程和微分方程)转化为代数方程，通过解代数方程与求傅里叶逆变换，就可以得到相应的原方程的解.

【例 7.14】 求积分微分方程

$$ax'(t) + bx(t) + c\int_{-\infty}^{t} x(t)\mathrm{d}t = h(t)$$

的解，其中$-\infty < t < +\infty$，a,b,c 为常数，$h(t)$为已知实函数.

【解】 设

$$X(w) = \mathscr{F}[x(t)],\quad H(w) = \mathscr{F}[h(t)]$$

对方程两边同时施以傅氏变换，得

$$a\,\mathscr{F}[x'(t)] + b\,\mathscr{F}[x(t)] + c\,\mathscr{F}\left[\int_{-\infty}^{t} x(t)\mathrm{d}t\right] = \mathscr{F}[h(t)]$$

应用微分与积分性质，有

$$a\mathrm{i}wX(w) + bX(w) + \frac{c}{\mathrm{i}w}X(w) = H(w)$$

故

$$X(w) = \frac{H(w)}{a\mathrm{i}w + b + \frac{c}{\mathrm{i}w}}$$

上式两边取傅氏逆变换得

$$x(t) = \mathscr{F}^{-1}\left[\frac{H(w)}{a\mathrm{i}w + b + \frac{c}{\mathrm{i}w}}\right]$$

7.3.7 卷积与卷积定理

定义 7.3 若给定两个函数 $f_1(t)$和 $f_2(t)$，则由积分

$$\int_{-\infty}^{+\infty} f_1(\tau)f_2(t-\tau)\mathrm{d}\tau$$

确定的 t 的函数称为函数 $f_1(t)$与 $f_2(t)$的卷积，记做 $f_1(t) * f_2(t)$，即

$$f_1(t) * f_2(t) = \int_{-\infty}^{+\infty} f_1(\tau)f_2(t-\tau)\mathrm{d}\tau$$

可以证明，卷积满足以下性质：

(1) 交换律：$f_1(t) * f_2(t) = f_2(t) * f_1(t)$.

(2) 分配律：$f_1(t) * [f_2(t) + f_3(t)] = f_1(t) * f_2(t) + f_1(t) * f_3(t)$.

(3) 结合律：$f_1(t)*[f_2(t)*f_3(t)]=[f_1(t)*f_2(t)]*f_3(t)$.

(4) 绝对值不等式性：$|f_1(t)*f_2(t)|\leqslant|f_1(t)|*|f_2(t)|$.

【例 7.15】 若

$$f_1(t)=\begin{cases}0, & t<0\\ 1, & t\geqslant 0\end{cases},\quad f_2(t)=\begin{cases}0, & t<0\\ \mathrm{e}^{-t}, & t\geqslant 0\end{cases}$$

求 $f_1(t)*f_2(t)$.

【解】 由卷积的定义知，

$$f_1(t)*f_2(t)=\int_{-\infty}^{+\infty}f_1(\tau)f_2(t-\tau)\mathrm{d}\tau$$

因为

$$f_1(\tau)=\begin{cases}0, & \tau<0\\ 1, & \tau\geqslant 0\end{cases},\quad f_2(t-\tau)=\begin{cases}0, & \tau>t\\ \mathrm{e}^{\tau-t}, & \tau\leqslant t\end{cases}$$

则有效积分域为 $0\leqslant\tau\leqslant t$,所以

$$f_1(t)*f_2(t)=\int_0^t \mathrm{e}^{\tau-t}\mathrm{d}\tau=1-\mathrm{e}^{-t}$$

定理 7.2(卷积定理)　若 $f_1(t)$,$f_2(t)$都满足傅里叶积分定理中的条件,且 $F_1(w)=\mathscr{F}[f_1(t)]$,$F_2(w)=\mathscr{F}[f_2(t)]$,则

(1) $\mathscr{F}[f_1(t)*f_2(t)]=F_1(w)\cdot F_2(w)$.

(2) $\mathscr{F}^{-1}[F_1(w)*F_2(w)]=2\pi f_1(t)\cdot f_2(t)$.

【证明】 只证明(1),(2)可类似证明

$$\begin{aligned}\mathscr{F}[f_1(t)*f_2(t)]&=\int_{-\infty}^{+\infty}\int_{-\infty}^{+\infty}f_1(\tau)\mathrm{e}^{-\mathrm{i}w\tau}f_2(t-\tau)\mathrm{e}^{-\mathrm{i}w(t-\tau)}\mathrm{d}\tau dt\\&=\int_{-\infty}^{+\infty}f_1(\tau)\mathrm{e}^{-\mathrm{i}w\tau}\left[\int_{-\infty}^{+\infty}f_2(t-\tau)\mathrm{e}^{-\mathrm{i}w(t-\tau)}\mathrm{d}t\right]\mathrm{d}\tau\\&=F_1(w)\cdot F_2(w)\end{aligned}$$

推论 7.2　若 $F_k(w)=\mathscr{F}[f_k(t)](k=1,2,\cdots,n)$,则

(1) $\mathscr{F}[f_1(t)*f_2(t)*\cdots*f_n(t)]=F_1(w)\cdot F_2(w)\cdot\cdots\cdot F_n(w)$.

(2) $\mathscr{F}^{-1}[F_1(w)*F_2(w)*\cdots*F_n(w)]=(2\pi)^{n-1}f_1(t)\cdot f_2(t)\cdot\cdots\cdot f_n(t)$.

*7.3.8　乘积定理

定理 7.3　若 $f_1(t)$与 $f_2(t)$为实函数,$F_1(w)=\mathscr{F}[f_1(t)]$,$F_2(w)=\mathscr{F}[f_2(t)]$,$\overline{F_1(w)}$,$\overline{F_2(w)}$为 $F_1(w)$,$F_2(w)$的共轭函数,则

$$\int_{-\infty}^{+\infty}f_1(t)f_2(t)\mathrm{d}t=\frac{1}{2\pi}\int_{-\infty}^{+\infty}F_1(w)\overline{F_2(w)}\mathrm{d}w=\frac{1}{2\pi}\int_{-\infty}^{+\infty}\overline{F_1(w)}F_2(w)\mathrm{d}w$$

在许多物理问题中,这个公式的两边都表示能量或者功率,故该定理称做功率定理.特别地,当 $f_1(t)=f_2(t)=f(t)$,$\mathscr{F}[f(t)]=F(w)$时,有如下瑞利定理：

$$\int_{-\infty}^{+\infty}[f(t)]^2\mathrm{d}t=\frac{1}{2\pi}\int_{-\infty}^{+\infty}|F(w)|^2\mathrm{d}w$$

这一等式又称为帕塞瓦尔(Parseval)等式.

【例 7.16】 利用乘积定理计算积分 $\int_{-\infty}^{+\infty}\frac{\mathrm{d}x}{(x^2+1)(x^2+4)}$.

【解】 因为

$$\mathscr{F}^{-1}[\mathrm{e}^{-|t|}]=\frac{2}{1+w^2},\quad \mathscr{F}^{-1}[\mathrm{e}^{-2|t|}]=\frac{4}{4+w^2}$$

由乘积定理得,

$$\int_{-\infty}^{+\infty}\frac{2}{1+w^2}\cdot\frac{4}{4+w^2}\mathrm{d}w=2\pi\int_{-\infty}^{+\infty}\mathrm{e}^{-|t|}\cdot\mathrm{e}^{-2|t|}\,\mathrm{d}t$$

故

$$\int_{-\infty}^{+\infty}\frac{\mathrm{d}x}{(x^2+1)(x^2+4)}=\frac{\pi}{4}\int_{-\infty}^{+\infty}\mathrm{e}^{-3|t|}\,\mathrm{d}t=\frac{\pi}{4}\left[\int_{0}^{+\infty}\mathrm{e}^{-3t}\mathrm{d}t+\int_{-\infty}^{0}\mathrm{e}^{3t}\mathrm{d}t\right]=\frac{\pi}{6}$$

*7.3.9 自相关定理

定义 7.4 称积分

$$\int_{-\infty}^{+\infty}f(t)f(t+\tau)\mathrm{d}t$$

为函数 $f(t)$ 的自相关函数,记做 $R(\tau)$,即

$$R(\tau)=\int_{-\infty}^{+\infty}f(t)f(t+\tau)\mathrm{d}t$$

定理 7.4(自相关定理) $\mathscr{F}[f(t)]=F(w)$,则

$$\int_{-\infty}^{+\infty}f(t)f(t+\tau)\mathrm{d}t=\mathscr{F}^{-1}[|F(w)|^2]$$

【证明】 由位移性质知,

$$\mathscr{F}[f(t+\tau)]=\mathrm{e}^{\mathrm{i}w\tau}F(w)$$

再利用乘积定理,得

$$\begin{aligned}\int_{-\infty}^{+\infty}f(t)f(t+\tau)\mathrm{d}t&=\frac{1}{2\pi}\int_{-\infty}^{+\infty}\overline{F(w)}\mathrm{e}^{\mathrm{i}w\tau}F(w)\mathrm{d}w\\&=\frac{1}{2\pi}\int_{-\infty}^{+\infty}|F(w)|^2\mathrm{e}^{\mathrm{i}w\tau}\mathrm{d}w\\&=\mathscr{F}^{-1}[|F(w)|^2]\end{aligned}$$

习题 7.3

1. 若 $\mathscr{F}[f(t)]=F(w)$,利用傅里叶变换的性质求下列函数 $g(t)$ 的傅里叶变换:

(1) $g(t)=tf(2t)$;　　(2) $g(t)=(t-2)f(t)$;

(3) $g(t)=(t-2)f(-2t)$;　　(4) $g(t)=t^3f(2t)$;

(5) $g(t)=(1-t)f(1-t)$;　　(6) $g(t)=f(2t-5)$.

2. 求下列函数的傅里叶变换:

(1) $f(t)=\sin w_0t\cdot u(t)$;　　(2) $f(t)=\mathrm{e}^{\mathrm{i}w_0t}u(t)$;

(3) $f(t)=\mathrm{e}^{\mathrm{i}w_0t}u(t-t_0)$;　　(4) $f(t)=\mathrm{e}^{\mathrm{i}w_0t}tu(t)$.

3. 若 $f_1(t)=\mathrm{e}^{-at}u(t)$, $f_2(t)=\sin t\cdot u(t)$,求 $f_1(t)*f_2(t)$.

4. 若 $f_1(t)=\begin{cases}0, & t<0\\ e^{-t}, & t\geqslant 0\end{cases}$ 与 $f_2(t)=\begin{cases}\sin t, & 0\leqslant t\leqslant \frac{\pi}{2}\\ 0, & \text{其他}\end{cases}$，求 $f_1(t)*f_2(t)$.

实验六　傅里叶变换

一、实验目的

(1) 学会用 Matlab 求傅里叶变换.

(2) 学会用 Matlab 求傅里叶逆变换.

(3) 学会用 Matlab 做频谱图.

二、相关的 Matlab 命令(函数)

(1) F=fourier(f)：返回以默认独立变量 x 对符号函数 f 的傅里叶变换，返回函数以 w 为默认变量.

(2) F=fourier(f,v)：变换结果为变量 v 的函数.

(3) fourier(f,u,v)：对指定函数表达式做关于变量 u 的傅里叶变换，且变换结果为 v 的函数.

(4) f=ifourier(F)：返回默认独立变量 w 的函数 F 的傅里叶逆变换，默认返回 x 的函数.

(5) f=ifourier(F,u)：返回 u 的函数.

(6) f=ifourier(F,v,u)：对 u 进行傅里叶逆变换，返回变量 v 的函数.

三、实验内容

【例 1】 求高斯分布函数 $f(x)=\frac{1}{\sqrt{2\pi}}e^{-x^2}$ 的傅里叶变换.

【解】 Matlab 程序：

```
>> syms f t w x F;
>> f=(1/sqrt(2* pi)) * exp(-x^2);
>> F=fourier(f)
```

运行结果为：

```
F=
    7186705221432913/18014398509481984 * exp(-1/4 * w^2) * pi^(1/2)
```

【例 2】 计算 $f(z)=4e^{-2x^2}$ 的傅里叶变换，并绘制变换后的频谱图.

【解】 Matlab 程序：

```
>> syms f x F;
>> f=4 * exp(-2 * x^2);
>> F=fourier(f)
```

运行结果为：

```
F=
    2 * exp(-1/8 * w^2) * 2^(1/2) * pi^(1/2)
```

以下是作图命令：

```
>> ezplot(F,[-10,10])
```

得到如下所示函数的频谱图：

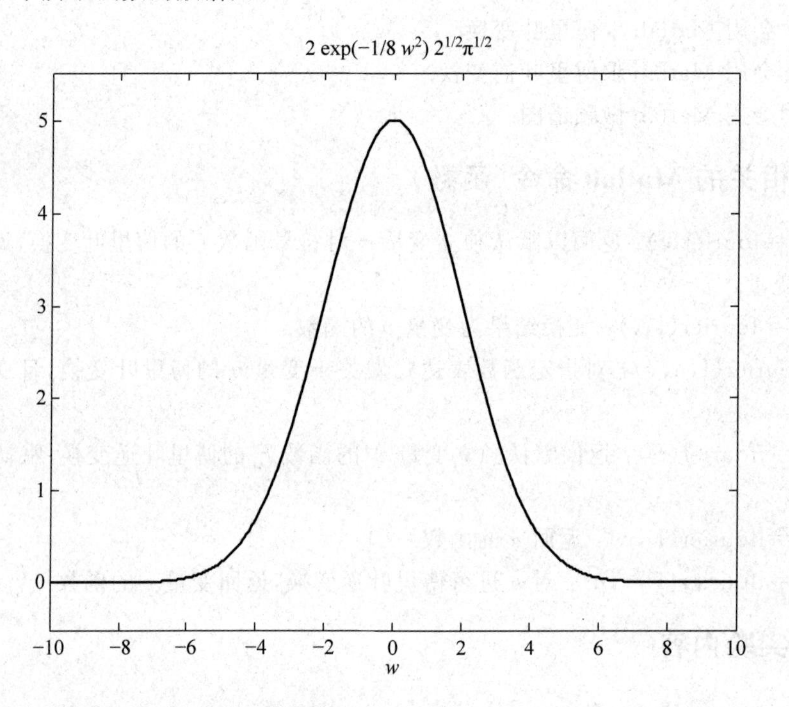

【例 3】 求 $f(t)=\dfrac{\sin t}{\pi t}$ 的傅里叶变换.

【解】 Matlab 程序：

```
>> syms f tF;
>> f=sin(t)/(pi * t);
>> F=fourier(f)
```

运行结果为：

```
F=
    heaviside(w+1)- heaviside(w-1)
```

【例 4】 求 $f(t)=e^{-t^2}$ 的傅里叶变换式.

【解】 Matlab 程序：

```
>> syms f tu;
>> f=exp(-t^2);
>> fourier(f,t,u)
```

运行结果为：

```
ans=
    exp(-1/4 * u^2) * pi^(1/2)
```

【例 5】 求函数 $f(t)=1/(t^2+a^2)$ 的傅里叶变换式.

【解】 Matlab 程序：

```
>> syms t w ;
syms a positive;
f=1/(t^2+a^2) ; F=fourier(f,t,w)
```

运行结果为：

$\pi(e^{-aw}\text{heaviside}(w)+e^{aw}\text{heaviside}(-w))/a$

【例 6】 计算 $f(w)=-\dfrac{2}{w^2+1}$ 的傅里叶逆变换.

【解】 Matlab 程序：

```
>> f= -2/(w^2+1);
>> F=ifourier(f)
```

运行结果为：

```
F=
    -exp(x) * heaviside(-x)- exp(-x) * heaviside(x)
```

【例 7】 求函数 $f(w)=-\dfrac{1}{w^2}$ 的傅里叶逆变换，结果返回为 v 的函数.

【解】 Matlab 程序：

```
>> syms  w  f  F
>> f= -1/w^2;
>> F=ifourier(f)
```

运行结果为：

```
F=
    1/2 * x * (2 * heaviside(x) -1)
```

【例 8】 求函数 $F=\dfrac{u}{w^2+u^2}$ 对 u 的傅里叶逆变换，结果返回为 v 的函数.

【解】 Matlab 程序：

```
>> syms  w  u  f  F
>> F= u/(w^2+u^2);
>> f=ifourier(F,u,v)
```

运行结果为：

```
f=
```

```
1/2 * i * (-signum(0,Re(w),0) * sinh(w * v)-cosh(w * v)+2 * heaviside(v) * cosh(w * v))
```

四、实验习题

1. 求函数 $f(t)=\dfrac{t}{1+3t^2}$ 的傅里叶变换.

2. 求函数 $f(t)=\cos atu(t)$ 的傅里叶变换.

3. 求函数 $F(w)=e^{-|w|}$ 的傅里叶逆变换.

4. 求频谱为 $f(t)=\dfrac{-3}{w^2+u^2}$ 函数对 u 的傅里叶逆变换,返回变量为 v 的函数.

5. 已知函数 $f(t)=1/(t^2+a^2)$,试写出该函数的傅里叶变换式.

6. 求分段函数 $f(t)=\begin{cases}\cos t & 0<x<a\\ 0, & 其他\end{cases}$ 的傅里叶余弦变换.

第8章

拉普拉斯变换

拉普拉斯变换理论又称运算微积分或算子微积分. 19 世纪末，英国工程师海维赛德(O. Heaviside)用运算法解决了当时电工计算中的一些问题，法国数学家拉普拉斯(P. S. Laplace)给出了严密的数学定义，称为拉普拉斯变换方法.

拉普拉斯变换在电学、力学、控制论等科学领域与工程技术中有着广泛的应用，尤其是在研究电路系统的瞬态过程和自动调节等理论中是一个常用的数学工具. 此外，由于对函数进行拉普拉斯变换所要求的条件比傅里叶变换弱许多，因此在处理实际问题时，它比傅里叶变换的应用范围要广泛得多.

8.1 拉普拉斯变换的概念

8.1.1 问题的提出

由第 7 章可知，一个函数存在傅里叶变换必须满足两个条件：一是在$(-\infty,+\infty)$内有定义且在任一有限子区间上满足狄利克雷条件；二是在$(-\infty,+\infty)$内绝对可积. 绝对可积的条件是比较强的，即使是很简单的函数(如单位阶跃函数、正余弦函数及线性函数等)都不满足这个条件；其次，可以进行傅里叶变换的函数必须在整个数轴上有定义，但在物理、无限电技术等实际应用中，许多以时间 t 作为自变量的函数往往在 $t<0$ 时是没有意义的或者根本就不需要去考虑，所以傅里叶变换的应用范围受到较大的限制.

能否对函数 $f(t)$ 做适当的改造，使其进行傅里叶变换时能避免上述两个限制？此时，联想到第 7 章中介绍过的单位阶跃函数 $u(t)$ 与指数衰减函数 $e^{-\beta t}(\beta>0)$所具有的特点，问题就会变得清晰起来. 用单位阶跃函数 $u(t)$ 乘以 $f(t)$ 就可以把积分区间由$(-\infty,+\infty)$变为$(0,+\infty)$；其次，某个函数 $f(t)$ 之所以不绝对可积，往往是因为当 $t\to+\infty$ 时其绝对值减小太慢，而指数衰减函数 $e^{-\beta t}(\beta>0)$ 当 $t\to+\infty$ 时减小得很快，所以如果用 $e^{-\beta t}(\beta>0)$ 去乘 $f(t)u(t)$，则得到的函数就有可能绝对可积. 一般而言，只要 β 选取适当，$f(t)u(t)e^{-\beta t}$ 的傅里叶变换就总会存在. 对函数 $f(t)u(t)e^{-\beta t}$ 取傅里叶变换就产生了对函数 $f(t)$ 的拉普拉斯变换，即

$$G_\beta(w)=\int_{-\infty}^{+\infty}f(t)u(t)e^{-\beta t}e^{-iwt}\,dt=\int_0^{+\infty}f(t)e^{-(\beta+iw)t}\,dt=\int_0^{+\infty}f(t)e^{-st}\,dt$$

其中 $s=\beta+iw(\beta>0)$.

若设 $F(s)=G_\beta\left(\frac{s-\beta}{i}\right)=G_\beta(w)$，则得 $F(s)=\int_0^{+\infty}f(t)e^{-st}\,dt$.

由此式所确定的函数 $F(s)$实际上是由 $f(t)$经过一种新的变换得到的,这一变换克服了傅里叶变换的两个限制.这种新变换称为拉普拉斯变换.

8.1.2 拉普拉斯变换的定义

定义 8.1 设函数 $f(t)$在 $t\geqslant 0$ 上有定义,而且积分

$$\int_0^{+\infty} f(t)\mathrm{e}^{-st}\,\mathrm{d}t \quad (s\text{ 是一个复参量})$$

在 s 的某一区域内收敛,则由此积分所确定的函数可写为

$$F(s)=\int_0^{+\infty} f(t)\mathrm{e}^{-st}\,\mathrm{d}t$$

上式称为函数 $f(t)$的拉普拉斯变换式(简称拉氏变换),记为

$$F(s)=\mathscr{L}[f(t)],$$

$F(s)$称为 $f(t)$的拉普拉斯变换(或称为象函数).

若 $F(s)$是 $f(t)$的拉普拉斯变换,则称 $f(t)$为 $F(s)$的拉普拉斯逆变换(或称为象原函数),记为

$$f(t)=\mathscr{L}^{-1}[F(s)]$$

综上,函数 $f(t)$的拉氏变换就是 $f(t)u(t)\mathrm{e}^{-\beta t}$的傅里叶变换.

利用拉普拉斯变换的定义可以得到几个常用函数的拉普拉斯变换公式.

【例 8.1】 求单位阶跃函数 $u(t)=\begin{cases}1, & t>0\\ 0, & t<0\end{cases}$的拉普拉斯变换.

【解】 利用拉普拉斯变换的定义,有

$$\mathscr{L}[u(t)]=\int_0^{+\infty} \mathrm{e}^{-st}\,\mathrm{d}t$$

这个积分在 $\mathrm{Re}(s)>0$ 时收敛,而且有

$$\int_0^{+\infty} \mathrm{e}^{-st}\,\mathrm{d}t=-\frac{1}{s}\mathrm{e}^{-st}\Big|_0^{+\infty}=\frac{1}{s}$$

所以

$$\mathscr{L}[u(t)]=\frac{1}{s}\quad (\mathrm{Re}(s)>0)$$

【注】 根据拉普拉斯变换的定义,常数 1 的拉普拉斯变换也为

$$\mathscr{L}[1]=\frac{1}{s}\quad (\mathrm{Re}(s)>0)$$

【例 8.2】 求指数函数 $f(t)=\mathrm{e}^{kt}$(k 为实数)的拉普拉斯变换.

【解】 利用拉普拉斯变换的定义,有

$$\mathscr{L}[f(t)]=\int_0^{+\infty} \mathrm{e}^{kt}\mathrm{e}^{-st}\,\mathrm{d}t=\int_0^{+\infty} \mathrm{e}^{-(s-k)t}\mathrm{d}t$$

这个积分在 $\mathrm{Re}(s)>k$ 时收敛,而且有

$$\int_0^{+\infty} \mathrm{e}^{-(s-k)t}\mathrm{d}t=\frac{1}{s-k}$$

所以

$$\mathscr{L}[e^{kt}] = \frac{1}{s-k} \quad (\mathrm{Re}(s) > k)$$

【例 8.3】 求正弦函数 $f(t)=\sin kt$(k 为实数)的拉普拉斯变换.

【解】 利用拉普拉斯变换的定义,有

$$\mathscr{L}[f(t)] = \int_0^{+\infty} \sin kt\, e^{-st} dt = \frac{e^{-st}}{s^2+k^2}(-s\sin kt - k\cos kt)\Big|_0^{+\infty}$$

$$= \frac{k}{s^2+k^2} \quad (\mathrm{Re}(s) > 0)$$

所以

$$\mathscr{L}[\sin kt] = \frac{k}{s^2+k^2} \quad (\mathrm{Re}(s) > 0)$$

同理可得,

$$\mathscr{L}[\cos kt] = \frac{s}{s^2+k^2} \quad (\mathrm{Re}(s) > 0)$$

【例 8.4】 求幂函数 $f(t)=t^m$(常数 $m>-1$)的拉普拉斯变换.

定义积分 $\int_0^{+\infty} e^{-t} t^{m-1} dt$ 为伽玛(Gamma)函数(可参阅《高等数学》广义积分 Γ 函数).

【解】 利用拉普拉斯变换的定义,有

$$\mathscr{L}[f(t)] = \int_0^{+\infty} t^m e^{-st} dt = \int_0^{+\infty} \frac{1}{s^{m+1}} (st)^m e^{-st} d(st)$$

令 $st=u$,于是有

$$\mathscr{L}[f(t)] = \frac{1}{s^{m+1}} \int_0^{+\infty} u^m e^{-u} du$$

$$= \frac{1}{s^{m+1}} \Gamma(m+1) \quad (\mathrm{Re}(s) > 0)$$

因为伽玛函数有以下公式:$\Gamma(1)=1$,$\Gamma\left(\frac{1}{2}\right)=\sqrt{\pi}$,根据递推公式:

$$\Gamma(m+1) = m\Gamma(m)$$

当 m 为正整数时,$\Gamma(m+1)=m!$,所以

$$\mathscr{L}[t^m] = \frac{1}{s^{m+1}} \Gamma(m+1) \quad (m>-1, \mathrm{Re}(s) > 0)$$

特别地,当 m 为正整数时

$$\mathscr{L}[t^m] = \frac{1}{s^{m+1}} \Gamma(m+1) = \frac{m!}{s^{m+1}} \quad (\mathrm{Re}(s) > 0)$$

【例 8.5】 求单位脉冲函数 $\delta(t)$ 的拉普拉斯变换.

【解】 利用性质:$\int_{-\infty}^{+\infty} \delta(t) f(t) dt = f(0)$ 及拉普拉斯变换的定义,有

$$\mathscr{L}[\delta(t)] = \int_0^{+\infty} \delta(t) e^{-st} dt = e^{-st}\big|_{t=0} = 1$$

所以 $\mathscr{L}[\delta(t)]=1$.

8.1.3 拉普拉斯变换的存在定理

从上面的例题可以看出,拉普拉斯变换存在的条件要比傅里叶变换存在的条件弱得

多,尽管如此,对函数做拉普拉斯变换也还是要具备一些条件的.那么,一个函数究竟满足什么条件时,它的拉普拉斯变换一定存在呢?下面的定理将解决这个问题.

定理 8.1(拉普拉斯变换存在定理) 若函数 $f(t)$满足下列两个条件:

(1) 在 $t\geqslant 0$ 的任一有限区间上分段连续;

(2) 当 $t\to+\infty$时,$f(t)$的增长速度不超过某一指数函数,即存在常数 $M>0$ 及 $c\geqslant 0$,使得

$$|f(t)|\leqslant M\mathrm{e}^{ct},\quad 0\leqslant t\leqslant+\infty$$

成立(满足此条件的函数,称它的增大是不超过指数级的,c 为它的增长指数).

则 $f(t)$的拉普拉斯变换

$$F(s)=\int_0^{+\infty}f(t)\mathrm{e}^{-st}\,\mathrm{d}t$$

在半平面 $\mathrm{Re}(s)>c$ 上一定存在,右端的积分在 $\mathrm{Re}(s)\geqslant c_1>c$ 上绝对收敛且一致收敛,并且在 $\mathrm{Re}(s)>c$ 的半平面内,$F(s)$为解析函数.

这个定理的条件是充分的,物理学和工程技术中常见的函数大都能满足这两个条件:一个函数的增大是不超过指数级的和函数要绝对可积这两个条件相比,前者的条件弱得多.$u(t)$,$\sin kt$,$\cos kt$ 和 t^m 等函数都不满足傅里叶积分定理中绝对可积的条件,但它们都能满足拉普拉斯变换存在定理中的条件 2,例如:

$$|u(t)|\leqslant 1\cdot\mathrm{e}^{0t},\quad \text{此处 } M=1,c=0$$

$$|\cos kt|\leqslant 1\cdot\mathrm{e}^{0t},\quad \text{此处 } M=1,c=0$$

由于 $\lim\limits_{t\to+\infty}\dfrac{t^m}{\mathrm{e}^t}=0$,所以 t 充分大以后,有 $t^m\leqslant\mathrm{e}^t$(故 t^m 是 $M=1,c=1$ 的指数级增长函数),即

$$|t^m|\leqslant 1\cdot\mathrm{e}^t$$

【注】 拉普拉斯变换在线性系统分析中有着广泛的应用.

事实上,在今后的实际工作中,并不需要用广义积分的方法来求函数的拉普拉斯变换,有现成的拉普拉斯变换表可查,就如同使用三角函数表、对数表及积分表一样.本书已将工程实际中常遇到的一些函数及其拉普拉斯变换列于附录 B 中,以备读者查用.

【例 8.6】 求 $\sin 2t\sin 3t$ 的拉普拉斯变换.

【解】 根据附录 B 中公式(25),在 $a=2,b=3$ 时,可以很方便地得到

$$\mathscr{L}[\sin 2t\sin 3t]=\frac{12s}{(s^2+5^2)(s^2+1)}$$

【例 8.7】 求$\dfrac{\mathrm{e}^{-bt}}{\sqrt{2}}(\cos bt-\sin bt)$的拉普拉斯变换.

【解】 这个函数的拉普拉斯变换在本书给出的附录 B 中找不到现成的结果,但是

$$\begin{aligned}\frac{\mathrm{e}^{-bt}}{\sqrt{2}}(\cos bt-\sin bt)&=\mathrm{e}^{-bt}\left(\sin\frac{\pi}{4}\cos bt-\cos\frac{\pi}{4}\sin bt\right)\\&=\mathrm{e}^{-bt}\sin\left(-bt+\frac{\pi}{4}\right)\end{aligned}$$

根据附录 B 中公式(22)，在 $a=-b, c=\frac{\pi}{4}$ 时，可以得到

$$\begin{aligned}\mathscr{L}\left[\frac{e^{-bt}}{\sqrt{2}}(\cos bt-\sin bt)\right]&=\mathscr{L}\left[e^{-bt}\sin\left(-bt+\frac{\pi}{4}\right)\right]\\&=\frac{(s+b)\sin\frac{\pi}{4}+(-b)\cos\frac{\pi}{4}}{(s+b)^2+(-b)^2}\\&=\frac{\sqrt{2}s}{2(s^2+2bs+2b^2)}\end{aligned}$$

总之，查表求函数的拉普拉斯变换要比按定义去做方便得多，特别是掌握了拉普拉斯变换的性质，再使用查表的方法，就能更快地找到所求函数的拉普拉斯变换.

习题 8.1

1. 求下列函数的拉普拉斯变换，并给出其收敛域，再用查表的方法来验证结果.

(1) $f(t)=\sin\frac{t}{2}$；　　(2) $f(t)=e^{-2t}$；

(3) $f(t)=t^2$；　　(4) $f(t)=\sin t\cos t$；

(5) $f(t)=\cos^2 t$；　　(6) $f(t)=\sin^2 t$.

2. 求下列函数的拉普拉斯变换.

(1) $f(t)=\begin{cases}3, & 0\leqslant t<2\\-1, & 2\leqslant t<4\\0, & t\geqslant 4\end{cases}$；　　(2) $f(t)=\begin{cases}\sin t, & 0<t<\pi\\0, & \text{其他}\end{cases}$；

(3) $f(t)=e^{2t}+5\delta(t)$；　　(4) $f(t)=\cos t\cdot\delta(t)-\sin t\cdot u(t)$.

8.2　拉普拉斯变换的性质

第 8.1 节利用拉氏变换的定义求得一些较简单的常用函数的拉氏变换，但对于较复杂的函数，利用定义来求其象函数就显得不方便，有时甚至可能求不出来. 这一节将介绍拉普拉斯变换的几个基本性质，它们在拉普拉斯变换的实际应用中都是很有用的. 为了叙述方便起见，假定在这些性质中，下述函数都满足拉普拉斯变换存在定理中的条件，并且把这些函数的增长指数都统一地取为 c.

8.2.1　线性性质

若 $F_1(s)=\mathscr{L}[f_1(t)]$，$F_2(s)=\mathscr{L}[f_2(t)]$，$\alpha,\beta$ 是常数，则有

$$\mathscr{L}[\alpha f_1(t)+\beta f_2(t)]=\alpha F_1(s)+\beta F_2(s)$$

$$\mathscr{L}^{-1}[\alpha F_1(s)+\beta F_2(s)]=\alpha f_1(t)+\beta f_2(t)$$

这个性质表明函数的线性组合的拉普拉斯变换等于各函数拉普拉斯变换的线性组合. 它的证明只需根据拉普拉斯变换的定义和积分性质就可以推出.

【注】 线性性质可以推广到有限多个函数的情况，即

$$\mathscr{L}\left[\sum_{k=1}^{n}a_k f_k(t)\right]=\sum_{k=1}^{n}a_k\mathscr{L}[f_k(t)]$$

$$\mathscr{L}^{-1}\left[\sum_{k=1}^{n}a_k F_k(s)\right]=\sum_{k=1}^{n}a_k\mathscr{L}^{-1}[F_k(s)]$$

8.2.2 相似性质

若 $\mathscr{L}[f(t)]=F(s)$，$a>0$，则 $\mathscr{L}[f(at)]=\dfrac{1}{a}F\left(\dfrac{s}{a}\right)$.

【证明】 令 $u=at$，有

$$\mathscr{L}[f(at)]=\int_0^{+\infty}f(at)\mathrm{e}^{-st}\mathrm{d}t=\frac{1}{a}\int_0^{+\infty}f(u)\mathrm{e}^{-\frac{s}{a}u}\mathrm{d}u=\frac{1}{a}F\left(\frac{s}{a}\right).$$

【注】 因为函数 $f(at)$ 的图形可由 $f(t)$ 的图形沿 t 轴做相似变换而得，所以把这个性质称为相似性. 在工程技术中，常希望改变时间的比例尺，或者将一个给定的时间函数标准化后，再求它的拉氏变换，这时就要用到这个性质，因此这个性质在工程技术中也称为尺度变换性.

【例 8.8】 已知 $\mathscr{L}\left[\dfrac{\sin t}{t}\right]=\arctan\dfrac{1}{s}$，求 $\mathscr{L}\left[\dfrac{\sin at}{t}\right]$.

【解】 根据已知 $\mathscr{L}\left[\dfrac{\sin t}{t}\right]=\arctan\dfrac{1}{s}$，利用拉普拉斯变换的相似性质，有

$$\mathscr{L}\left[\frac{\sin at}{at}\right]=\frac{1}{a}\arctan\frac{1}{\frac{s}{a}}$$

上式等价于

$$\frac{1}{a}\mathscr{L}\left[\frac{\sin at}{t}\right]=\frac{1}{a}\arctan\frac{a}{s}$$

所以

$$\mathscr{L}\left[\frac{\sin at}{t}\right]=\arctan\frac{a}{s}$$

8.2.3 位移性质

若 $\mathscr{L}[f(t)]=F(s)$，则有

$$\mathscr{L}[\mathrm{e}^{at}f(t)]=F(s-a)\quad 或\quad \mathscr{L}^{-1}[F(s-a)]=\mathrm{e}^{at}f(t)$$

【证明】 由拉普拉斯变换公式，有

$$\mathscr{L}[\mathrm{e}^{at}f(t)]=\int_0^{+\infty}\mathrm{e}^{at}f(t)\mathrm{e}^{-st}\mathrm{d}t=\int_0^{+\infty}f(t)\mathrm{e}^{-(s-a)t}\mathrm{d}t=F(s-a)$$

【例 8.9】 求 $\mathscr{L}[\mathrm{e}^{-at}\sin kt]$，$\mathscr{L}[\mathrm{e}^{-at}\cos kt]$，$\mathscr{L}[\mathrm{e}^{-at}t^m]$（$m$ 为正整数）.

【解】 根据公式

$$\mathscr{L}[\sin kt]=\frac{k}{s^2+k^2},\quad \mathscr{L}[\cos kt]=\frac{s}{s^2+k^2},\quad \mathscr{L}[t^m]=\frac{m!}{s^{m+1}}$$

再利用位移性质，有

$$\mathscr{L}[\mathrm{e}^{-at}\sin kt]=\frac{k}{s^2+k^2}\bigg|_{s=s+a}=\frac{k}{(s+a)^2+k^2}$$

$$\mathscr{L}[e^{-at}\cos kt] = \frac{s}{s^2+k^2}\bigg|_{s=s+a} = \frac{s+a}{(s+a)^2+k^2}$$

$$\mathscr{L}[e^{-at}t^m] = \frac{m!}{s^{m+1}}\bigg|_{s=s+a} = \frac{m!}{(s+a)^{m+1}}$$

8.2.4　延迟性质

若 $\mathscr{L}[f(t)]=F(s)$，又 $t<0$ 时 $f(t)=0$，则对于任一非负实数 τ，有

$$\mathscr{L}[f(t-\tau)] = e^{-s\tau}F(s)$$

或

$$\mathscr{L}^{-1}[e^{-s\tau}F(s)] = f(t-\tau)$$

【证明】 由拉普拉斯变换公式，有

$$\begin{aligned}\mathscr{L}[f(t-\tau)] &= \int_0^{+\infty} f(t-\tau)e^{-st}\,dt \\ &= \int_0^{\tau} f(t-\tau)e^{-st}\,dt + \int_{\tau}^{+\infty} f(t-\tau)e^{-st}\,dt\end{aligned}$$

由条件可知，当 $t<\tau$ 时，$f(t-\tau)=0$，所以上式右端第一个积分为0. 对于第二个积分，令 $t-\tau=u$，则

$$\begin{aligned}\mathscr{L}[f(t-\tau)] &= \int_0^{+\infty} f(u)e^{-s(u+\tau)}\,du \\ &= e^{-s\tau}\int_0^{+\infty} f(u)e^{-su}\,du \\ &= e^{-s\tau}F(s) \quad (\mathrm{Re}(s)>c)\end{aligned}$$

【注】 函数 $f(t-t_0)$ 与 $f(t)$ 相比，$f(t)$ 是从 $t=0$ 开始有非零函数值，而 $f(t-t_0)$ 则是从 $t=t_0$ 开始才有非零函数值，即延迟了 t_0 时间. 从它们的图像来讲，$f(t-t_0)$ 的图像是由 $f(t)$ 的图像沿 t 轴向右平移了距离 t_0 而得到的. 这个性质表明，时间函数延迟 t_0 的拉氏变换等于它的象函数乘以指数因子 e^{-st_0}.

【例 8.10】 求函数 $u(t-2)=\begin{cases}0, & t<2\\ 1, & t>2\end{cases}$ 的拉普拉斯变换.

【解】 根据公式，$\mathscr{L}[u(t)]=\dfrac{1}{s}$，再利用延迟性质，有

$$\mathscr{L}[u(t-2)] = \frac{1}{s}e^{-2t}$$

8.2.5　微分性质

(1) 象原函数的微分性质

若 $\mathscr{L}[f(t)]=F(s)$，则有

$$\mathscr{L}[f'(t)] = sF(s) - f(0)$$

一般地，有

$$\mathscr{L}[f^{(n)}(t)] = s^nF(s) - \sum_{i=0}^{n-1} s^{n-1-i}f^{(i)}(0), \quad (\mathrm{Re}(s)>c)$$

【证明】 由拉普拉斯变换公式，有

$$\begin{aligned}\mathscr{L}[f'(t)] &= \int_0^{+\infty} f'(t)\mathrm{e}^{-st}\mathrm{d}t = \int_0^{+\infty} \mathrm{e}^{-st}\mathrm{d}f(t) \\ &= f(t)\mathrm{e}^{-st}\Big|_0^{+\infty} + s\int_0^{+\infty} f(t)\mathrm{e}^{-st}\mathrm{d}t \quad \text{（利用分部积分法）} \\ &= sF(s) - f(0)\end{aligned}$$

这个性质表明一个函数求导后取拉普拉斯变换等于这个函数的拉普拉斯变换乘以参变量，再减去函数的初值.

同理可证：

$$\mathscr{L}[f^{(n)}(t)] = s^nF(s) - \sum_{i=0}^{n-1} s^{n-1-i}f^{(i)}(0), \quad (\mathrm{Re}(s) > c)$$

【注】

① 特别地，当初值 $f(0)=f'(0)=\cdots=f^{(n-1)}(0)=0$ 时，有

$$\mathscr{L}[f'(t)] = sF(s), \mathscr{L}[f''(t)] = s^2F(s), \cdots, \mathscr{L}[f^{(n)}(t)] = s^nF(s)$$

② 此性质可以将 $f(t)$ 的微分方程转化为 $F(s)$ 的代数方程，因此，它对分析线性系统有着重要的作用.

(2) 象函数的微分性质

若 $\mathscr{L}[f(t)]=F(s)$，则有

$$\frac{\mathrm{d}}{\mathrm{d}s}F(s) = -\mathscr{L}[tf(t)], \quad \mathrm{Re}(s) > c$$

一般地，有

$$\frac{\mathrm{d}^n}{\mathrm{d}s^n}F(s) = (-1)^n\mathscr{L}[t^nf(t)], \quad \mathrm{Re}(s) > c$$

【注】 事实上，常常利用象函数的微分性质(象函数导数公式)来计算如下拉普拉斯变换，即

$$\mathscr{L}[t^nf(t)] = (-1)^n \frac{\mathrm{d}^n}{\mathrm{d}s^n}F(s)$$

【例 8.11】 求函数 $f(t)=t\sin kt$ 的拉普拉斯变换.

【解】 因为 $\mathscr{L}[\sin kt]=\frac{k}{s^2+k^2}$，根据上述象函数的微分性质，有

$$\mathscr{L}[t\sin kt] = -\frac{\mathrm{d}}{\mathrm{d}s}\left[\frac{k}{s^2+k^2}\right] = \frac{2ks}{(s^2+k^2)^2}, \quad \mathrm{Re}(s) > 0$$

同理可得

$$\mathscr{L}[t\cos kt] = -\frac{\mathrm{d}}{\mathrm{d}s}\left[\frac{s}{s^2+k^2}\right] = \frac{s^2-k^2}{(s^2+k^2)^2}, \quad \mathrm{Re}(s) > 0$$

8.2.6 积分性质

(1) 象原函数的积分性质

若 $\mathscr{L}[f(t)]=F(s)$，则有

$$\mathscr{L}\left[\int_0^t f(t)\mathrm{d}t\right] = \frac{1}{s}F(s)$$

一般地，有

$$\mathscr{L}\{\underbrace{\int_0^t \mathrm{d}t \int_0^t \mathrm{d}t \cdots \int_0^t}_{n次} f(t)\mathrm{d}t\} = \frac{1}{s^n}F(s)$$

【证明】 设 $h(t) = \int_0^t f(t)\mathrm{d}t$，则有

$$h'(t) = f(t) \quad 且 \quad h(0) = 0$$

即

$$\mathscr{L}[h'(t)] = \mathscr{L}[f(t)] \quad 且 \quad h(0) = 0$$

根据象原函数微分性质，有

$$\mathscr{L}[h'(t)] = s\mathscr{L}[h(t)] - h(0) = s\mathscr{L}[h(t)]$$

综上所述，有

$$\mathscr{L}\left[\int_0^t f(t)\mathrm{d}t\right] = \frac{1}{s}F(s)$$

重复运用上式结果，可得

$$\mathscr{L}\left\{\underbrace{\int_0^t \mathrm{d}t \int_0^t \mathrm{d}t \cdots \int_0^t}_{n次} f(t)\mathrm{d}t\right\} = \frac{1}{s^n}F(s)$$

这个性质表明一个函数积分后再取拉普拉斯变换等于这个函数的拉普拉斯变换除以复参数 s.

(2) 象函数的积分性质

若 $\mathscr{L}[f(t)]=F(s)$，则有

$$\mathscr{L}\left[\frac{f(t)}{t}\right] = \int_s^\infty F(s)\mathrm{d}s$$

一般地，有

$$\mathscr{L}\left[\frac{f(t)}{t^n}\right] = \underbrace{\int_s^\infty \mathrm{d}s \int_s^\infty \mathrm{d}s \cdots \int_s^\infty}_{n次} F(s)\mathrm{d}s$$

它的证明留给读者.

【注】 事实上，常常利用象函数的积分性质来计算如下拉普拉斯变换，即

$$\mathscr{L}\left[\frac{f(t)}{t^n}\right] = \underbrace{\int_s^\infty \mathrm{d}s \int_s^\infty \mathrm{d}s \cdots \int_s^\infty}_{n次} F(s)\mathrm{d}s$$

【例 8.12】 已知函数 $f(t)$ 的拉普拉斯变换结果为 $F(s)=\frac{s}{(s^2-1)^2}$，求 $f(t)$.

【解】 利用象函数积分性质：$\mathscr{L}\left[\frac{f(t)}{t}\right] = \int_s^\infty F(s)\mathrm{d}s$，即

$$f(t) = t\mathscr{L}^{-1}\left[\int_s^\infty F(s)\mathrm{d}s\right]$$

于是，有

$$f(t) = t\mathscr{L}^{-1}\left[\int_s^\infty F(s)\mathrm{d}s\right] = t\mathscr{L}^{-1}\left[\int_s^\infty \frac{s}{(s^2-1)^2}\mathrm{d}s\right]$$

$$= t\mathscr{L}^{-1}\left(\frac{1}{2}\frac{1}{s^2-1}\right) = t\mathscr{L}^{-1}\left(\frac{1}{4}\cdot\frac{1}{s-1}-\frac{1}{4}\cdot\frac{1}{s+1}\right)$$

$$= \frac{t}{4}(\mathrm{e}^t - \mathrm{e}^{-t})$$

8.2.7 卷积与卷积定理

第 7 章讨论了傅里叶变换的卷积性质，其中两个函数的卷积是指

$$\int_{-\infty}^{+\infty} f_1(\tau) f_2(t-\tau)\mathrm{d}\tau$$

进一步，若函数 $f_1(t)$ 和 $f_2(t)$ 满足拉氏变换存在定理的条件，并且 $t<0$ 时，$f_1(t)=f_2(t)=0$，则

$$f_1(t) * f_2(t) = \int_0^t f_1(\tau) f_2(t-\tau)\mathrm{d}\tau$$

上式即为拉氏变换的卷积. 事实上，这里的卷积定义和傅里叶变换中给出的卷积定义是完全一致的，而且具有与傅里叶变换中的卷积类似的性质和运算规律. 今后如不特别声明，都假定这些函数在 $t<0$ 时恒为零，它们的卷积都按照拉氏变换的卷积计算.

【例 8.13】 求函数 $f_1(t)=t$ 和 $f_2(t)=\sin t$ 的拉氏变换卷积.

【解】 利用卷积定义，有

$$\begin{aligned} t * \sin t &= \int_0^t \tau\sin(t-\tau)\mathrm{d}\tau \\ &= \tau\cos(t-\tau)\Big|_0^t - \int_0^t \cos(t-\tau)\mathrm{d}\tau \quad (\text{利用分部积分}) \\ &= t - \sin t \end{aligned}$$

定理 8.2（卷积定理） 若 $f_1(t)$ 和 $f_2(t)$ 满足拉氏变换存在定理的条件，且

$$F_1(s) = \mathscr{L}[f_1(t)], \quad F_2(s) = \mathscr{L}[f_2(t)]$$

则 $f_1(t) * f_2(t)$ 的拉氏变换存在，且

$$\mathscr{L}[f_1(t) * f_2(t)] = F_1(s)\cdot F_2(s) \quad \text{或} \quad \mathscr{L}^{-1}[F_1(s)\cdot F_2(s)] = f_1(t) * f_2(t)$$

【证明】 当 $t<0$ 时，$f_1(t)=f_2(t)=0$，则

$$F_1(s)\cdot F_2(s) = \int_{-\infty}^{+\infty} f_1(\tau)\mathrm{e}^{-s\tau}\mathrm{d}\tau \int_{-\infty}^{+\infty} f_2(u)\mathrm{e}^{-su}\mathrm{d}u$$

令 $u=t-\tau$，则有

$$F_1(s)\cdot F_2(s) = \int_{-\infty}^{+\infty} f_1(\tau)\mathrm{e}^{-s\tau}\left[\int_{-\infty}^{+\infty} f_2(t-\tau)\mathrm{e}^{-s(t-\tau)}\mathrm{d}t\right]\mathrm{d}\tau$$

由于上式右端绝对可积，故可交换积分次序，即

$$F_1(s)\cdot F_2(s) = \int_{-\infty}^{+\infty} \mathrm{e}^{-st}\left[\int_{-\infty}^{+\infty} f_1(\tau) f_2(t-\tau)\mathrm{d}\tau\right]\mathrm{d}t$$

因为

$$\int_{-\infty}^{+\infty} f_1(\tau) f_2(t-\tau)\mathrm{d}\tau = \begin{cases} \int_0^t f_1(\tau) f_2(t-\tau)\mathrm{d}\tau, & t\geqslant 0 \\ 0, & t<0 \end{cases}$$

故

$$F_1(s)\cdot F_2(s)=\int_{-\infty}^{+\infty}e^{-st}\left[\int_0^t f_1(\tau)f_2(t-\tau)d\tau\right]dt$$
$$=\int_{-\infty}^{+\infty}e^{-st}[f_1(t)*f_2(t)]dt$$
$$=\mathscr{L}[f_1(t)*f_2(t)]$$

【注】 卷积定理可以推广到有限多个函数的情况，即若 $f_k(t)(k=1,2,\cdots,n)$ 满足拉氏变换存在定理的条件，且

$$F_k(s)=\mathscr{L}[f_k(t)],\quad k=1,2,\cdots,n$$

则

$$\mathscr{L}[f_1(t)*f_2(t)*\cdots*f_n(t)]=F_1(s)\cdot F_2(s)\cdot\cdots\cdot F_n(s)$$

应用卷积定理，可以把复杂的卷积运算表达的积分改为简单的代数乘法运算，因此卷积定理在拉氏变换的应用中起着十分重要的作用. 下面给出几个用卷积定理来求拉氏逆变换的例子.

【例 8.14】 求函数 $F(s)=\dfrac{1}{s^2(1+s^2)}$ 的拉氏逆变换的象原函数 $f(t)$.

【解法 1】 因为

$$F(s)=\frac{1}{s^2(1+s^2)}=\frac{1}{s^2}-\frac{1}{(1+s^2)}$$

利用公式：$\mathscr{L}[\sin kt]=\dfrac{k}{s^2+k^2}$，$\mathscr{L}[t^m]=\dfrac{m!}{s^{m+1}}$. 于是，有

$$f(t)=t-\sin t$$

【解法 2】 因为

$$F(s)=\frac{1}{s^2(1+s^2)}=\frac{1}{s^2}\cdot\frac{1}{(1+s^2)}$$

设 $F_1(s)=\dfrac{1}{s^2}$，$F_2(s)=\dfrac{1}{(1+s^2)}$，即

$$f_1(t)=t,\quad f_2(t)=\sin t$$

再利用卷积定理，有

$$f(t)=f_1(t)*f_2(t)=t*\sin t=t-\sin t$$

【例 8.15】 求函数 $F(s)=\dfrac{s^2}{(1+s^2)^2}$ 的拉氏逆变换的象原函数 $f(t)$.

【解】 因为

$$F(s)=\frac{s^2}{(1+s^2)^2}=\frac{s}{(1+s^2)}\cdot\frac{s}{(1+s^2)}$$

设 $F_1(s)=F_2(s)=\dfrac{s}{(1+s^2)}$，即

$$f_1(t)=f_2(t)=\cos t$$

再利用卷积定理，有

$$f(t)=f_1(t)*f_2(t)=\cos t*\cos t$$
$$=\int_0^t\cos\tau\cos(t-\tau)d\tau$$

$$= \frac{1}{2}\int_0^t [\cos t + \cos(2\tau - t)]\mathrm{d}\tau$$

$$= \frac{1}{2}(t\cos t + \sin t)$$

*8.2.8 初值定理与终值定理

定义 8.2 称 $f(0)$和 $f(0^+) = \lim\limits_{t\to 0^+} f(t)$为 $f(t)$的初值，$f(+\infty) = \lim\limits_{t\to+\infty} f(t)$为 $f(t)$的终值(假定两个极限存在).

定理 8.3(初值定理) 若 $f'(t)$的拉氏变换存在，则

$$\lim_{s\to\infty} sF(s) = f(+\infty)$$

定理 8.4(终值定理) 若 $f'(t)$的拉氏变换存在，且 $sF(s)$的一切奇点都在左半平面($\mathrm{Re}(s)<0$)，则

$$\lim_{s\to 0} sF(s) = f(+\infty)$$

【证明】 考虑关系式

$$sF(s) = s\int_0^{+\infty} \mathrm{e}^{-st} f(t)\mathrm{d}t = \int_0^{+\infty} \mathrm{e}^{-st} f'(t)\mathrm{d}t + f(0)$$

令 $s\to\infty$，得

$$\lim_{s\to\infty} sF(s) = \lim_{s\to\infty}\left[\int_0^{+\infty} \mathrm{e}^{-st} f'(t)\mathrm{d}t + f(0)\right]$$

$$= \int_0^{+\infty} \lim_{s\to\infty} \mathrm{e}^{-st} f'(t)\mathrm{d}t + f(0)$$

$$= f(0)$$

在关系式中，令 $s\to 0$，得

$$\lim_{s\to 0} sF(s) = \lim_{s\to 0}\left[\int_0^{+\infty} \mathrm{e}^{-st} f'(t)\mathrm{d}t + f(0)\right]$$

$$= \int_0^{+\infty} \lim_{s\to 0} \mathrm{e}^{-st} f'(t)\mathrm{d}t + f(0)$$

$$= \int_0^{+\infty} f'(t)\mathrm{d}t + f(0)$$

$$= f(t)\Big|_0^{+\infty} + f(0)$$

$$= \lim_{t\to+\infty} f(t) = f(+\infty)$$

因此，倘若允许交换积分与极限的运算顺序，就证明了这两个定理. 在前一定理中，通常总是许可这样做的；在后一定理中，仅在满足定理中叙述的特定条件下才许可这样做.

在实际应用中，有时只关心函数 $f(t)$在 $t=0$ 附近或 t 相当大时的情形，它们可能是某个系统的动态响应的初始情况或稳定状态情况，这时并不需要用逆变换求出 $f(t)$的表达式，而可以直接由 $F(s)$来确定这些值.

习题 8.2

1. 求下列函数的拉普拉斯变换式:

(1) $f(t)=t^2+3t+2$； (2) $f(t)=1-te^t$；

(3) $f(t)=(t-1)^2e^t$； (4) $f(t)=\frac{t}{2a}\sin at$；

(5) $f(t)=t\cos at$； (6) $f(t)=5\sin 2t-3\cos 2t$；

(7) $f(t)=e^{-2t}\sin 6t$； (8) $f(t)=e^{-4t}\cos 4t$；

(9) $f(t)=u(3t-5)$； (10) $f(t)=u(1-e^{-t})$.

2. 若 $\mathscr{L}[f(t)]=F(s)$，a 为正实数，利用相似性质，计算下列各式：

(1) $\mathscr{L}\left[e^{-\frac{t}{a}}f\left(\frac{t}{a}\right)\right]$； (2) $\mathscr{L}\left[e^{-at}f\left(\frac{t}{a}\right)\right]$.

3. 若 $\mathscr{L}[f(t)]=F(s)$，利用象函数微分性质，计算下列各式：

(1) $\mathscr{L}[te^{-3t}\sin 2t]$； (2) $\mathscr{L}\left[t\int_0^t e^{-3t}\sin 2t\mathrm{d}t\right]$；

(3) $\mathscr{L}^{-1}\left[\ln\frac{s+1}{s-1}\right]$； (4) $\mathscr{L}\left[\int_0^t te^{-3t}\sin 2t\mathrm{d}t\right]$.

4. 若 $\mathscr{L}[f(t)]=F(s)$，利用象函数积分性质，计算下列各式：

(1) $\mathscr{L}\left[\frac{\sin kt}{t}\right]$； (2) $\mathscr{L}\left[\frac{e^{-3t}\sin 2t}{t}\right]$； (3) $\mathscr{L}\left[\int_0^t \frac{e^{-3t}\sin 2t}{t}\mathrm{d}t\right]$.

5. 求下列函数的拉普拉斯逆变换：

(1) $F(s)=\frac{1}{s^2+4}$； (2) $F(s)=\frac{1}{s^4}$；

(3) $F(s)=\frac{1}{(s+1)^4}$； (4) $F(s)=\frac{1}{s+3}$；

(5) $F(s)=\frac{2s+3}{s^2+9}$； (6) $F(s)=\frac{s+3}{(s+1)(s-3)}$；

(7) $F(s)=\frac{s+1}{s^2+s-6}$； (8) $F(s)=\frac{2s+5}{s^2+4s+13}$.

6. 求下列函数的卷积：

(1) $1*1$； (2) $t*t$；

(3) t^m*t^n； (4) $t*e^t$；

(5) $\sin t*\cos t$； (6) $\sin kt*\sin kt(k\neq 0)$.

7. 若 $\mathscr{L}[f(t)]=F(s)$，利用卷积定理证明：$\mathscr{L}\left[\int_0^t f(t)\mathrm{d}t\right]=\frac{F(s)}{s}$.

8. 利用卷积定理证明：$\mathscr{L}^{-1}\left[\frac{s}{(s^2+a^2)^2}\right]=\frac{t}{2a}\sin at$.

8.3 拉普拉斯逆变换

前面主要讨论了由已知函数 $f(t)$求它的象函数 $F(s)$，但在实际应用中经常会碰到与此相反的问题，即已知象函数 $F(s)$求它的象原函数 $f(t)$，这就是本节所要讨论的问题.

在 8.1 节已经介绍，从 $F(s)$到 $f(t)$的对应关系称为拉氏逆变换，现在来建立这个对应关系式.

8.3.1 复反演积分公式

定理 8.5 若函数 $f(t)$满足拉氏变换存在定理的条件,$\mathscr{L}[f(t)]=F(s)$,c 为其增长指数,则 $\mathscr{L}^{-1}[F(s)]$由下式给出:

$$f(t)=\frac{1}{2\pi \mathrm{i}}\int_{\beta-\mathrm{i}\infty}^{\beta+\mathrm{i}\infty}F(s)\mathrm{e}^{st}\mathrm{d}s,\quad s=\beta+\mathrm{i}w,t>0$$

其中 t 为 $f(t)$的连续点.我们称该式为复反演积分公式,其中的积分应理解为

$$\int_{\beta-\mathrm{i}\infty}^{\beta+\mathrm{i}\infty}F(s)\mathrm{e}^{st}\mathrm{d}s=\lim_{w\to\infty}\int_{\beta-\mathrm{i}w}^{\beta+\mathrm{i}w}F(s)\mathrm{e}^{st}\mathrm{d}s$$

如果 t 为 $f(t)$的间断点,则有

$$\frac{f(t+0)+f(t-0)}{2}=\frac{1}{2\pi \mathrm{i}}\int_{\beta-\mathrm{i}\infty}^{\beta+\mathrm{i}\infty}F(s)\mathrm{e}^{st}\mathrm{d}s$$

这里的积分路线是平行于虚轴的任一直线 $\mathrm{Re}s=\beta(c)$.

【证明】 由拉氏变换存在定理,当 $\beta>c$ 时,$f(t)\mathrm{e}^{-\beta t}$在 $0\leqslant t<+\infty$ 上绝对可积;又当 $t<0$时,$f(t)\equiv0$.因此,函数 $f(t)\mathrm{e}^{-\beta t}$在 $-\infty<t<+\infty$ 上也绝对可积,它满足傅氏积分存在定理的全部条件,所以在 $f(t)$的连续点处有

$$\begin{aligned}f(t)\mathrm{e}^{-\beta t}&=\frac{1}{2\pi}\int_{-\infty}^{+\infty}\left[\int_{-\infty}^{+\infty}f(\tau)u(\tau)\mathrm{e}^{-\beta\tau}\mathrm{e}^{-\mathrm{i}w\tau}\mathrm{d}\tau\right]\mathrm{e}^{\mathrm{i}wt}\mathrm{d}w\\&=\frac{1}{2\pi}\int_{-\infty}^{+\infty}\mathrm{e}^{\mathrm{i}wt}\mathrm{d}w\left[\int_{0}^{+\infty}f(\tau)\mathrm{e}^{-(\beta+\mathrm{i}w)\tau}\mathrm{d}\tau\right]\\&=\frac{1}{2\pi}\int_{-\infty}^{+\infty}F(\beta+\mathrm{i}w)\mathrm{e}^{\mathrm{i}wt}\mathrm{d}w,\quad t>0\end{aligned}$$

将上式两边同乘以 $\mathrm{e}^{\beta t}$,并考虑到它与积分变量 w 无关,所以

$$f(t)=\frac{1}{2\pi}\int_{-\infty}^{+\infty}F(\beta+\mathrm{i}w)\mathrm{e}^{(\beta+\mathrm{i}w)t}\mathrm{d}w$$

令 $\beta+\mathrm{i}w=s$,则 $\mathrm{d}s=\mathrm{i}\mathrm{d}w$,对 w 的积分限$\pm\infty$变为对 s 的积分限$\beta\pm \mathrm{i}\infty$,于是

$$f(t)=\frac{1}{2\pi \mathrm{i}}\int_{\beta-\mathrm{i}\infty}^{\beta+\mathrm{i}\infty}F(s)\mathrm{e}^{st}\mathrm{d}s,\quad s=\beta+\mathrm{i}w,t>0$$

其中积分路线$(\beta-\mathrm{i}\infty,\beta+\mathrm{i}\infty)$是半平面 $\mathrm{Re}s>c$ 内任一条平行于虚轴的直线.

拉氏逆变换在形式上显得与拉氏变换不那么对称,而且是一个复变函数的积分.尽管在前面利用拉氏变换的一些性质推出了某些象原函数和象函数之间的对应关系,但对一些比较复杂的象函数,要实际求出其象原函数,就不得不借助于复反演积分公式.计算复变函数的积分通常比较困难,但由于 $F(s)$是 s 的解析函数,因此可以利用解析函数求积分的一些方法来求出象原函数 $f(t)$.

8.3.2 象原函数的求法

1. 利用留数求象原函数

前面已经知道,象函数 $F(s)$在直线 $\mathrm{Re}s=\beta(>c)$及其右侧半平面内是解析的,那么在 $\mathrm{Re}s=\beta$左侧的半平面内,一般说来它是会有奇点的,这时我们可以利用复变函数的留数定理通过适当取围道的方式来计算复反演积分.

定理 8.6　若函数 $F(s)$ 在复平面上只有有限个奇点 $s_1, s_2, \cdots, s_n$，它们全部位于直线 $\mathrm{Re}s=\beta(>c)$ 的左侧，并且当 $s\to\infty$ 时，$F(s)\to 0$，则有

$$\frac{1}{2\pi\mathrm{i}}\int_{\beta-\mathrm{i}\infty}^{\beta+\mathrm{i}\infty}F(s)\mathrm{e}^{st}\mathrm{d}s=\sum_{k=1}^{n}\underset{s=s_k}{\mathrm{Res}}[F(s)\mathrm{e}^{st}]$$

即

$$f(t)=\sum_{k=1}^{n}\underset{s=s_k}{\mathrm{Res}}[F(s)\mathrm{e}^{st}],\quad t>0$$

【证明】　作如图 8.1 所示的闭曲线 $C=L+C_R$，其中 C_R 为 $\mathrm{Re}(s)<\beta$ 的区域内半径为 R 的圆弧，当 R 充分大后，可以使 $F(s)$ 的所有奇点包含在闭曲线 C 围成的区域内. 同时，e^{st} 在复平面上解析，所以 $F(s)\mathrm{e}^{st}$ 的奇点就是 $F(s)$ 的奇点，由留数定理可得

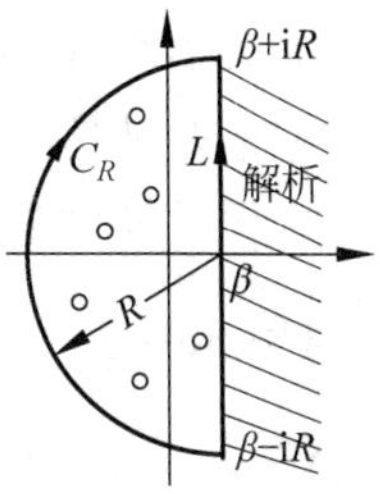

$$\oint_C F(s)\mathrm{e}^{st}\mathrm{d}s=2\pi\mathrm{i}\sum_{k=1}^{n}\underset{s=s_k}{\mathrm{Res}}[F(s)\mathrm{e}^{st}]$$

图　8.1

即

$$\frac{1}{2\pi\mathrm{i}}\left[\int_{\beta-\mathrm{i}R}^{\beta+\mathrm{i}R}F(s)\mathrm{e}^{st}\mathrm{d}s+\int_{C_R}F(s)\mathrm{e}^{st}\mathrm{d}s\right]=\sum_{k=1}^{n}\underset{s=s_k}{\mathrm{Res}}[F(s)\mathrm{e}^{st}]$$

在上式左边，取 $R\to+\infty$ 时的极限，并根据复变函数中的约当引理，当 $t>0$ 时，有

$$\lim_{R\to+\infty}\int_{C_R}F(s)\mathrm{e}^{st}\mathrm{d}s=0$$

从而

$$\frac{1}{2\pi\mathrm{i}}\int_{\beta-\mathrm{i}\infty}^{\beta+\mathrm{i}\infty}F(s)\mathrm{e}^{st}\mathrm{d}s=\sum_{k=1}^{n}\underset{s=s_k}{\mathrm{Res}}[F(s)\mathrm{e}^{st}],\quad t>0$$

即使 $F(s)$ 在 $\mathrm{Re}s=c$ 左侧的半平面内有无穷多个奇点，上式在一定条件下也是成立的，即 n 可以是有限数，也可以是∞.

2. 有理分式的象原函数

若函数 $F(s)=\dfrac{A(s)}{B(s)}$ 是有理分式函数，其中 $A(s)$，$B(s)$ 是不可约的多项式，$B(s)$ 的次数是 n，而且 $A(s)$ 的次数小于 $B(s)$ 的次数，在这种情况下，它满足定理对 $F(s)$ 所要求的条件，因此，

$$f(t)=\sum_{k=1}^{n}\underset{s=s_k}{\mathrm{Res}}[F(s)\mathrm{e}^{st}],\quad t>0$$

成立. 下面分两种情况来讨论：

(1) 若 $B(s)$ 有 n 个一级零点 $s_1, s_2, \cdots, s_n$，即这些点都是 $F(s)=\dfrac{A(s)}{B(s)}$ 的一级极点，则由留数的计算方法，有

$$\underset{s=s_k}{\mathrm{Res}}[F(s)\mathrm{e}^{st}]=\frac{A(s_k)}{B'(s_k)}\mathrm{e}^{s_k t}$$

即

$$f(t)=\sum_{k=1}^{n}\frac{A(s_k)}{B'(s_k)}\mathrm{e}^{s_k t},\quad t>0$$

(2) 若 s_1 是 $B(s)$的一个 m 级零点，而其余 $s_{m+1},s_{m+2},\cdots,s_n$ 是 $B(s)$的一级零点，即 s_1 是 $F(s)=\dfrac{A(s)}{B(s)}$的 m 级极点，$s_i(i=m+1,m+2,\cdots,n)$是 $F(s)=\dfrac{A(s)}{B(s)}$的一级极点，则由留数的计算方法，有

$$\operatorname*{Res}_{s=s_1}\left[\frac{A(s)}{B(s)}e^{st}\right]=\frac{1}{(m-1)!}\lim_{s\to s_1}\frac{d^{m-1}}{ds^{m-1}}\left[(s-s_1)^m\frac{A(s)}{B(s)}e^{st}\right]$$

所以有

$$f(t)=\sum_{i=m+1}^{n}\frac{A(s_i)}{B'(s_i)}e^{s_i t}+\frac{1}{(m-1)!}\lim_{s\to s_1}\frac{d^{m-1}}{ds^{m-1}}\left[(s-s_1)^m\frac{A(s)}{B(s)}e^{st}\right],\quad t>0$$

如果 $B(s)$有几个多重零点，有关公式可以类似推得.

上述两种情况的两个公式通常称为海维赛德(Heaviside)展开式，在用拉氏变换解常微分方程时经常遇到.

【例 8.16】 求函数 $F(s)=\dfrac{1}{1+s^2}$的拉氏逆变换.

【解】 这里 $B(s)=1+s^2$，它有两个一级零点 $s_1=i,s_2=-i$，即 i 与 $-$i 是 $F(s)$的两个一级极点，于是有

$$f(t)=\mathscr{L}^{-1}\left[\frac{1}{1+s^2}\right]=\frac{1}{2s}e^{st}\Big|_{s=i}+\frac{1}{2s}e^{st}\Big|_{s=-i}$$

$$=\frac{1}{2i}(e^{it}-e^{-it})=\sin t,\quad t>0$$

【例 8.17】 求函数 $F(s)=\dfrac{1}{s(1+s)^2}$的拉氏逆变换.

【解】 这里 $B(s)=s(1+s)^2$，$s=0$ 为一级零点，$s=-1$ 为二级零点，即 0 与 -1 分别是 $F(s)$的一级极点和二级极点，于是有

$$f(t)=\frac{1}{3s^2+4s+1}e^{st}\Big|_{s=0}+\lim_{s\to-1}\frac{d}{ds}\left[(s+1)^2\frac{1}{s(1+s)^2}e^{st}\right]$$

$$=1+\lim_{s\to-1}\left(\frac{t}{s}-\frac{1}{s^2}\right)e^{st}=1-e^{-t}-te^{-t},\quad t>0$$

对于有理分式函数的象原函数除了用海维赛德展开式求解，还可以采用部分分式的方法，把它分解为若干简单分式之和，然后逐个求出象原函数. 下面举例说明.

【例 8.18】 求函数 $F(s)=\dfrac{1}{s(s-1)^2}$的拉氏逆变换.

【解】 因为 $F(s)$为有理分式，可以利用部分分式的方法将 $F(s)$化成

$$F(s)=\frac{1}{s(s-1)^2}=\frac{1}{s}-\frac{1}{s-1}+\frac{1}{(s-1)^2}$$

所以

$$f(t)=\mathscr{L}^{-1}\left[\frac{1}{s(s-1)^2}\right]=1-e^t+te^t,\quad t>0$$

【例 8.19】 求函数 $F(s)=\dfrac{3s+7}{(s+1)(s^2+2s+5)}$的拉氏逆变换.

【解】 因为 $F(s)$可以化成

$$F(s)=\frac{3s+7}{(s+1)(s^2+2s+5)}=\frac{1}{s+1}-\frac{s-2}{s^2+2s+5}$$
$$=\frac{1}{s+1}-\frac{s+1}{(s+1)^2+4}+\frac{3}{2}\frac{2}{(s+1)^2+4}$$

所以

$$f(t)=\mathscr{L}^{-1}\left[\frac{3s+7}{(s+1)(s^2+2s+5)}\right]=\mathrm{e}^{-t}\left(1-\cos 2t+\frac{3}{2}\sin 2t\right)$$

【例 8.20】 求函数 $F(s)=\dfrac{a}{s^2(s^2+a^2)}$的拉氏逆变换.

【解法 1】 因为 $s=0$ 为 $F(s)$的二级极点，$s=\pm a\mathrm{i}$ 为 $F(s)$的一级极点，于是有

$$f(t)=\mathscr{L}^{-1}\left[\frac{a}{s^2(s^2+a^2)}\right]=\lim_{s\to 0}\frac{\mathrm{d}}{\mathrm{d}s}\left[s^2\frac{a}{s^2(s^2+a^2)}\mathrm{e}^{st}\right]$$
$$+\frac{a}{4s^3+2a^2s}\mathrm{e}^{st}\Big|_{s=a\mathrm{i}}+\frac{a}{4s^3+2a^2s}\mathrm{e}^{st}\Big|_{s=-a\mathrm{i}}$$
$$=\frac{t}{a}-\frac{\mathrm{e}^{\mathrm{i}at}}{2\mathrm{i}a^2}+\frac{\mathrm{e}^{-\mathrm{i}at}}{2\mathrm{i}a^2}=\frac{t}{a}-\frac{1}{a^2}\sin at$$

【解法 2】 因为 $F(s)=\dfrac{a}{s^2(s^2+a^2)}=\dfrac{1}{a}\left(\dfrac{1}{s^2}-\dfrac{1}{s^2+a^2}\right)$，所以

$$f(t)=\mathscr{L}^{-1}\left[\frac{a}{s^2(s^2+a^2)}\right]=\frac{t}{a}-\frac{1}{a^2}\sin at$$

【解法 3】 因为 $F(s)=\dfrac{a}{s^2(s^2+a^2)}=\dfrac{1}{s}\dfrac{a}{s(s^2+a^2)}$，所以

$$f(t)=\mathscr{L}^{-1}\left[\frac{1}{s}\frac{a}{s(s^2+a^2)}\right]=\mathscr{L}^{-1}\left[\frac{1}{a}\left(\frac{1}{s}-\frac{s}{s^2+a^2}\right)\right]=\frac{1}{a}(1-\cos at)$$

由象函数的积分性质得，

$$f(t)=\mathscr{L}^{-1}\left[\frac{1}{s}\frac{a}{s(s^2+a^2)}\right]=\int_0^t\frac{1}{a}(1-\cos at)\mathrm{d}t$$
$$=\frac{1}{a}\left(t-\frac{1}{a}\sin at\right)=\frac{t}{a}-\frac{1}{a^2}\sin at$$

对于有理分式函数求象原函数，究竟采用哪一种方法较为简便，这要根据具体问题而决定. 一般来说，当有理分式的分母 $B(s)$的次数较高或多项式较复杂时，用部分分式法求象原函数就显得较麻烦.

习题 8.3

1. 利用留数求下列函数的拉普拉斯逆变换：

(1) $F(s)=\dfrac{1}{s(s-a)}$；

(2) $F(s)=\dfrac{1}{s^3(s-a)}$；

(3) $F(s)=\dfrac{s+1}{s^2+s-6}$；

(4) $F(s)=\dfrac{2s+3}{s^3+9}$；

(5) $F(s)=\dfrac{1}{s(s^2+a^2)}$；

(6) $F(s)=\dfrac{1}{s^2(s^2-1)}$；

(7) $F(s)=\dfrac{3s+1}{5s^3\ (s-2)^2}$；　　(8) $F(s)=\dfrac{s^2+2s-1}{s\ (s-1)^2}$；

(9) $F(s)=\dfrac{1}{s^4-a^4}$；　　(10) $F(s)=\dfrac{s}{(s^2+1)(s^2+4)}$.

2. 求下列函数的拉普拉斯逆变换：

(1) $F(s)=\dfrac{4}{s(2s+3)}$；　　(2) $F(s)=\dfrac{3}{(s+4)(s+2)}$；

(3) $F(s)=\dfrac{1}{s(s^2+5)}$；　　(4) $F(s)=\dfrac{3s}{(s+4)(s+2)}$；

(5) $F(s)=\dfrac{s^2+2}{s(s+1)(s+2)}$；　　(6) $F(s)=\dfrac{s+2}{s^3\ (s-1)^2}$；

(7) $F(s)=\dfrac{4s+5}{s^2+5s+6}$；　　(8) $F(s)=\dfrac{s+2}{(s^2+4s+5)^2}$；

(9) $F(s)=\dfrac{1}{(s^2+2s+2)^2}$；　　(10) $F(s)=\dfrac{s^2+4s+4}{(s^2+4s+13)^2}$.

实验七　拉普拉斯变换

一、实验目的

(1) 学习用 Matlab 求拉普拉斯变换.

(2) 学习用 Matlab 求拉普拉斯逆变换.

二、相关的 Matlab 命令(函数)

(1) L=laplace(F)：返回默认自变量为 t 的拉普拉斯变换，默认的返回形式是 $L(s)$.

(2) L=laplace(F,t)：计算以 t 为变量的拉普拉斯变换.

(3) L=laplace(F,w,z)：以 z 代替 s 的拉普拉斯变换.

(4) F=ilaplace(L)：计算对默认自变量 s 的拉普拉斯逆变换，默认的返回形式是 $F(t)$.

(5) F=ilaplace(L,y)：返回以 y 代替默认变量 t 的函数.

(6) F=ilaplace(L,y,x)：返回以 x 代替 t 的拉普拉斯逆变换.

三、实验内容

【例 1】 计算 $f(t)=t^3+4$ 的拉普拉斯变换.

【解】 输入 Matlab 语句：

```
>> syms t f
>> f= t^3+1;
>> L=aplace(f)
```

运行结果：

```
L=
    6/s^4+1/s
```

【例 2】 计算 $f(t) = \cos kt$ 的拉普拉斯变换,其中 k 为实数.

【解】 输入 Matlab 语句:

```
>> syms k real t f
>> f =cos(k * t);
>> L=laplace(f)
```

运行结果:

```
L=
    s/(s^2+k^2)
```

【例 3】 计算 $f(t) = \sin t + t$ 的拉普拉斯变换.

【解】 输入 Matlab 语句:

```
>> syms t f
>> f=sin(t)+t;
>> L=laplace(f,x)
```

运行结果:

```
L=
    1/ (x^2+1) * (2+1/x^2)
```

【例 4】 已知函数 $f(t) = t^2 e^{-2t} \sin(t + \pi)$,试求该函数的拉普拉斯变换.

【解】 Matlab 语句为:

```
>> syms t;
f=t^2 * exp(-2 * t) * sin(t+pi);
F=laplace(f)
```

运行结果:

```
ans =
      -8(s+2)^2/((s+2)^2+1)^3+2/(s+2)^2+1)^2
```

【例 5】 计算 $f(t) = \dfrac{1}{s^2 + 1}$ 的拉普拉斯逆变换.

【解】 输入 Matlab 语句:

```
>> syms s f
>> f=1/(s^2+1);
>> ilaplace(f)
```

运行结果:

```
ans =
      sin(t)
```

【例 6】 计算 $f(u) = \dfrac{u}{u^2 + a^2}$ 的拉普拉斯逆变换.

【解】 输入 Matlab 语句:

```
>> symsu a f
>> f=u/(u^2+a^2);
>> ilaplace(f)
```

运行结果:

```
ans =
        cos(a * t)
```

【例 7】 假设原函数为 $f(x) = x^2 e^{-2x} \sin(x+\pi)$,试求其拉普拉斯变换,并对结果进行拉普拉斯逆变换,看是否能变换回原函数.

【解】 同样可以采用拉普拉斯函数求解该问题.

```
>> syms x w;
f=x^2 * exp(-2 * x) * sin(x+pi);
F=laplace(f,x,w)
f=ilaplace(F,w,x)
```

结果需进行变量代换;使用拉普拉斯逆变换函数ilaplace()得出原函数 $f(t) = -t^2 e^{-2t} \sin t$,因为 $\sin(t+\pi) = -\sin t$.

【例 8】 试求函数 $G(x) = \dfrac{2x^2+x+5}{x^3+6x^2+11x+6}$ 的拉普拉斯逆变换.

【解】 Matlab 语句:

```
>> syms x t;
G=(-17 * x^5-7 * x^4+2 * x^3+x^2-x+1)/(x^6+11 * x^5+48 * x^4+106 * x^3+
125 * x^2+75 * x+17);
f-ilaplace(G,x,t)
```

得出的结果为:

```
-1/31709 * sum(39275165+45806941 * _alpha^4+156459285 * _alpha+5086418 * _alpha^5+
149142273 * _alpha^3+221566216 * _alpha^2) * exp(_alpha * t),
_alpha=RootOf(_Z^6+11 * _Z^5+48 * _Z^4+106 * _Z^3+125 * _Z^2+75 * _Z+17)
```

原问题不存在解析解.若用 Matlab 的变精度算法 vpa(f,16),则可得高精度的数值解.

【例 9】 试推导出 $L[d^2 f(t)/dt^2]$ 的微分公式.

【解】 首先定义函数 $f(t)$,然后通过下面语句推导出二阶导数的拉普拉斯变换公式:

Matlab 语句:

```
>> syms t;
y=sym('f(t)');
laplace(diff(y,t,2)).
```

运行结果:

```
ans=
        s * (s * laplace(f(t),t,s)-f(0))-D(f)(0)
```

【例 10】 已知 $f(t) = e^{-5t}\cos(2t+1)+5$,试求出 $L[d^5 f(t)/dt^5]$.

【解】 已知具体函数，则可将 diff()函数和 laplace()函数结合起来.

Matlab 语句：

```
>> syms t;
f=exp(-5*t)*cos(2*t+1)+5;
F=laplace(diff(f,t,5));
F=simple(F)
```

运行结果为：

$$\frac{1475\cos1 s-1189\cos1-24360\sin1-4282\sin1 s}{s^2+10s+29}$$

合并同类项化简：

```
>> syms s ; collect(F).
```

最后结果为：

$$\frac{(1475\cos1-4282\sin1)s-1189\cos1-24360\sin1}{s^2+10s+29}$$

四、实验习题

1. 求函数 $f(t)=(t-1)^2 e^t$ 的拉普拉斯变换.
2. 求函数 $f(t)=\cos t+t^3$ 的拉普拉斯变换.
3. 求函数 $F(s)=\dfrac{s}{s^2+3}$的拉普拉斯逆变换.
4. 求函数 $F(s)=s^4$ 的拉普拉斯逆变换.
5. 求函数 $G(s)=\dfrac{-17s^5-7s^4+2s^3+s^2-s+1}{s^6+11s^5+48s^4+106s^3+125s^2+75s+17}$的拉普拉斯逆变换.
6. 已知 $f(t)=t^2 e^{-2t}\sin(t+\pi)$，试得出 $L[d^5 f(t)/dt^5]$和 $s^5 L[f(t)]$之间的关系.

附录A

傅里叶变换简表

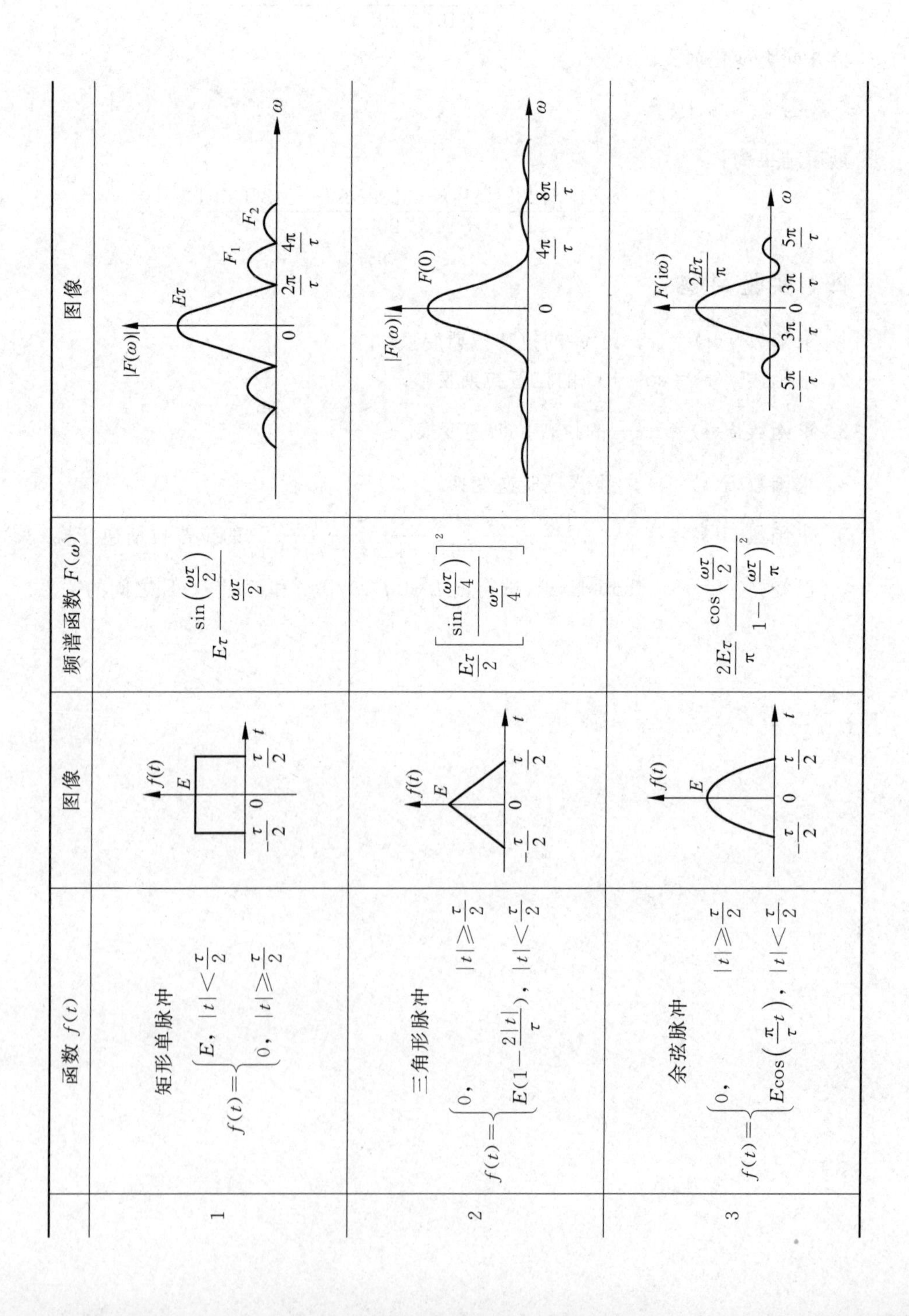

	函数 $f(t)$	图像	频谱函数 $F(\omega)$	图像
1	矩形单脉冲 $f(t)=\begin{cases}E, & \lvert t\rvert<\frac{\tau}{2}\\ 0, & \lvert t\rvert\geqslant\frac{\tau}{2}\end{cases}$		$E\tau\dfrac{\sin\left(\frac{\omega\tau}{2}\right)}{\frac{\omega\tau}{2}}$	
2	三角形脉冲 $f(t)=\begin{cases}0, & \lvert t\rvert\geqslant\frac{\tau}{2}\\ E(1-\frac{2\lvert t\rvert}{\tau}), & \lvert t\rvert<\frac{\tau}{2}\end{cases}$		$\dfrac{E\tau}{2}\left[\dfrac{\sin\left(\frac{\omega\tau}{4}\right)}{\frac{\omega\tau}{4}}\right]^2$	
3	余弦脉冲 $f(t)=\begin{cases}0, & \lvert t\rvert\geqslant\frac{\tau}{2}\\ E\cos\left(\frac{\pi}{\tau}t\right), & \lvert t\rvert<\frac{\tau}{2}\end{cases}$		$\dfrac{2E\tau}{\pi}\dfrac{\cos\left(\frac{\omega\tau}{2}\right)}{1-\left(\frac{\omega\tau}{\pi}\right)^2}$	

续表

	函数 $f(t)$	图像	频谱函数 $F(\omega)$	图像
4	梯形脉冲 $f(t)=\begin{cases}0, & \lvert t\rvert\geqslant\frac{\tau}{2}\\ \frac{2E}{\tau-\tau_1}\left(\frac{\tau}{2}+t\right), & -\frac{\tau}{2}<t<-\frac{\tau_1}{2}\\ E, & -\frac{\tau_1}{2}<t<\frac{\tau_1}{2}\\ \frac{2E}{\tau-\tau_1}\left(\frac{\tau}{2}-t\right), & \frac{\tau_1}{2}<t<\frac{\tau}{2}\end{cases}$	$f(t)$; E; $-\frac{\tau}{2}$ $-\frac{\tau_1}{2}$ 0 $\frac{\tau_1}{2}$ $\frac{\tau}{2}$ t	$\frac{E(\tau+\tau_1)}{2}\times\frac{\sin\left(\frac{\omega(\tau+\tau_1)}{4}\right)}{\frac{\omega(\tau+\tau_1)}{4}}\times\frac{\sin\left(\frac{\omega(\tau-\tau_1)}{4}\right)}{\frac{\omega(\tau-\tau_1)}{4}}$	$\lvert F(\omega)\rvert$; $\frac{E(\tau+\xi)}{2}$; F_1 F_2; 0 $\frac{4\pi}{\tau+\tau_1}$ $\frac{8\pi}{\tau+\tau_1}$ ω
5	指数衰减脉冲 $f(t)=\begin{cases}Ee^{-\alpha t}, & t\geqslant 0\\ 0, & t<0\end{cases}\quad(\alpha>0)$	$f(t)$; E; 0 t	$\frac{E}{\alpha+\mathrm{i}\omega}$	$F(\omega)$; E/α; $F/(2\alpha)$; 0 $\sqrt{3}\alpha$ ω
6	阶跃脉冲 $f(t)=\begin{cases}0, & t<0\\ 1, & t\geqslant 0\end{cases}$	$f(t)$; 1; 0 t	$\frac{1}{\mathrm{i}\omega}$	$F(\omega)$; 1; -1 0 1 ω

续表

	函数 $f(t)$	图像	频谱函数 $F(\omega)$	图像
7	指数脉冲 $f(t)=\begin{cases}\dfrac{E}{\beta-\alpha}(\mathrm{e}^{-\alpha t}-\mathrm{e}^{-\beta t}), & t\geqslant 0\\ 0, & t<0\end{cases}$ $(\alpha\neq\beta)$	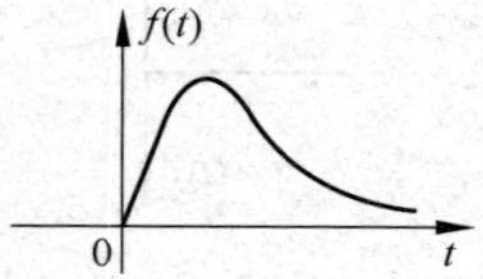 $f(t)$, 0, t	$\dfrac{E}{(\alpha+\mathrm{i}\omega)(\beta+\mathrm{i}\omega)}$	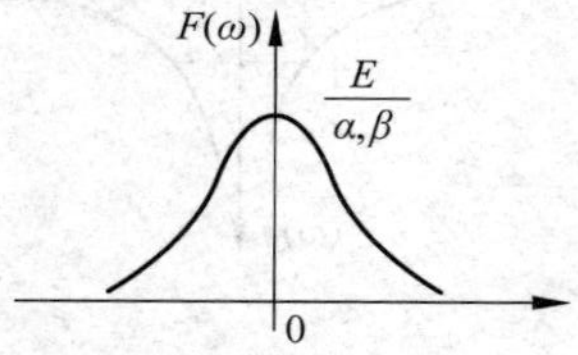 $F(\omega)$, $\dfrac{E}{\alpha,\beta}$, 0
8	衰减正弦振荡 $f(t)=\begin{cases}E\mathrm{e}^{-\alpha t}\sin\omega_0 t, & t\geqslant 0\\ 0, & t<0\end{cases}\quad \alpha>0$	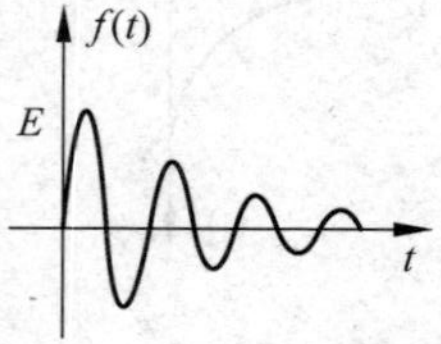 $f(t)$, E, t	$\dfrac{\omega_0 E}{(\alpha+\mathrm{i}\omega)^2+\omega_0^2}$	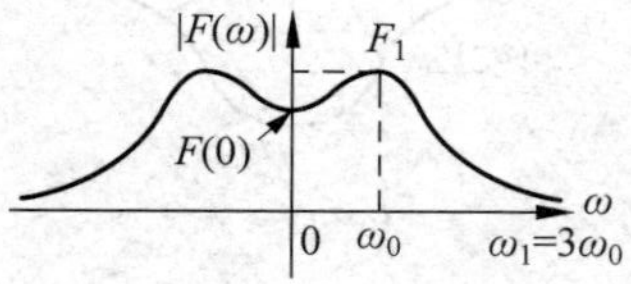 $\lvert F(\omega)\rvert$, F_1, $F(0)$, 0, ω_0, ω, $\omega_1=3\omega_0$
9	矩形射频脉冲 $f(t)=\begin{cases}E\cos\omega_0 t, & \lvert t\rvert\leqslant\dfrac{\tau}{2}\\ 0, & \lvert t\rvert>\dfrac{\tau}{2}\end{cases}$	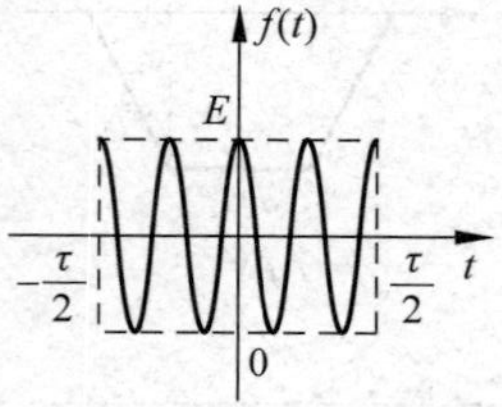 $f(t)$, E, $-\dfrac{\tau}{2}$, 0, $\dfrac{\tau}{2}$, t	$\dfrac{E\tau}{2}\times\left[\dfrac{\sin(\omega+\omega_0)\frac{\tau}{2}}{(\omega+\omega_0)\frac{\tau}{2}}+\dfrac{\sin(\omega-\omega_0)\frac{\tau}{2}}{(\omega-\omega_0)\frac{\tau}{2}}\right]$	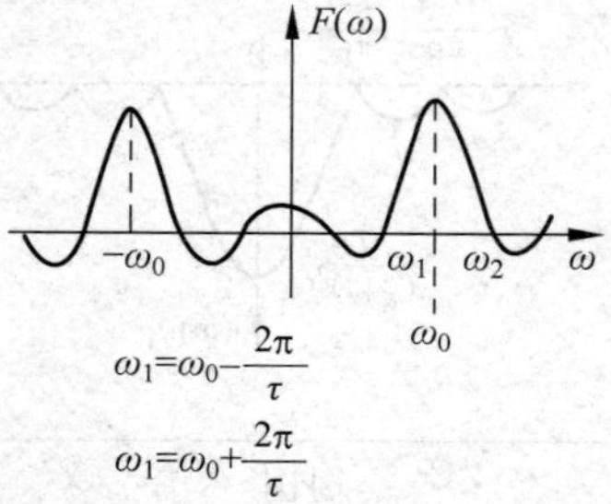 $F(\omega)$, $-\omega_0$, ω_1, ω_2, ω, ω_0 $\omega_1=\omega_0-\dfrac{2\pi}{\tau}$ $\omega_1=\omega_0+\dfrac{2\pi}{\tau}$

续表

	$f(t)$	$F(\omega)$		$f(t)$	$F(\omega)$
10	$u(t)$	$\pi\delta(\omega)+\frac{1}{\mathrm{i}\omega}$	23	1	$2\pi\delta(\omega)$
11	$u(t-c)$	$\frac{1}{\mathrm{i}w}\mathrm{e}^{-\mathrm{i}wc}+\pi\delta(\omega)$	24	t	$2\pi\mathrm{i}\delta'(\omega)$
12	$tu(t)$	$\mathrm{i}\pi\delta'(\omega)-\frac{1}{\omega^2}$	25	t^n	$2\pi\mathrm{i}^n\delta^{(n)}(\omega)$
13	$t^n u(t)$	$\frac{n!}{(\mathrm{i}w)^{n+1}}+\pi\mathrm{i}^n\delta^{(n)}(\omega)$	26	$\mathrm{e}^{\mathrm{i}\omega_0 t}$	$2\pi\delta(\omega-\omega_0)$
14	$\sin(\omega_0 t)u(t)$	$\frac{\pi}{2\mathrm{i}}[\delta(\omega-\omega_0)-\delta(\omega+\omega_0)]+\frac{\omega_0}{\omega_0^2-\omega^2}$	27	$u(t)\mathrm{e}^{\mathrm{i}at}$	$\frac{1}{\mathrm{i}(w-a)}+\pi\delta(\omega-a)$
15	$\cos(\omega_0 t)u(t)$	$\frac{\pi}{2}[\delta(\omega-\omega_0)+\delta(\omega+\omega_0)]+\frac{\mathrm{i}\omega}{\omega_0^2-\omega^2}$	28	$u(t-c)\mathrm{e}^{\mathrm{i}at}$	$\frac{1}{\mathrm{i}(w-a)}\mathrm{e}^{-\mathrm{i}(w-a)c}+\pi\delta(\omega-a)$
16	$\mathrm{e}^{-at}u(t)$	$\frac{1}{a+\mathrm{i}\omega}$	29	$u(t)\mathrm{e}^{\mathrm{i}at}t^n$	$\frac{n!}{[\mathrm{i}(w-a)]^{n+1}}+\pi\mathrm{i}^n\delta^{(n)}(\omega-a)$
17	$t\mathrm{e}^{-at}u(t)$	$\frac{1}{(a+\mathrm{i}\omega)^2}$	30	$t^n\mathrm{e}^{\mathrm{i}\omega_0 t}$	$2\pi\mathrm{i}^n\delta^{(n)}(\omega-\omega_0)$
18	$\delta(t)$	1	31	$\mathrm{e}^{-a\|t\|}, \mathrm{Re}(a)>0$	$\frac{2a}{a^2+\omega^2}$
19	$\delta(t-c)$	$\mathrm{e}^{-\mathrm{i}wc}$	32	$\mathrm{e}^{-at^2}, \mathrm{Re}(a)>0$	$\sqrt{\frac{\pi}{2}}\mathrm{e}^{-\frac{\omega^2}{4a}}$
20	$\delta'(t)$	$\mathrm{i}w$	33	$\|t\|$	$-\frac{2}{\omega^2}$
21	$\delta^{(n)}(t)$	$(\mathrm{i}\omega)^n$	34	$\mathrm{sgn}(t)$	$\frac{2}{\mathrm{i}\omega}$
22	$\delta^{(n)}(t-c)$	$(\mathrm{i}\omega)^n\mathrm{e}^{-\mathrm{i}wc}$	35	$\frac{1}{a^2+t^2}, \mathrm{Re}(a)<0$	$-\frac{\pi}{a}\mathrm{e}^{a\|\omega\|}$

续表

	$f(t)$	$F(\omega)$		$f(t)$	$F(\omega)$
36	$\dfrac{t}{(a^2+t^2)^2}$,$\mathrm{Re}(a)<0$	$\dfrac{\mathrm{i}\omega\pi}{2a}\mathrm{e}^{a\lvert\omega\rvert}$	44	$\sin at^2$	$\sqrt{\dfrac{\pi}{a}}\cos\left(\dfrac{\omega^2}{4a}+\dfrac{\pi}{4}\right)$
37	$\dfrac{\mathrm{e}^{\mathrm{i}bt}}{a^2+t^2}$,$\mathrm{Re}(a)<0$,$b$ 为实数	$-\dfrac{\pi}{a}\mathrm{e}^{a\lvert\omega-b\rvert}$	45	$\cos at^2$	$\sqrt{\dfrac{\pi}{a}}\cos\left(\dfrac{\omega^2}{4a}-\dfrac{\pi}{4}\right)$
38	$\dfrac{\cos bt}{a^2+t^2}$,$\mathrm{Re}(a)<0$,b 为实数	$-\dfrac{\pi}{2a}\left[\mathrm{e}^{a\lvert\omega-b\rvert}+\mathrm{e}^{a\lvert\omega+b\rvert}\right]$	46	$\dfrac{\sin at}{t}$	$\begin{cases}\pi, & \lvert\omega\rvert\leqslant a\\ 0, & \lvert\omega\rvert>a\end{cases}$
39	$\dfrac{\sin bt}{a^2+t^2}$,$\mathrm{Re}(a)<0$,b 为实数	$-\dfrac{\pi}{2a\mathrm{i}}\left[\mathrm{e}^{a\lvert\omega-b\rvert}-\mathrm{e}^{a\lvert\omega+b\rvert}\right]$	47	$\dfrac{\sin^2 at}{t^2}$	$\begin{cases}\pi\left(a-\dfrac{\lvert\omega\rvert}{2}\right), & \lvert\omega\rvert\leqslant 2a\\ 0, & \lvert\omega\rvert>2a\end{cases}$
40	$\dfrac{\sinh at}{\sinh \pi t}$,$-\pi<a<\pi$	$\dfrac{\sin a}{\cosh\omega+\cos a}$	48	$\dfrac{1}{\lvert t\rvert}$	$\dfrac{\sqrt{2\pi}}{\lvert\omega\rvert}$
41	$\dfrac{\sinh at}{\cosh \pi t}$,$-\pi<a<\pi$	$-2\mathrm{i}\dfrac{\sin\dfrac{a}{2}\sinh\dfrac{\omega}{2}}{\cosh\omega+\cos a}$	49	$\dfrac{1}{\sqrt{\lvert t\rvert}}$	$\sqrt{\dfrac{2\pi}{\lvert\omega\rvert}}$
42	$\dfrac{\cosh at}{\cosh \pi t}$,$-\pi<a<\pi$	$2\mathrm{i}\dfrac{\cos\dfrac{a}{2}\cosh\dfrac{\omega}{2}}{\cosh\omega+\cos a}$	50	$\dfrac{\sin at}{\sqrt{\lvert t\rvert}}$	$\mathrm{i}\sqrt{\dfrac{\pi}{2}}\left(\dfrac{1}{\sqrt{\lvert\omega+a\rvert}}-\dfrac{1}{\sqrt{\lvert\omega-a\rvert}}\right)$
43	$\dfrac{1}{\cosh at}$	$\dfrac{\pi}{a}\dfrac{1}{\cosh\dfrac{\pi\omega}{2a}}$	51	$\dfrac{\cos at}{\sqrt{\lvert t\rvert}}$	$\sqrt{\dfrac{\pi}{2}}\left(\dfrac{1}{\sqrt{\lvert\omega+a\rvert}}+\dfrac{1}{\sqrt{\lvert\omega-a\rvert}}\right)$

附录B

拉普拉斯变换简表

	$f(t)$	$F(s)$
1	单位脉冲 $\delta(t)$	1
2	单位阶跃 $u(t)$	$\frac{1}{s}$
3	$tu(t)$	$\frac{1}{s^2}$
4	$t^m u(t)(m>-1)$	$\frac{\Gamma(m+1)}{s^{m+1}}$
5	e^{at}	$\frac{1}{s-a}$
6	$t^m e^{at}(m>-1)$	$\frac{\Gamma(m+1)}{(s-a)^{m+1}}$
7	e^{-at}	$\frac{1}{s+a}$
8	te^{-at}	$\frac{1}{(s+a)^2}$
9	$t^m e^{-at}(m>-1)$	$\frac{\Gamma(m+1)}{(s+a)^{m+1}}$
10	$\sin at$	$\frac{a}{s^2+a^2}$
11	$\cos at$	$\frac{s}{s^2+a^2}$
12	$\sinh at$	$\frac{a}{s^2-a^2}$
13	$\cosh at$	$\frac{s}{s^2-a^2}$
14	$t\sin at$	$\frac{2as}{(s^2+a^2)^2}$
15	$t\cos at$	$\frac{s^2-a^2}{(s^2+a^2)^2}$
16	$t\sinh at$	$\frac{2as}{(s^2-a^2)^2}$

续表

	$f(t)$	$F(s)$
17	$t\cosh at$	$\dfrac{s^2+a^2}{(s^2-a^2)^2}$
18	$t^m \sin at(m>-1)$	$\dfrac{\Gamma(m+1)}{2\mathrm{i}\,(s^2+a^2)^{m+1}}[(s+\mathrm{i}a)^{m+1}-(s-\mathrm{i}a)^{m+1}]$
19	$t^m \sin at(m>-1)$	$\dfrac{\Gamma(m+1)}{2\,(s^2+a^2)^{m+1}}[(s+\mathrm{i}a)^{m+1}+(s-\mathrm{i}a)^{m+1}]$
20	$\mathrm{e}^{-bt}\sin at$	$\dfrac{a}{(s+b)^2+a^2}$
21	$\mathrm{e}^{-bt}\cos at$	$\dfrac{s+b}{(s+b)^2+a^2}$
22	$\mathrm{e}^{-bt}\sin(at+c)$	$\dfrac{(s+b)\sin c+a\cos c}{(s+b)^2+a^2}$
23	$\sin^2 t$	$\dfrac{1}{2}\left(\dfrac{1}{s}-\dfrac{s}{s^2+4}\right)$
24	$\cos^2 t$	$\dfrac{1}{2}\left(\dfrac{1}{s}+\dfrac{s}{s^2+4}\right)$
25	$\sin at\sin bt$	$\dfrac{2abs}{[s^2+(a+b)^2][s^2+(a-b)^2]}$
26	$\mathrm{e}^{at}-\mathrm{e}^{bt}$	$\dfrac{a-b}{(s-a)(s-b)}$
27	$a\mathrm{e}^{at}-b\mathrm{e}^{bt}$	$\dfrac{(a-b)s}{(s-a)(s-b)}$
28	$\dfrac{1}{a}\sin at-\dfrac{1}{b}\sin bt$	$\dfrac{b^2-a^2}{(s^2+a^2)(s^2+b^2)}$
29	$\cos at-\cos bt$	$\dfrac{(b^2-a^2)s}{(s^2+a^2)(s^2+b^2)}$
30	$\dfrac{1}{a^2}(1-\cos at)$	$\dfrac{1}{s(s^2+a^2)}$
31	$\dfrac{1}{a^3}(at-\sin at)$	$\dfrac{1}{s^2(s^2+a^2)}$
32	$\dfrac{1}{a^4}(\cos at-1)+\dfrac{1}{2a^2}t^2$	$\dfrac{1}{s^3(s^2+a^2)}$
33	$\dfrac{1}{a^4}(\cosh at-1)-\dfrac{1}{2a^2}t^2$	$\dfrac{1}{s^3(s^2-a^2)}$

续表

	$f(t)$	$F(s)$
34	$\frac{1}{2a^3}(\sin at - at\cos at)$	$\frac{1}{(s^2+a^2)^2}$
35	$\frac{1}{2a}(\sin at + at\cos at)$	$\frac{s^2}{(s^2+a^2)^2}$
36	$\frac{1}{a^4}(1-\cos at)-\frac{1}{2a^3}t\sin at$	$\frac{1}{s(s^2+a^2)^2}$
37	$(1-at)e^{-at}$	$\frac{s}{(s+a)^2}$
38	$t\left(1-\frac{a}{2}t\right)e^{-at}$	$\frac{s}{(s+a)^3}$
39	$\frac{1}{a}(1-e^{-at})$	$\frac{1}{s(s+a)}$
40	$\frac{1}{ab}+\frac{1}{b-a}\left(\frac{e^{-bt}}{b}-\frac{e^{-at}}{a}\right)$	$\frac{1}{s(s+a)(s+b)}$
41①	$\frac{e^{-at}}{(b-a)(c-a)}+\frac{e^{-bt}}{(a-b)(c-b)}+\frac{e^{-ct}}{(a-c)(b-c)}$	$\frac{1}{(s+a)(s+b)(s+c)}$
42①	$\frac{ae^{-at}}{(c-a)(a-b)}+\frac{be^{-bt}}{(a-b)(b-c)}+\frac{ce^{-ct}}{(b-c)(c-a)}$	$\frac{s}{(s+a)(s+b)(s+c)}$
43①	$\frac{a^2e^{-at}}{(c-a)(b-a)}+\frac{b^2e^{-bt}}{(a-b)(c-b)}+\frac{c^2e^{-ct}}{(b-c)(a-c)}$	$\frac{s^2}{(s+a)(s+b)(s+c)}$
44①	$\frac{e^{-at}-e^{-bt}[1-(a-b)t]}{(a-b)^2}$	$\frac{1}{(s+a)(s+b)^2}$
45①	$\frac{[a-b(a-b)t]e^{-bt}-ae^{-at}}{(a-b)^2}$	$\frac{s}{(s+a)(s+b)^2}$
46	$e^{-at}-e^{\frac{at}{2}}\left(\cos\frac{\sqrt{3}at}{3}-\sqrt{3}\sin\frac{\sqrt{3}at}{2}\right)$	$\frac{3a^2}{s^3+a^3}$
47	$\sin at\cosh at-\cos at\sinh at$	$\frac{4a^3}{s^4+4a^4}$
48	$\frac{1}{2a^2}\sin at\sinh at$	$\frac{s}{s^4+4a^4}$

续表

	$f(t)$	$F(s)$
49	$\frac{1}{2a^3}(\sinh at-\sin at)$	$\frac{1}{s^4-a^4}$
50	$\frac{1}{2a^2}(\cosh at-\cos at)$	$\frac{s}{s^4-a^4}$
51	$\frac{1}{\sqrt{\pi t}}$	$\frac{1}{\sqrt{s}}$
52	$2\sqrt{\frac{t}{\pi}}$	$\frac{1}{s\sqrt{s}}$
53	$\frac{1}{\sqrt{\pi t}}e^{at}(1+2at)$	$\frac{s}{(s-a)\sqrt{s-a}}$
54	$\frac{1}{2\sqrt{\pi t^3}}(e^{bt}-e^{at})$	$\sqrt{s-a}-\sqrt{s-b}$
55	$\frac{1}{\sqrt{\pi t}}\cos 2\sqrt{at}$	$\frac{1}{\sqrt{s}}e^{-\frac{a}{s}}$
56	$\frac{1}{\sqrt{\pi t}}\cosh 2\sqrt{at}$	$\frac{1}{\sqrt{s}}e^{\frac{a}{s}}$
57	$\frac{1}{\sqrt{\pi t}}\sin 2\sqrt{at}$	$\frac{1}{s\sqrt{s}}e^{-\frac{a}{s}}$
58	$\frac{1}{\sqrt{\pi t}}\sinh 2\sqrt{at}$	$\frac{1}{s\sqrt{s}}e^{\frac{a}{s}}$
59	$\frac{1}{t}(e^{bt}-e^{at})$	$\ln\frac{s-a}{s-b}$
60	$\frac{2}{t}\sinh at$	$\ln\frac{s+a}{s-a}=2\operatorname{arctanh}\frac{a}{s}$
61	$\frac{2}{t}(1-\cos at)$	$\ln\frac{s^2+a^2}{s^2}$
62	$\frac{2}{t}(1-\cosh at)$	$\ln\frac{s^2-a^2}{s^2}$
63	$\frac{1}{t}\sin at$	$\arctan\frac{a}{s}$
64	$\frac{1}{t}(\cosh at-\cos bt)$	$\ln\sqrt{\frac{s^2+b^2}{s^2-a^2}}$
65②	$\frac{1}{\pi t}\sin(2a\sqrt{t})$	$\operatorname{erf}\left(\frac{a}{\sqrt{s}}\right)$

续表

	$f(t)$	$F(s)$
66②	$\frac{1}{\sqrt{\pi t}}e^{-2a\sqrt{t}}$	$\frac{1}{\sqrt{s}}e^{\frac{a^2}{s}}\operatorname{erfc}\left(\frac{a}{\sqrt{s}}\right)$
67	$\operatorname{erfc}\left(\frac{a}{2\sqrt{t}}\right)$	$\frac{1}{s}e^{-\sqrt{s}a}$
68	$\operatorname{erf}\left(\frac{t}{2a}\right)$	$\frac{1}{s}e^{a^2s^2}\operatorname{erfc}(as)$
69	$\frac{1}{\sqrt{\pi t}}e^{-2\sqrt{at}}$	$\frac{1}{\sqrt{s}}e^{\frac{a}{s}}\operatorname{erfc}\left(\sqrt{\frac{a}{s}}\right)$
70	$\frac{1}{\sqrt{\pi(t+a)}}$	$\frac{1}{\sqrt{s}}e^{as}\operatorname{erfc}(\sqrt{as})$
71	$\frac{1}{\sqrt{a}}\operatorname{erf}(\sqrt{at})$	$\frac{1}{s\sqrt{s+a}}$
72	$\frac{1}{\sqrt{a}}e^{at}\operatorname{erf}(\sqrt{at})$	$\frac{1}{\sqrt{s}(s-a)}$
73	$\delta^{(n)}(t)$	s^n
74	$\operatorname{sgn}t$	$\frac{1}{s}$
75③	$J_0(at)$	$\frac{1}{\sqrt{s^2+a^2}}$
76③	$I_0(at)$	$\frac{1}{\sqrt{s^2-a^2}}$
77	$J_0(2\sqrt{at})$	$\frac{1}{s}e^{-\frac{a}{s}}$
78	$e^{-bt}I_0(at)$	$\frac{1}{\sqrt{(s+b)^2-a^2}}$
79	$tJ_o(at)$	$\frac{s}{(s^2+a^2)^{3/2}}$
80	$tI_0(at)$	$\frac{s}{(s^2-a^2)^{3/2}}$
81	$J_0(a\sqrt{t(t+2b)})$	$\frac{1}{\sqrt{s^2+a^2}}e^{b(s-\sqrt{s^2+a^2})}$

① 式中 a,b,c 为不相等的常数.

② $\operatorname{erf}(x)=\frac{2}{\sqrt{\pi}}\int_0^x e^{-t^2}dt$ 称为误差函数.

$\operatorname{erfc}(x)=1-\operatorname{erf}(x)=\frac{2}{\sqrt{\pi}}\int_x^{+\infty}e^{-t^2}dt$ 称为余误差函数.

③ $I_n(x)=i^{-n}J_n(ix)$，J_n 称为第一类 n 阶贝塞尔(Bessel)函数，I_n 称为第一类 n 阶变形的贝塞尔函数，或称为虚宗量的贝塞尔函数.

附录C

Matlab 简介

Matlab 是由美国 MathWorks 公司生产的一种集矩阵运算、符号运算、数据可视化图形表示和程序设计于一身的多功能软件. Matlab 和 Mathematica、Maple、MathCAD 并称为四大数学软件,并在数值计算方面首屈一指. Matlab 可以进行矩阵运算、绘制函数和数据、实现算法、创建用户界面、连接其他编程语言的程序等,主要应用于工程计算、控制设计、信号处理与通信、图像处理、信号检测、金融建模设计与分析等领域. 下面简要列出 Matlab 的主要函数,仅供参考. 要进一步掌握和深入理解 Matlab 的功能,请查阅相关书籍.

一、Matlab 的基本命令

1. 变量或文件命名

在 Matlab 中,变量或文件命名需按照以下规则:(1)名区分大小写;(2)变量的第一个字符必须为英文字母,而且不能超过 63 个字符;(3)变量名可以包含下连字符、数字,但不能为空格符、标点.

注意:Matlab 规定变量名的输入必须以英文输入法输入,并且标点符号必须以英文输入法输入;否则,无法识别,会提示程序出错.

2. 默认的预定义变量

Matlab 本身有一些默认的预定义变量,因此在编写程序时最好不要定义与此同名的变量. 否则,程序虽然不会出错,但预定义变量的作用就失效. Matlab 默认的预定义变量如表 C.1 所示.

表 C.1 Matlab 默认的预定义变量

变量名	含义
ans	预设的计算结果的变量名
eps	Matlab 定义的正的极小值=2.2204e−16 机器零阈值
pi	圆周率 π
inf 或 Inf	∞值,无限大
NaN 或 nan	不是一个数(Not a Number),如 0/0,∞/∞
i 或 j	虚数单位 $i=j=\sqrt{-1}$
nargin	函数输入参数个数

续表

变　量　名	含　　义
nargout	函数输出参数个数
realmax	最大的正实数=(2-eps)*2^1023
realmin	最小的正实数=2^(-1022)
Flops	浮点运算次数

3. 常量

Matlab 的数值采用十进制表示，可以带小数点或符号，其运算与计算器一样简单. Matlab 提供了整数、实数、复数和字符 4 种类型数据. 对应的常量类型也是这 4 种. 实数在屏幕显示时默认的小数位数为 4 位. 可以用命令改变实数的显示格式. 命令格式为：format '格式'. 例如：

format long：输出实数为 16 位

format short e：5 位科学计数表示

format long e：15 位科学计数表示

format rat：近似有理数表示

4. 表达式

Matlab 语言的赋值语句有两种：

(1) 变量名 = 运算表达式

(2) [返回变量列表]=函数名(输入变量列表)

在第一种形式中，表达式运算后产生的结果如果为数值类型，则系统自动赋值给变量 ans，并显示在屏幕上.

说明：

① 左边只有一个变量，可以不用“[]”，当多个变量时必须用；

② 左边变量列表省略，执行结果赋给保留变量“ans”；

③ “；”作为不显示计算结果的指令与后面指令的分隔；

④ 如果一个指令过长，可以在结尾加上.(代表此行指令在下一行继续)语言结构. 例如：

$$s = 1 - 1/2 + 1/3 - 1/4 + 1/5 - 1/6 + \cdots + 1/7 - 1/8$$

$$s = 0.6345$$

5. 常用的数学运算符及数学函数

在 Matlab 中常用的数学运算符表达方式如表 C.2 所示.

表 C.2　基本的数学运算符

运算名称	运算符号	举　　例
加	+	5+6
减	-	8-2
乘	*	a*b
除	/或\	12/3
幂	^	3^2

在运算式中，Matlab 通常不需要考虑空格；多条命令可以放在一行中，它们之间需要用分号隔开；逗号告诉 Matlab 显示结果，而分号则禁止结果显示. Matlab 的加点运算(.＋,.＊,.^等)表示直接对矩阵的分量进行操作.

在 Matlab 中，常用的数学函数及含义如表 C.3 所示.

表 C.3　常见的数学函数

函数名称	含　义	函数名称	含　义
abs	绝对值或向量的模	tan	正切函数
conj	复数共轭	cot	余切函数
real	复数实部	sec	正割函数
angle	复数相角(弧度)	csc	余割函数
imag	复数虚部	asin	反正弦函数
exp	指数	acos	反余弦函数
log	自然对数	atan	反正切函数
log10	常用对数	acot	反余切函数
log2	以 2 为底的对数	sinh	双曲正弦
sqrt	平方根	cosh	双曲余弦
pow2	2 的幂	tanh	双曲正切
mod	模除求余	coth	双曲余切
round	四舍五入至最近整数	sech	双曲正割
fix	无论正负，向零取整数	csch	双曲余割
rem	求余数	asinh	反双曲正弦
sign	符号函数	acosh	反双曲余弦
rats	将实数化为多项分数展开	atanh	反双曲正切
gcd	最大公因数	acoth	反双曲余切
lcm	最小公倍数	asech	反双曲正割
sin	正弦函数	acsch	反双曲余割
cos	余弦函数		

6. 关系运算

在执行关系及逻辑运算时，Matlab 将输入的不为零的数值都视为真(True)，而为零的数值则视为假 (False).

运算的输出值将判断为真者以 1 表示，而判断为假者以 0 表示. 各个运算元须用在两个大小相同的阵列或是矩阵中的比较. 见表 C.4.

表 C.4　关系运算符

运 算 符	含　义	运 算 符	含　义
＞	大于关系	＜	小于关系
＝＝	等于关系	＞＝	大于或等于关系
＜＝	小于或等于关系	～＝	不等于关系

7. 矩阵的操作

Matlab 的基本单位是矩阵，它是 Matlab 的精髓.

1）矩阵的输入

在 Matlab 中，矩阵的输入有两种方式. 第一种是直接输入创建矩阵. 输入方法是先键入左方括弧“[”，然后按行直接键入矩阵的所有元素，最后键入右方括弧“]”. 注意：整个矩阵以“[”和“]”作为首尾，同行的元素用“，”或空格隔开，不同行的元素用“；”或按 Enter 键来分隔；矩阵的元素可以为数字也可以为表达式，如果进行的是数值计算，表达式中不可包含未知的变量. 第二种方法是用矩阵函数来生成矩阵. Matlab 提供了大量的函数来创建一些特殊的矩阵，表 C. 5 给出 Matlab 常用的矩阵函数.

表 C. 5　常用的矩阵函数

函数名称	函数功能	函数名称	函数功能
zero(m,n)	m 行 n 列的零矩阵	eig(A)	求矩阵 **A** 的特征值
eye(n)	n 阶方矩阵	poly(A)	求矩阵 **A** 的特征多项式
ones(m,n)	m 行 n 列的元素为 1 的矩阵	trace(A)	求矩阵 **A** 的迹
rand(m,n)	m 行 n 列的随机矩阵	cond(A)	求矩阵 **A** 的条件数
randn(m,n)	m 行 n 列的正态随机矩阵	rref(A)	求矩阵 **A** 的行最简形
magic(n)	n 阶魔方矩阵	inv(A)	求矩阵 **A** 的逆矩阵
hess(A)	hess 矩阵	det(A)	求矩阵 **A** 的行列式
sqrtm(A)	求矩阵 **A** 的平方根	expm(A)	求矩阵 **A** 的指数值
funm(A)	按矩阵计算的函数值	logm(A)	求矩阵 **A** 的对数值
rank(A)	求矩阵 **A** 的秩	morm(A,1)	求矩阵 **A** 的范数

2）对矩阵元素的操作

设 **A** 是一个矩阵，则在 Matlab 中有如下符号表示它的元素：

A(i,j)　　矩阵 **A** 的第 i 行第 j 列元素

A(：,j)　　矩阵 **A** 的第 j 列

A(i,：)　　矩阵 **A** 的第 i 行

A(：,：)　　**A** 的所有元素构造二维矩阵

A(：)　　以矩阵 **A** 的所有元素按列做成的一个列矩阵

A(i)　　矩阵 **A**(：)的第 i 个元素

[ ]　　空矩阵

3）矩阵的运算

A+B　　矩阵加法

A−B　　矩阵减法

A * B　　矩阵乘法

A\B　　矩阵的左除

A/B　　　　　　　　矩阵的右除

transpose(A)或 A'　　**A** 的转置

k * A　　　　　　　数 k 乘以 **A**

det(A)　　　　　　**A** 的行列式

rank(A)　　　　　 **A** 的秩

8. 数组

在 Matlab 中数组就是一行或者一列的矩阵,前边介绍的对矩阵输入、修改、保存都适用于数组,同时 Matlab 还提供了一些创建数组的特殊指令.

1) 特殊数组的创建

linspace(a,b,n)　　　给出区间$[a,b]$的 n 个等分点数据;

logspace(a,b,n)　　　给出区间$[10^a,10^b]$的 n 个等比点数据,公比为 $10^{\frac{b-a}{n-1}}$.

2) 数组运算

数组的运算除了作为 $1\times n$ 的矩阵应遵循矩阵的运算规则外,Matlab 中还为数组提供了一些特殊的运算:乘法(.*),左除(.\),右除(./),乘幂(.^).

设数组 $a=[a_1,a_2,\cdots,a_n]$,$b=[b_1,b_2,\cdots,b_n]$,则对应的运算具体为:

$$a\pm b=[a_1\pm b_1,a_2\pm b_2,\cdots,a_n\pm b_n]$$

$$a.*b=[a_1b_1,a_2b_2,\cdots,a_nb_n]$$

$$a.\hat{}k=[a_1^k,a_2^k,\cdots,a_n^k]$$

$$a./b=\left[\frac{a_1}{b_1},\frac{a_2}{b_2},\cdots,\frac{a_n}{b_n}\right]$$

$$a.\backslash b=\left[\frac{b_1}{a_1},\frac{b_2}{a_2},\cdots,\frac{b_n}{a_n}\right]$$

9. 命令窗常用控制指令

Matlab 中的命令窗控制指令如表 C.6 所示.

表 C.6　常见的命令窗控制指令

指令	含　义	指令	含　义
cd	显示当前工作目录	exit	退出 Matlab
clf	清除图形窗	quite	退出 Matlab
clc	清除命令窗口的所有指令	md	创建目录
clear	清除工作空间中所有变量	more	使其后的内容分页显示
dir	列出指定目录下的文件及文件夹	type	在命令窗口显示指定文件的脚本内容
edit	打开 m 文件编辑器	which	指定文件的所在目录

10. 常用标点的作用

Matlab 中的常用标点如表 C.7 所示.

表 C.7　Matlab 中的常用标点

名称	标点	作　　用
空格		(为机器输入辨认)用做输入量与输入量或数组的分隔符
逗号	,	用做输入量与输入量或数组的分隔符；显示结果指令与其后指令的分隔
黑点	.	小数点
分号	;	用做不显示计算结果的指令的结尾标志
注释号	%	它后面的是非执行的注释语句
单引号对	‘	字符串记述符
圆括号	( )	在数组援引时；函数输入参数
方括号	[ ]	输入数组时；函数输出参数
花括号	{ }	细胞数组记述符
下连号	_	在变量命名中可以使用
续行号	…	如果命令语句超过一行或者太长希望分行输入,则可以使用多行命令继续输入
“At”号	@	放在函数名前,形成函数句柄；放在目录名前,形成用户对象类目录

11. inline 函数与匿名函数

为了便于描述某个数学函数,可以用 inline()函数来直接编写该函数,相当于一般的 M 函数,调用形式为

fun = inline(‘函数表达式’,自变量列表)

注意：inline 函数只支持一个语句描述的函数形式；变量列表中的每个自变量均需要用单引号括起来.例如,函数

$$f(x,y)=\sin(x^2+y^2)$$

可以定义为

```
f = inline('sin(x.^2+y.^2) ','x','y')
```

12. M 文件

M 文件有两种形式：命令文件和函数文件.它们都是由若干 Matlab 语句或命令组成的文件.两种文件的扩展名都是.m.若程序为命令文件,则程序执行完以后,中间变量仍予以保留；若程序为函数文件,则程序执行完以后,中间变量被全部删除.

1) 命令文件

M 文件有两种运行方式：一是在命令窗口直接写文件名,按 Enter 键；二是在编辑窗口打开菜单 Tools,再单击 Run.M 文件保存的路径一定要在搜索路径上；否则,M 文件不能运行.

2) M 函数文件

M 函数文件的一般形式为：

function <因变量>=<函数名>(<自变量>)

M 函数文件可以有多个因变量和多个自变量,当有多个因变量时用[ ]括起来.

二、程序设计语句

1. if 语句

```
格式 1：  if      ＜表达式＞
                  ＜语句组 1＞
          end
格式 2：  if      ＜表达式＞
                  ＜语句组 1＞
          else
                  ＜语句组 2＞
          end
格式 3：  if      ＜表达式＞
                  ＜语句组 1＞
          else if＜表达式 2＞
                  ＜语句组 2＞
                  …
          else if＜表达式 n＞
                  ＜语句组 n＞
          else
                  ＜语句组 n+1＞
          end
格式 4：  if      ＜表达式＞
            if    ＜表达式 1＞
                  ＜语句组 1＞
            else
                  ＜语句组 2＞
            end
          else if  ＜表达式 2＞
                  ＜语句组 3＞
                else
                  ＜语句组 4＞
                end
          end
```

2. switch 语句

```
格式：switch 表达式
        case 表达式值 1
             语句组 1
        case 表达式值 2
```

```
        语句组 2
        …
    case 表达式值 n
        语句组 n
    otherwise
        语句组 n+1
    end
```

3. for 循环语句

格式：for i=表达式

```
        可执行语句 1
        …
        可执行语句 n
    end
```

说明：

(1) 表达式是一个向量，可以是 m：n，m：s：n，也可以是字符串、字符串矩阵等.

(2) for 循环的循环体中，可以多次嵌套 for 和其他的结构体.

(3) break 语句能在 for 循环和 while 循环中退出循环，继续执行循环后面的命令.

4. while 循环语句

while 循环的语句为：

```
while 表达式
    循环体语句
end
```

while 循环语句的表达式一般是由逻辑运算和关系运算以及一般的运算组成的表达式，以判断循环要继续进行还是要停止循环. 只要表达式的值非零，即为逻辑为“真”，程序就继续循环；只要表达式的值为零，程序就停止循环.

三、Matlab 绘图

1. 用 plot 语句绘制二维曲线

plot 是绘制二维曲线的基本函数，但在使用此函数之前，我们需先定义曲线上每一点的 x 及 y 坐标. 下例可画出一条正弦曲线：

```
x=linspace(0,2*pi,100);     % 100 个点的 x 坐标
y=sin(x);                   % 对应的 y 坐标
plot(x,y);
```

若要画出多条曲线，只需将坐标对依次放入 plot 函数即可. 例如，plot(x,sin(x),x,cos(x))；若要改变颜色，在坐标对后面加上相关字串即可，例如，plot(x,sin(x),'c',x,cos(x),'g')；若要同时改变颜色及图线形态(Line style)，也是在坐标对后面加上相关字串即可(见表 C.8)：

plot(x,sin(x),'co',x,cos(x),'g*')

表 C.8 plot 绘图函数的参数

符号	颜色	符号	线形	符号	线形
y	黄色	.	点	--	虚线
m	洋红色	o	圆	d	菱形
c	青色	×	叉号	>	向右三角形
r	红色	+	加号	<	向左三角形
g	绿色	*	星号	s	正方形
b	蓝色	-	实线	P	正五角星
w	白色	:	点线	h	正六角星
k	黑色	-.	点划线		

图形绘制完成后，我们可以用函数 axis([xmin,xmax,ymin,ymax])来调整图轴的范围.

Matlab 也可以对图形加上各种注解与处理，例如，

```
xlabel('Input Value');                    %x 轴注解
ylabel('Function Value');                 %y 轴注解
title('Two Trigonometric Functions');     %图形标题
legend('y = sin(x)', 'y = cos(x)');       %图形注解
grid on;                                  %显示格线
```

此外，我们可以用 subplot 来同时画出数个小图形于同一个视窗之中，例如：

```
subplot(2,2,1); plot(x,sin(x)); title('y=sinx')   在 2*2 矩阵中的第一个图像
subplot(2,2,2); plot(x,sin(2*x)); title('y=sin2x')
subplot(2,2,3); plot(x,sin(3*x)); title('y=sin3x')
subplot(2,2,4); plot(x,sin(4*x)); title('y=sin4x')
```

除了 plot 指令外，Matlab 还提供了许多其他的二维绘图指令，这些指令大大扩充了 Matlab 的曲线作图指令，可以满足用户的不同需要. 见表 C.9.

表 C.9

函数	功 能	数据特征
bar	长条图	数据点数量不多
errorbar	图形加上误差范围	已知数据的误差量
fplot	较精确的函数图形	变化剧烈的函数，会对剧烈变化处进行较密集的取样
polar	极坐标图	用极坐标绘制
hist	直方图	大量的数据
rose	绘制角度直方图(玫瑰图)	和 hist 很接近，将数据大小视为角度，数据个数视为距离，并用极坐标表示
stairs	阶梯图	阶梯图的绘制
stem	针状图	常被用来绘制数位讯号
fill	多边形填充图	fill 将资料点视为多边形顶点，并将此多边形涂上颜色
feather	羽毛图	将每一个数据点视复数，并以箭号画出
compass	罗盘图	和 feather 很接近，但每个箭号的起点都在圆点
quiver	向量场图	向量图

2. 用 plot3 来绘制空间曲线

格式：plot3(x,y,z,cs)

其中若 x,y,z 为长度相等的向量，则在空间表示一条曲线；若 x,y,z 为 $m*n$ 的矩阵，则每一列对应一条曲线. cs 表示曲线的颜色、线形等性质.

例如：螺旋线 t=0：pi/50：10*pi；x=sin(t)；y=cos(t)；plot3(x,y,t)

(meshgrid(x,y)的作用是产生一个以向量 x 为行、向量 y 为列的矩阵)

3. 用 surf 来绘制空间曲面

格式：surf(x,y,z)

x,y,z 为矩阵，显式函数 $z=f(x,y)$ 的图形.

4. mesh 用来绘制网格曲面

格式同上

5. scatter 离散点绘图

格式：scatter(x,y,cs)

例如：x=0：pi/10：2*pi；y=sin(x)；scatter(x,y,'+')

6. 其他函数

(1) hold on：保持当前图形，以便继续在当前图上画图.

　　hold off：释放当前窗口.

(2) figure(n)：打开或创建图形窗口 n.

四、微积分运算

1. 求极限

进行极限运算必须首先声明变量，其基本格式为：

limit(F,x,a)	求$\lim\limits_{x\to a}F(x)$
limit(F,a)	求$\lim\limits_{x\to a}F(x)$
limit(F)	求$\lim\limits_{x\to 0}F(x)$
limit(F,x,a,'right')	$\lim\limits_{x\to a}F(x)$的右极限，即$\lim\limits_{x\to a^+}F(x)$
limit(F,x,a,'left')	$\lim\limits_{x\to a}F(x)$的右极限，即$\lim\limits_{x\to a^-}F(x)$

2. 导数运算

利用 Matlab 可以方便地计算函数的任意阶导数和微分. 格式为：

diff(F)	求函数 $\boldsymbol{F}$ 的一阶导数
diff(F,v)	求函数 $\boldsymbol{F}$ 对变量 v 的一阶偏导数
diff(F,n)	求函数 $\boldsymbol{F}$ 的 n 阶导数
diff(F,v,n)	求函数 $\boldsymbol{F}$ 对变量 v 的 n 阶偏导数

3. 积分函数

1）符号积分

int(f)　　传回 f 对预设独立变数的积分值

int(f,'t')　　传回 f 对独立变数 t 的积分值

int(f,a,b)　　传回 f 对预设独立变数的积分值,积分区间为$[a,b]$,其中 a 和 b 为数值式

int(f,'t',a,b)　　传回 f 对独立变数 t 的积分值,积分区间为$[a,b]$,其中 a 和 b 为数值式

int(f,'m','n')　　传回 f 对预设变数的积分值,积分区间为$[m,n]$,其中 m 和 n 为符号式

2）数值积分

数值积分的 Matlab 语句为：

trapz(x,y)　　梯形法沿列方向求函数 y 关于自变量 x 的积分

cumtrapz(x,y)　　梯形法沿列方向求函数 y 关于自变量 x 的累计积分

quad(fun,a,b)　　采用递推自适应 Simpson 法计算积分(低阶方法)

quadl(fun,a,b)　　采用递推自适应 Lobatto 法求数值积分(高阶方法)

dblquad(fun,xmin,xmax,ymin,ymax,tol)　　矩形区域二重数值积分

triplequad(fun,xmin,xmax,ymin,ymax,zmin,zmax,tol)　　长方体区域三重数值积分

4. 无穷级数

格式：
```
r = symsum(s)
r = symsum(s,v)
r = symsum(s,a,b)
r = symsum(s,v,a,b)
syms k n x;
symsum(k^2)
symsum(k^2,1,2)
symsum(k^2,1,inf)
```

5. 方程求解

基本函数有：

```
solve(eq)
solve(eq,var)
solve(eq1,eq2,…,eqn)
g = solve(eq1,eq2,…,eqn,var1,var2,…,varn)
```

线性方程组的求解分为两类：一类是求方程组的唯一解或特解,另一类是求方程组的无穷解(即通解).

1）求线性方程组的唯一解或特解(第一类问题)

这类问题的求法分为两类：一类主要用于解低阶稠密矩阵 —— 直接法；另一类是解大型稀疏矩阵 —— 迭代法.

第一种方法：利用矩阵除法求线性方程组的特解(或一个解).

方程：$\boldsymbol{AX}=\boldsymbol{b}$

解法：$\boldsymbol{X}=\boldsymbol{A}\backslash\boldsymbol{b}$

或用函数 rref 求解：

```
C=[A,B]  %由系数矩阵和常数列构成增广矩阵 C
R=rref(C)  %将 C 化成行最简行
```

第二种方法：利用矩阵的 LU、QR 和 cholesky 分解求方程组的解. 这三种分解，在求解大型方程组时很有用. 其优点是运算速度快，可以节省磁盘空间、节省内存.

2）求线性齐次方程组的通解

在 Matlab 中，函数 null 用来求解零空间，即满足 $\boldsymbol{A}\cdot\boldsymbol{X}=0$ 的解空间，实际上是求出解空间的一组基(基础解系).

格式 z = null % z 的列向量为方程组的正交规范基

对于非齐次线性方程组，需要先判断方程组是否有解，若有解，再去求通解.

函数 fzero

格式 x = fzero (fun,x0) %用 fun 定义表达式 f(x)，x0 为初始解

```
x = fzero (fun, x0, options)
[x, fval] = fzero( … )      %fval=f(x)
[x, fval, exitflag] = fzero( … )
[x, fval, exitflag, output] = fzero( … )
```

3）求非线性方程组的解

非线性方程组的标准形式为 $F(x)=0$，其中，x 为向量，$F(x)$为函数向量.

函数 fsolve

格式 x = fsolve(fun,x0) %用 fun 定义向量函数，其定义方式为：先定义方程函数 function F = myfun (x).

F =[表达式 1；表达式 2；…；表达式 m] %保存为 myfun. m，并用如下方式调用：x = fsolve(@myfun,x0)，x0 为初始估计值.

```
x = fsolve(fun, x0, options)
[x, fval] = fsolve( … )      %fval=F(x)，即函数值向量
[x, fval, exitflag] = fsolve( … )
[x, fval, exitflag, output] = fsolve( … )
```

6. 常微分方程求解

求微分方程的解析解：

```
r = dsolve('eq1, eq2, … ', 'cond1, cond2, … ', 'v')
r = dsolve('eq1', 'eq2', … , 'cond1', 'cond2', … , 'v')
dsolve('eq1, eq2, … ', 'cond1, cond2, … ', 'v')
```

注意：在表达微分方程时，用字母 D 表示求微分，D2、D3 等表示求高阶微分. 任何 D 后所跟的字母都为因变量，自变量可以指定或由系统规则默认为缺省.

微分方程数值解法：

```
[t,x]=ode23('xfun',[t0 tf],y0,tol)
[t,x]=ode45('xfun',[t0 tf],y0,tol)
```

其中：xfun 为以待解方程或方程组写成的 M 函数；[t0 tf]为自变量初值和终值；y0 为函数的初值；tol 设置容许误差(相对误差和绝对误差).

五、数据处理

插值和拟合都是数据优化的一种方法，当实验数据不够多时经常需要用到这种方法来画图. 在 Matlab 中都有特定的函数来完成这些功能. 这两种方法的区别在于：当测量值是准确的，没有误差时，一般用插值；当测量值与真实值有误差时，一般用数据拟合.

1. 插值

对于一维曲线的插值，一般用到的函数 yi=interp1(X,Y,xi,method)，其中 method 包括 nearest，linear，spline，cubic.

命令 1　interp1

功能：一维数据插值. 该命令对数据点之间计算内插值. 它找出一元函数 $f(x)$在中间点的数值，其中函数 $f(x)$由所给数据决定.

格式：

yi = interp1(x,y,xi)　%返回插值向量 yi，每一元素对应于参量 xi，同时由向量 $\boldsymbol{x}$ 与 $\boldsymbol{y}$ 的内插值决定.

yi = interp1(Y,xi)　　%假定 x=1：N，其中 N 为向量 $\boldsymbol{Y}$ 的长度，或者为矩阵 $\boldsymbol{Y}$ 的行数.

yi = interp1(x,Y,xi,method)　%用指定的算法计算插值：'nearest'——最近邻点插值，直接完成计算；'linear'——线性插值(缺省方式)，直接完成计算；'spline'——三次样条函数插值；'pchip'——分段三次 Hermite 插值；'cubic'——与'pchip'操作相同；'v5cubic'——在Matlab 5.0 中的三次插值.

对于超出 $\boldsymbol{x}$ 范围的 xi 的分量，使用方法'nearest'、'linear'、'v5cubic'进行插值，相应地将返回 NaN. 对于其他的方法，interp1 将对超出的分量执行外插值算法.

对于二维曲面的插值，一般用到函数 zi=interp2(X,Y,Z,xi,yi,method)，其中 method 也和上面一样，常用的是 cubic.

命令 2　interp2

功能：二维数据内插值

格式：

ZI = interp2(X,Y,Z,XI,YI)　%返回矩阵 $\boldsymbol{ZI}$，其元素包含对应于参量 $\boldsymbol{XI}$ 与 $\boldsymbol{YI}$(可以是向量或同型矩阵)的元素，即 zi(i,j)←[xi(i,j),yi(i,j)].

ZI = interp2(Z,XI,YI)　%缺省地，$X=1：n$、$Y=1：m$，其中$[m,n]$=size(Z). 再按第一种情形进行计算.

ZI = interp2(Z,n)　%做 n 次递归计算，在 $\boldsymbol{Z}$ 的每两个元素之间插入它们的二维插值，这样，$\boldsymbol{Z}$ 的阶数将不断增加. interp2(Z)等价于 interp2(z,1).

ZI = interp2(X,Y,Z,XI,YI,method)　%用指定的算法 method 计算二维插值：'linear'——双线性插值算法(缺省算法)；'nearest'——最临近插值；'spline'——三次样条插值；'cubic'——双三次插值.

2. 拟合

对于一维曲线的拟合,一般用到函数 p=polyfit(x,y,n)和 yi=polyval(p,xi),这是最常用的最小二乘法的拟合方法.

习题答案

第1章

习题 1.1

1.（1）$\frac{3}{5}, \frac{6}{5}, \frac{3}{5}-\frac{6}{5}i, \arctan 2, \frac{3}{5}\sqrt{5}$；

（2）$2(1-\sqrt{3}), 4+\sqrt{3}, 2(1-\sqrt{3})-(4+\sqrt{3})i, \pi-\arctan\frac{7+5\sqrt{3}}{4}, \sqrt{35}$；

（3）$1, -3, 1+3i, -\arctan 3, \sqrt{10}$.

2. $x=1, y=11$.

3.（1）$2\left[\cos\left(-\frac{\pi}{2}\right)+i\sin\left(-\frac{\pi}{2}\right)\right], 2e^{-i\frac{\pi}{2}}$；

（2）$\frac{3}{5}(\cos\pi+i\sin\pi), \frac{3}{5}e^{i\pi}$；

（3）$\sqrt{2}\left(\cos\frac{\pi}{4}+i\sin\frac{\pi}{4}\right), \sqrt{2}e^{i\frac{\pi}{4}}$；

（4）$4\left(\cos\frac{5}{6}\pi+i\sin\frac{5}{6}\pi\right), 4e^{i\frac{5}{6}\pi}$；

（5）$2\sin\frac{\theta}{2}\left(\cos\frac{\pi-\theta}{2}+i\sin\frac{\pi-\theta}{2}\right), 2\sin\frac{\theta}{2}e^{i\frac{\pi-\theta}{2}}$.

4. 不成立，例如 $z=i$. 但当 z 为实数时，等式成立.

5. 利用 $z\bar{z}=|z|^2$ 进行证明. 几何意义：平行四边形两对角线长的平方和等于其相邻两边长的平方和的2倍.

6.（1）真；（2）真；（3）假；（4）假；（5）假；（6）假；（7）真.

8.（1）以5为中心，半径为6的圆周；

（2）中心在 $-2i$，半径为1的圆周及其外部区域；

（3）直线 $x=-3$；

（4）直线 $y=3$；

（5）实轴；

（6）以 -3 与 -1 为焦点，长轴为4的椭圆；

(7) 直线 $y=2$ 及其下边的平面;

(8) 直线 $x=\frac{5}{2}$ 及其左边的平面;

(9) 不包含实轴的上半平面;

(10) 以 i 为起点的射线 $y=x+1(x>0)$.

习题 1.2

1.(1) 以 $\mathrm{Re}(z)=1$ 为边界的右半平面,是无界的单连通区域;

(2) 中心在 $-2\mathrm{i}$,半径为 1 的圆周及其外部区域,是无界的多连通区域;

(3) 由射线 $\arg z=2$,$\arg z=2+\pi$ 构成的扇形区域,不包括两射线在内,是无界的单连通区域;

(4) $0<x<2$,是无界的单连通区域;

(5) 直线 $x=-1$ 右边的平面区域,不包括该直线在内,是无界的单连通区域;

(6) 由 $x^2+y^2=4$ 与 $x^2+y^2=9$ 所组成的圆环域,包括圆周在内,是有界的多连通区域;

(7) 双曲线 $4x^2-\frac{4}{15}y^2=1$ 的左边分支的内部(即包括焦点 $z=-2$ 的那部分)区域,是无界的单连通区域;

(8) 椭圆 $\frac{x^2}{9}+\frac{y^2}{5}=1$ 及其围成的区域,是有界的单连通闭区域.

2. (1) $z(t)=2\cos t+\mathrm{i}(1+2\sin t),0\leqslant t\leqslant 2\pi$;

(2) $z(t)=(1+2\mathrm{i})t,-\infty<t<+\infty$;

(3) $z(t)=t+5\mathrm{i},-\infty<t<+\infty$;

(4) $z(t)=3+\mathrm{i}t,-\infty<t<+\infty$.

3. (1) $-\mathrm{i},-2(1-\mathrm{i}),8\mathrm{i}$;

(2) $0<\arg w<\pi$.

4. $u^2+v^2=\frac{1}{4},\left(u-\frac{1}{2}\right)^2+v^2=\frac{1}{4}$.

第2章

习题 2.1

1. (1) 处处可导,$f'(z)=4(z-1)^3$;

(2) 除点 $z=\pm\mathrm{i}$ 外可导,$f'(z)=-2z/(z^2+1)^2$;

(3) 处处可导,$f'(z)=-1-4z$;

(4) 除去点 $z=-d/c$ 外可导,$f'(z)=(ad-bc)/(cz+d)^2$.

2. 不成立.

3. 只在曲线 $y=\cos x$ 上可导,其导数为 $f'(z)=2\cos x$,可是处处不解析.

4. (1) $f'(z)=\dfrac{z^2+2z-1}{(z+1)^2}$,除去点 $z=-1$ 处解析;

(2) $f'(z)=2iz/(z^2+1)^2$,除去点 $z=\pm i$ 处解析;

(3) $f'(z)=e^z(z-1)/z^2$,除去点 $z=0$ 处解析.

5. $l=n=-3, m=1$.

习题 2.2

1. 全部正确

2. (1) $k\pi, k\in\mathbf{Z}$; (2) $z=\ln 2+i\left(\dfrac{\pi}{3}+2k\pi\right), k\in\mathbf{Z}$;

(3) $(2k+1)\pi i, k\in\mathbf{Z}$; (4) $k\pi-\dfrac{\pi}{4}, k\in\mathbf{Z}$.

3. (1) $-ei$; (2) $i\left(-\dfrac{\pi}{2}+2k\pi\right), k\in\mathbf{Z}$;

(3) $\ln 2\sqrt{3}-i\dfrac{\pi}{6}$; (4) $1-\sqrt{3}i, -2, 1+\sqrt{3}i$;

(5) $5e^{-\arctan\frac{4}{3}-2k\pi}\left[\cos\left(\ln 5+\arctan\dfrac{4}{3}\right)+i\sin\left(\ln 5+\arctan\dfrac{4}{3}\right)\right]$;

(6) $\dfrac{e^{-2}+e^{2}}{2}\sin 1+i\,\dfrac{e^{2}-e^{-2}}{2}\cos 1$.

习题 2.3

1. 是
2. 不是
3. 不是

7. (1) $-i(z-1)^2$; (2) $\dfrac{1}{2}-\dfrac{1}{z}$.

8. $p=1, f(z)=e^z+C$; $p=-1, f(z)=-e^{-z}+C$.

第3章

习题 3.1

1. (1),(2),(3)都等于$\dfrac{1}{3}(3+i)^3$.

2. (1) $-\dfrac{1}{3}+\dfrac{1}{3}i$; (2) $-\dfrac{1}{6}(3-5i)$; (3) $-\dfrac{1}{6}(3+i)$.

3. (1) $1+\dfrac{i}{2}$; (2) $-\dfrac{\pi}{2}$; (3) $-\pi R^2$.

4. (1) $4\pi i$; (2) $8\pi i$.

5. (1) $-2+i$; (2) $-2+\dfrac{2}{3}i$.

习题 3.2

1. 不成立.
2. 为零,因为被积函数在 C 的内部处处解析.
3. 都为 0.
4. (1) 0;　(2) $\pi i-\frac{1}{2}\sin(2\pi i)$;　(3) $\sin 1-\cos 1$;
(4) $1-\cos 1+i(\sin 1-1)$.

习题 3.3

1. (1) $14\pi i$;　(2) 0;　(3) 0;　(4) $2\pi i$.

习题 3.4

1. (1) $2\pi e^2 i$;　(2) $\frac{\pi i}{a}$;　(3) $\frac{\pi}{e}$;　(4) 0;　(5) 0;　(6) $\frac{\pi i}{12}$;
(7) 当 $|a|>1$, $\oint_C \frac{e^z}{(z-a)^3}dz=0$; 当 $|a|<1$, $\oint_C \frac{e^z}{(z-a)^3}dz=\pi e^a i$.

第 4 章

习题 4.1

1. (1) 可能;　(2) 绝对收敛;条件收敛.
2. (1) 收敛,极限为 -1;　(2) 收敛,极限为 0;　(3) 发散;　(4) 发散;
(5) 收敛,极限为 0;　(6) 发散.
4. (1) 原级数收敛,但非绝对收敛;　(2) 原级数收敛,但非绝对收敛;
(3) 原级数收敛,且为绝对收敛;　(4) 原级数发散.

习题 4.2

1. (1)～(3)都不正确;　(4) 正确.
2. (1) 1;　(2) 0;　(3) $\frac{1}{\sqrt{2}}$;　(4) 1;　(5) $\frac{1}{2}$;　(6) ∞.

习题 4.3

1. (1)～(4)都不正确;　(5) 正确.
2. (1) $\sum_{n=1}^{\infty}(-1)^{n-1}\frac{(z-1)^n}{2^n}, R=2$;
(2) $\sum_{n=0}^{\infty}(-1)^n\left(\frac{1}{2^{2n+1}}-\frac{1}{3^{n+1}}\right)(z-2)^n, R=3$;

(3) $\sum_{n=0}^{\infty}(n+1)(z+1)^n, R=1$；

(4) $\sum_{n=0}^{\infty}\frac{3^n}{(1-3\mathrm{i})^{n+1}}[z-(1+\mathrm{i})]^n, R=\frac{\sqrt{10}}{3}$.

3. (1) $-\sum_{n=1}^{\infty}\frac{z^{n-1}}{3^n}-\sum_{n=1}^{\infty}\frac{2^{n-1}}{z^n}, 2<|z|<3$；

(2) $-\sum_{n=-1}^{\infty}(z-1)^n, 0<|z-1|<1$；$\sum_{n=0}^{\infty}(-1)^n\frac{1}{(z-2)^{n+2}}, 1<|z-2|<+\infty$

(3) $\sum_{n=-1}^{\infty}(n+2)z^n, 0<|z|<1$；$\sum_{n=-2}^{\infty}(-1)^n(z-1)^n, 0<|z-1|<1$；

(4) $-\mathrm{e}\sum_{n=0}^{\infty}\frac{(z-1)^{n-1}}{n!}, 0<|z-1|<+\infty$.

4. 不能，因为函数 $\tan\left(\frac{1}{z}\right)$ 在圆环域 $0<|z|<R(0<R<+\infty)$ 内不解析.

5. $2\pi\mathrm{i}$.

第5章

习题 5.1

1. (1) $z=0$ 是一级极点；$z=\pm\mathrm{i}$ 是二级极点；

(2) $z=\pm1, z=\pm\mathrm{i}$ 均为一级极点；

(3) $z=k\pi(k=0,\pm1,\pm2,\cdots)$ 均为一级极点；

(4) $z=0$ 是本性奇点；

(5) $z=1$ 是本性奇点；

(6) $z=0$ 是二级极点；

(7) $z=0$ 是三级极点；$z=zk\pi i, k=\pm1,\pm2,\cdots$ 一级极点；

(8) $z=0$ 是可去奇点；

(9) $z=1$ 是二级极点；$z=-1$ 是一级极点.

4. (1) $z=a$ 是 $m+n$ 级极点；

(2) 当 $m>n$ 时，$z=a$ 为 $m-n$ 级极点；当 $m<n$ 时，$z=a$ 为 $n-m$ 级零点；当 $m=n$ 时，$z=a$ 为可去奇点；

(3) 当 $m\neq n$ 时，$z=a$ 是极点，级数为 $\max\{m,n\}$；当 $m=n$ 时，$z=a$ 是极点，级数为 $\leqslant m$，也可能是可去奇点.

5. (1) 可去奇点；(2) 本性奇点；(3) 可去奇点.

习题 5.2

1. (1) $\mathrm{Res}[f(z),0]=0$；

(2) $\mathrm{Res}[f(z),1]=\frac{\mathrm{e}}{2}, \mathrm{Res}[f(z),-1]=\frac{1}{2\mathrm{e}}$；

(3) $\mathrm{Res}[f(z),2]=\frac{128}{5}$, $\mathrm{Res}[f(z),\pm \mathrm{i}]=(2\pm \mathrm{i})/10$；

(4) $\mathrm{Res}[f(z),0]=-4/3$；

(5) $\mathrm{Res}[f(z),\pm 1]=\frac{1}{2}$, $\mathrm{Res}[f(z),0]=1$；

(6) $\mathrm{Res}[f(z),\mathrm{i}]=-\mathrm{i}/4$, $\mathrm{Res}[f(z),-\mathrm{i}]=\mathrm{i}/4$.

2. (1) $4\pi \mathrm{i}$； (2) 0； (3) 0； (4) $6\pi \mathrm{i}$； (5) $4\pi \mathrm{e}^2 \mathrm{i}$；

(6) 当 $m=3,5,7,\cdots$，积分等于$(-1)^{\frac{m-3}{2}}\frac{2\pi \mathrm{i}}{(m-1)!}$；$m$ 取其他整数时积分为 0.

3. (1) $-\frac{1}{2}(\mathrm{e}+\mathrm{e}^{-1})$； (2) 0.

4. (1) 0； (2) $-2\pi \mathrm{i}/3$.

习题 5.3

1. (1) $\frac{2\pi}{\sqrt{a^2-1}}$； (2) $\frac{\pi}{2}$； (3) π； (4) $\pi \mathrm{e}^{-1}\cos 2$； (5) $\frac{\sqrt{2}}{4}\pi$； (6) $\pi \mathrm{e}^{-1}$.

第6章

习题 6.1

1. (1) 伸缩率：$|w'(\mathrm{i})|=1$；旋转角：$\mathrm{Arg}w'(\mathrm{i})=\pi$；

(2) 伸缩率：$|w'(\mathrm{i})|=\mathrm{e}$；旋转角：$\mathrm{Arg}w'(\mathrm{i})=1$.

2. (1) $u=\frac{1}{a}$； (2) $v=-ku$.

3. (1) $\mathrm{Im}(w)>\mathrm{Re}(w)$；(2) $\mathrm{Re}(w)>0$, $\left|w-\frac{1}{2}\right|>\frac{1}{2}$, $\mathrm{Im}(w)>0$.

4. 伸缩率：$|w'(\mathrm{i})|=2$；旋转角：$\mathrm{Arg}w'(\mathrm{i})=\frac{\pi}{2}$；$w$ 平面上过点 -1 且方向垂直向上的向量.

5. 一个解析函数所构成的映射在导数不为零的条件下具有伸缩率和旋转角的不变性；映射 $w=z^2$ 在 $z=0$ 处导数为零，所以在 $z=0$ 处不具备这个性质.

6. Γ_1：$\mathrm{Re}w=3$；Γ_2：$\mathrm{Im}w=4$.

7. (1) $|w-1|>1$, $\mathrm{Re}w>0$； (2) $|w-\mathrm{i}|<\frac{1}{2}$, $\mathrm{Re}w>0$.

习题 6.2

1. $w=\frac{\mathrm{i}}{z}$；$|w|>1$.

2. $w=\mathrm{e}^{\mathrm{i}\alpha}\frac{z-\overline{z_0}}{z+z_0}$ $(\mathrm{Re}z_0>0, 0\leqslant \alpha<2\pi)$.

3. (1) $w=-\mathrm{i}\,\frac{z-\mathrm{i}}{z+\mathrm{i}}$； (2) $w=-\mathrm{i}\,\frac{z-\mathrm{i}}{z+\mathrm{i}}$； (3) $w=\mathrm{i}\,\frac{2z-1}{z-2}$； (4) $w=-\frac{z+1}{2z}$.

4. $w=\frac{-4z}{(\mathrm{i}-1)z-(1+\mathrm{i})}$.

5. $w=-\frac{20}{z}$.

习题 6.3

1. $w=\sqrt{(z-a)^2+h^2}$.

2. $w=\frac{1}{2}\left(z+\frac{1}{z}\right)$.

3. $w=\ln\frac{\mathrm{e}^z+1}{\mathrm{e}^z-1}$.

4. $w=-\left(\frac{2z-1+\mathrm{i}\sqrt{3}}{2z-1-\mathrm{i}\sqrt{3}}\right)^{\frac{3}{2}}$.

5. $w=(4+z^2)^{\frac{1}{2}}$.

第7章

习题 7.1

1. $a(w)=\frac{1}{\pi}\int_{-\infty}^{+\infty}f(\tau)\cos w\tau\,\mathrm{d}\tau, b(w)=\frac{1}{\pi}\int_{-\infty}^{+\infty}f(\tau)\sin w\tau\,\mathrm{d}\tau$.

2. (1) 当 $t\neq\pm1$ 时，$f(t)=\frac{2}{\pi}\int_0^{+\infty}\left(\frac{\sin w}{w^2}-\frac{\cos w}{w}\right)\sin wt\,\mathrm{d}w$；

当 $t=\pm1$ 时，$f(t)=\frac{f(\pm1+0)+f(\pm1-0)}{2}=\pm\frac{1}{2}$.

(2) 当 $t\neq0,\pm1$ 时，$f(t)=\frac{2}{\pi}\int_0^{+\infty}\frac{1-\cos w}{w}\sin wt\,\mathrm{d}w$；

当 $t=0,\pm1$ 时，$f(0)=\frac{1+(-1)}{2}=0, f(1)=\frac{1}{2}, f(-1)=-\frac{1}{2}$.

3. $f(t)=\frac{2}{\pi}\int_0^{+\infty}\frac{\sin w\pi}{1-w^2}\sin wt\,\mathrm{d}w$.

4. $f(t)=\frac{2}{\pi}\int_0^{+\infty}\frac{w}{\beta^2+w^2}\sin wt\,\mathrm{d}w$； $f(t)=\frac{2}{\pi}\int_0^{+\infty}\frac{\beta}{\beta^2+w^2}\cos wt\,\mathrm{d}w$.

习题 7.2

1. $F(w)=\frac{A(1-\mathrm{e}^{-\mathrm{i}w\tau})}{\mathrm{i}w}$.

2. $f(t)=\begin{cases}\frac{1}{2}[u(1+t)+u(1-t)-1], & |t|\neq1\\ \frac{1}{4}, & |t|=1\end{cases}$.

3. $f(t)=\cos w_0 t$.

4. $F(w)=\dfrac{2}{\mathrm{i}w}$.

5. $F(w)=\dfrac{\pi}{2}\mathrm{i}[\delta(w+2)-\delta(w-2)]$.

6. $F(w)=\dfrac{\pi}{2}[(\sqrt{3}+\mathrm{i})\delta(w+5)+(\sqrt{3}-\mathrm{i})\delta(w-5)]$.

习题 7.3

1. (1) $\dfrac{\mathrm{i}}{2}\dfrac{\mathrm{d}}{\mathrm{d}w}F\left(\dfrac{w}{2}\right)$；

(2) $\mathrm{i}\dfrac{\mathrm{d}}{\mathrm{d}w}F(w)-2F(w)$；

(3) $\dfrac{\mathrm{i}}{2}\dfrac{\mathrm{d}}{\mathrm{d}w}F\left(-\dfrac{w}{2}\right)-F\left(-\dfrac{w}{2}\right)$；

(4) $\dfrac{1}{2\mathrm{i}}\dfrac{\mathrm{d}^3}{\mathrm{d}w^3}F\left(\dfrac{w}{2}\right)$；

(5) $-\mathrm{i}\mathrm{e}^{-\mathrm{i}w}\dfrac{\mathrm{d}}{\mathrm{d}w}F(-w)$；

(6) $\dfrac{1}{2}\mathrm{e}^{-\frac{5}{2}\mathrm{i}w}F\left(\dfrac{w}{2}\right)$.

2. (1) $\dfrac{w_0}{w_0^2-w^2}+\dfrac{\pi}{2\mathrm{i}}[\delta(w-w_0)-\delta(w+w_0)]$；

(2) $\dfrac{1}{\mathrm{i}(w-w_0)}+\pi\delta(w-w_0)$；

(3) $\mathrm{e}^{-\mathrm{i}(w-w_0)t_0}\left[\dfrac{1}{\mathrm{i}(w-w_0)}+\pi\delta(w-w_0)\right]$；

(4) $-\dfrac{1}{(w-w_0)^2}+\pi\mathrm{i}\delta'(w-w_0)$.

3. $f_1(t)*f_2(t)=\dfrac{a\sin t-\cos t+\mathrm{e}^{-at}}{a^2+1}$.

4. $f_1(t)*f_2(t)=\begin{cases}0, & t\leqslant 0\\ \dfrac{1}{2}(\sin t-\cos t+\mathrm{e}^{-t}), & 0<t\leqslant\dfrac{\pi}{2}.\\ \dfrac{1}{2}\mathrm{e}^{-t}(1+\mathrm{e}^{\frac{\pi}{2}}), & t>\dfrac{\pi}{2}\end{cases}$

第 8 章

习题 8.1

1. (1) $F(s)=\dfrac{2}{4s^2+1}(\mathrm{Re}(s)>0)$；

(2) $F(s)=\dfrac{1}{s+2}(\mathrm{Re}(s)>-2)$；

(3) $F(s)=\dfrac{2}{s^3}(\mathrm{Re}(s)>0)$；

(4) $F(s)=\dfrac{1}{s^2+4}(\mathrm{Re}(s)>0)$；

(5) $F(s)=\dfrac{s^2+2}{s(s^2+4)}(\mathrm{Re}(s)>0)$；

(6) $F(s)=\dfrac{2}{s(s^2+4)}(\mathrm{Re}(s)>0)$.

2. (1) $F(s)=\dfrac{1}{s}(3-4\mathrm{e}^{-2s}+\mathrm{e}^{-4s})$；

(2) $F(s)=\dfrac{1}{s^2+1}(1+\mathrm{e}^{-\pi s})$；

(3) $F(s)=\dfrac{5s-9}{s-2}$；

(4) $F(s)=\dfrac{s^2}{s^2+1}$.

习题 8.2

1. (1) $F(s)=\frac{1}{s^3}(2s^2+3s+2)$；
(2) $F(s)=\frac{1}{s}-\frac{1}{(s-1)^2}$；

(3) $F(s)=\frac{s^2-4s+5}{(s-1)^3}$；
(4) $F(s)=\frac{s}{(s^2+a^2)^2}$；

(5) $F(s)=\frac{s^2-a^2}{(s^2+a^2)^2}$；
(6) $F(s)=\frac{10-3s}{s^2+4}$；

(7) $F(s)=\frac{6}{(s+2)^2+36}$；
(8) $F(s)=\frac{s+4}{(s+4)^2+16}$；

(9) $F(s)=\frac{1}{s}e^{-\frac{5}{3}s}$；
(10) $F(s)=\frac{1}{s}$.

2. (1) $F(s)=aF(as+1)$；
(2) $F(s)=aF(as+a^2)$.

3. (1) $F(s)=\frac{4(s+3)}{[(s+3)^2+4]^2}$；
(2) $F(s)=\frac{2(3s^2+12s+13)}{s^2[(s+3)^2+4]^2}$；

(3) $f(t)=-\frac{1}{t}(e^{-t}-e^t)$；
(4) $F(s)=\frac{4(s+3)}{s[(s+3)^2+4]^2}$.

4. (1) $F(s)=\operatorname{arccot}\frac{s}{k}$；
(2) $F(s)=\operatorname{arccot}\frac{s+3}{2}$；

(3) $F(s)=\frac{1}{s}\operatorname{arccot}\frac{s+3}{2}$.

5. (1) $f(t)=\frac{1}{2}\sin 2t$；
(2) $f(t)=\frac{1}{6}t^3$；

(3) $f(t)=\frac{1}{6}t^3e^{-t}$；
(4) $f(t)=e^{-3t}$；

(5) $f(t)=2\cos 3t+\sin 3t$；
(6) $f(t)=\frac{3}{2}e^{3t}-\frac{1}{2}e^{-t}$；

(7) $f(t)=\frac{3}{5}e^{2t}+\frac{2}{5}e^{-3t}$；
(8) $f(t)=2e^{-2t}\cos 3t+\frac{1}{3}e^{-2t}\sin 3t$.

6. (1) t；
(2) $\frac{1}{6}t^3$；

(3) $\frac{m!\ n!}{(m+n+1)!}t^{m+n+1}$；
(4) e^t-t-1；

(5) $\frac{1}{2}t\sin t$；
(6) $\frac{1}{2k}\sin kt-\frac{t}{2}\cos kt$.

习题 8.3

1. (1) $f(t)=\frac{1}{a}(e^{at}-1)$；
(2) $f(t)=\frac{1}{a^3}\left(e^{at}-\frac{1}{2}a^2t^2-at-1\right)$；

(3) $f(t)=\frac{1}{5}(3e^{2t}+2e^{-3t})$；
(4) $f(t)=2\cos 3t+\sin 3t$；

(5) $f(t)=\frac{1}{a^2}(1-\cos at)$；
(6) $f(t)=\sinh t-t$；

(7) $f(t)=\frac{1}{40}\left[(t^2+8t+15)+\left(7t-\frac{15}{2}\right)e^{2t}\right]$； (8) $f(t)=-u(t)+2e^t-te^t$；

(9) $f(t)=\frac{1}{2a^3}[\sinh at-\sin at]$； (10) $f(t)=\frac{1}{3}\cos t-\frac{1}{3}\cos 2t$.

2. (1) $f(t)=\frac{4}{3}(1-e^{-\frac{3}{2}t})$； (2) $f(t)=\frac{3}{2}(e^{-2t}-e^{-4t})$；

(3) $f(t)=\frac{1}{5}(1-\cos\sqrt{5}t)$； (4) $f(t)=6e^{-4t}-3e^{-2t}$；

(5) $f(t)=1-3e^{-t}+3e^{-2t}$； (6) $f(t)=8+st+t^2-(8-3t)e^t$；

(7) $f(t)=7e^{-3t}-3e^{-2t}$； (8) $f(t)=\frac{1}{2}te^{2t}\sin t$；

(9) $f(t)=\frac{1}{2}e^{-t}[\sin t-t\cos t]$； (10) $f(t)=\left(\frac{1}{2}t\cos 3t+\frac{1}{6}\sin 3t\right)e^{-2t}$.

参考文献

1. 余家荣.复变函数[M].3 版.北京：高等教育出版社,2003.
2. 卢玉峰.复变函数[M].北京：高等教育出版社,2007.
3. 钟玉泉.复变函数论[M].3 版. 北京：高等教育出版社,2004.
4. 西安交通大学高等数学教研室.复变函数[M].4 版.北京：高等教育出版社,1996.
5. 张元林.工程数学·积分变换[M].4 版. 北京：高等教育出版社,2003.
6. 路可见,钟寿国,刘士强.复变函数[M]. 武汉：武汉大学出版社,2007.
7. 孙清华,孙昊.复变函数内容、方法与技巧[M].武汉：华中科技大学出版社,2003.
8. 李建林.复变函数与积分变换[M].西安：西北工业大学出版社,2007.
9. 龚冬保.复变函数典型题[M].西安：西安交通大学出版社,2002.
10. 薛以锋,等.复变函数与积分变换[M]. 上海：华东理工大学出版社,2001.
11. 王忠仁，张静.工程数学·复变函数与积分变换[M].北京：高等教育出版社,2006.
12. 苏变萍，陈东立.复变函数与积分变换[M].2 版.北京：高等教育出版社,2010.
13. 王绵森.工程数学·复变函数:学习辅导与习题选解[M].4 版.北京：高等教育出版社,2003.
14. 刘向丽.复变函数与积分变换[M].北京：机械工业出版社，2009.
15. 邢宇明，包革军.复变函数与积分变换[M].哈尔滨：哈尔滨工业大学出版社，2010.
16. 于慎根，杨永发，张相梅.复变函数与积分变换[M].天津：南开大学,2006.
17. James Ward Brown.复变函数及应用(英文版·第 8 版)[M].8 版.北京：机械工业出版社,2009.
18. 张顺燕.复数·复函数及其应用[M].大连：大连理工大学出版社,2011.
19. 张志涌，杨祖樱,等. MATLAB 教程[M].北京：北京航空航天大学出版社,2010.
20. 卓金武. MATLAB 在数学建模中的应用[M].北京：北京航空航天大学出版社,2011.
21. E. B. Saff，A. D. Snider,等.复分析基础及工程应用(原书第 3 版)[M].3 版.高宗升,译.北京：机械工业出版社,2007.
22. Elias M. Stein，Rami Shakarchi.复分析(英文版).北京：世界图书出版公司,2013.
23. Elias M. Stein，Rami Shakarchi.傅里叶分析导论(英文版)[M].北京：世界图书出版公司,2013.
24. M. A. 拉夫连季耶夫，B. B. 沙巴特.复变函数论方法[M].6 版.绝祥林,夏定中,吕乃刚,译.北京：高等教育出版社，2006.
25. 梁昌洪.复变函数札记[M].北京：科学出版社,2011.
26. Yan Yan,D. C. Jin，Y. K. Li,Application of simple examples in experiment teaching about complex function and integral transform，Information Computing and Applications-International Conference，2011，v244,p364-371
27. Yan Yan，C. F. LIU. Efficient Mathematics Teaching Scheme For Multi-Disciplinary Students. Lecture Notes in Electrical Engineering. 2013，v163，p711-717
28. Yan Yan，B. X. LIU. The Fusion of Mathematics Experiment and Liner Algebra Practice Teaching，Information Computing and Applications-International Conference,2011,v244,p57-64